人人都是设计师

LINGJICHUXUE
SHINEI ZHUANGHUANG

零基础学 室内装潢

Art Style 数码设计　编著

清華大學出版社
北　京

内容简介

本书以AutoCAD 2024为软件平台，以通俗易懂的语言、精挑细选的实用技巧、翔实生动的操作案例讲解室内装潢方面的知识与技能，包括室内装潢设计概述、掌握与使用AutoCAD绘图工具、编辑与修改室内图形、室内图形尺寸标注、快速绘制室内图形实战案例等内容。

本书结构清晰、语言简洁，适合AutoCAD室内装潢设计的初、中级读者阅读和学习使用，也可作为有一定基础的工程技术人员的参考工具书，还可作为高等院校相关专业师生、室内设计培训班学员、室内装潢爱好者与自学者的学习参考书。

图书在版编目（CIP）数据

零基础学室内装潢 / Art Style数码设计编著. —北京：清华大学出版社，2024.2
（人人都是设计师）
ISBN 978-7-302-65523-7

Ⅰ. ①零… Ⅱ. ①A… Ⅲ. ①室内装饰设计－计算机辅助设计－AutoCAD软件 Ⅳ. ①TU238.2-39

中国国家版本馆CIP数据核字（2024）第044933号

责任编辑： 张　敏
封面设计： 郭二鹏
责任校对： 徐俊伟
责任印制： 沈　露

出版发行： 清华大学出版社
网　　址：https://www.tup.com.cn，https://www.wqxuetang.com
地　　址：北京清华大学学研大厦A座　　邮　　编：100084
社 总 机：010-83470000　　邮　　购：010-62786544
投稿与读者服务：010-62776969，c-service@tup.tsinghua.edu.cn
质量反馈：010-62772015，zhiliang@tup.tsinghua.edu.cn
印 装 者： 涿州汇美亿浓印刷有限公司
经　　销： 全国新华书店
开　　本： 170mm×240mm　　**印　　张：** 10　　**字　　数：** 240千字
版　　次： 2024年4月第1版　　**印　　次：** 2024年4月第1次印刷
定　　价： 69.80元

产品编号：083877-01

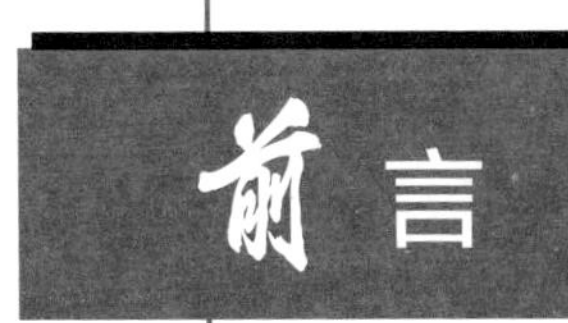

前言

室内装潢设计是指运用一些技术和艺术手段，在一定的建筑空间内营造出一个合理、舒适、优美，既能满足使用要求又能满足精神需要的室内环境。AutoCAD是一款优秀的制图软件，被广泛应用于建筑、艺术、机械、电子等领域。AutoCAD不仅具有强大的二维平面绘图功能，而且具有出色的、灵活可靠的三维建模功能，是进行室内装饰图形设计的实用工具。

一、本书主要内容

本书以AutoCAD 2024版本为例讲解运用制图软件进行室内装潢设计的方法和技巧。本书采用由浅入深、由易到难的方式讲解，无论从基础知识安排还是实践应用能力的训练，都充分地考虑了用户的需求。全书主要包括以下5方面的内容。

1. 室内装潢设计概述

第1章介绍室内设计基础知识，包括室内设计基础、室内装潢设计要点、室内装潢制图、室内设计制图要求及规范、室内设计制图的内容。

2. 掌握与使用AutoCAD绘图工具

第2章介绍AutoCAD绘图工具的使用，包括配置绘图系统和环境、使用显示工具、基本输入操作、二维绘图命令、绘制二维图形实例等。

3. 编辑与修改室内图形

第3章讲解编辑与修改室内图形的方法，包括选择与改变位置，复制对象，修整对象，打断、合并和分解，圆角与倒角，对象编辑，室内家居设计等，最后给出了应用案例。

4. 室内图形尺寸标注

第4章介绍室内图形尺寸标注方法，包括设置尺寸标注、编辑尺寸标注、快速标注、室内设计常见的尺寸标注等，并给出了应用案例。

5. 快速绘制室内图形实战案例

第5章介绍绘制墙体、门窗、楼梯、家具、建筑符号等室内图形案例的操作方法。通过本章的学习，读者可以提升室内装潢设计的综合技能。

二、配套学习资源

为方便读者学习本书，我们提供了本书的配套素材，同时还设计和制作了视频教学课程，同时为教师提供了PPT课件资源，均可以免费获取。

1. 视频教学课程

读者可以通过扫描书中的二维码在线实时观看配套视频课程，也可以将视频课程下载保存到手机或者电脑中观看。

2. 获取配套资源的方法

本书提供了全部配套学习素材、PPT教学课件、上机实战与操作实训、综合知识测试和图书测试题目的参考答案。读者可以使用手机浏览器、QQ或者微信扫描下方二维码，获得与本书有关的全部配套学习素材资源。

本书配套资源

编者

2023年8月

目录

第1章 室内装潢设计概述

本章要点

- 室内设计基础
- 室内装潢设计要点
- 室内装潢制图
- 室内设计制图要求及规范
- 室内设计制图的内容

本章主要内容

本章主要介绍了室内设计基础、室内装潢设计要点、室内装潢制图内容方面的知识与技巧，同时还讲解了室内设计制图要求及规范，在本章的最后还针对实际的工作需求，讲解了室内设计制图的内容。通过本章的学习，读者可以掌握室内装潢设计基础知识，为室内装潢实操奠定基础。

1.1 室内设计基础

为了让初学者对室内设计有一个大致的了解，本节将介绍室内设计的基本概念和基本理论。只有掌握了基本概念才能更好地学习室内设计的知识，这对学习使用 AutoCAD 进行室内设计是十分必要的。

1.1.1 室内设计概述

室内设计是指为满足一定的建造目的而进行的设计，是对现有建筑物内部空间进行深加工的增值准备工作。室内设计从建筑设计中的装饰部分演变而来，是对建筑物内部环境的再创造。

随着社会的飞速发展，生活水平逐渐提高，人们对居住环境的要求也越来越高，建筑室内设计也越来越被人们重视。人们对建筑结构内部的要求逐渐向形态多样化、实用功能多极化和内部构造复杂化的方向发展。室内设计需要综合考虑美学与人体工程学，这些在室内空间的“整合”和“再造”方面发挥了巨大的作用。通过装潢设计，可以使室内环境更加优美，更加适宜人们工作和生活。图 1-1 和图 1-2 所示是常见住宅居室中的客厅装潢前后的效果对比。

图 1-1

图 1-2

1.1.2 室内设计主体

人是室内设计的主体。人的活动决定了室内设计的目的和意义，人是室内环境的使用者和创造者。有了人，才区分出了室内和室外。室内空间创造的目的就是首先满足人的生理需求，其次是心理需求。两者区分主次，但是密不可分，缺一不可。因此，室内设计原理的基础就是围绕人的活动规律制定出的理论，其内容包括空间使用功能的确定、人的活动流线分析、室内功能区分和虚拟界定及人体尺寸等。

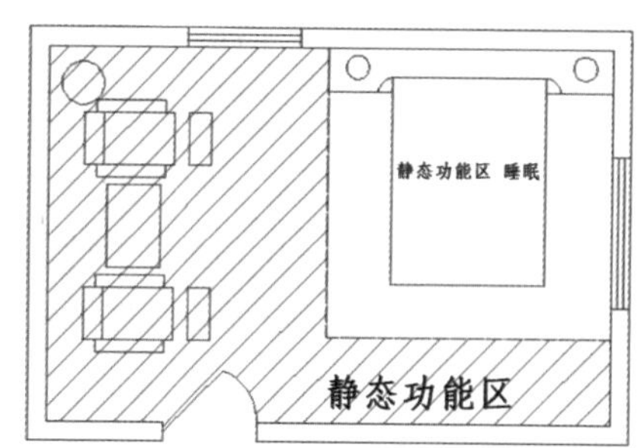

图 1-3

人们在室内空间活动时，按照一般的活动规律，可将活动空间分为 3 种功能区——静态功能区、动态功能区和静动双重功能区，如图 1-3 ～图 1-5 所示。

根据人们的具体活动行为，可能又有更加详细的划分，例如静态功能区可划分为睡眠区、休息区、学习办公区；动态功能区可划分为运动区、大厅；静动双重功能区可划分为会客区、车站候车室、生产车间等。

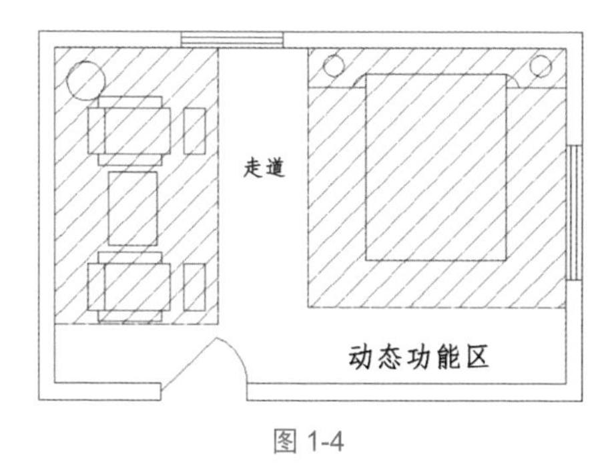

图 1-4

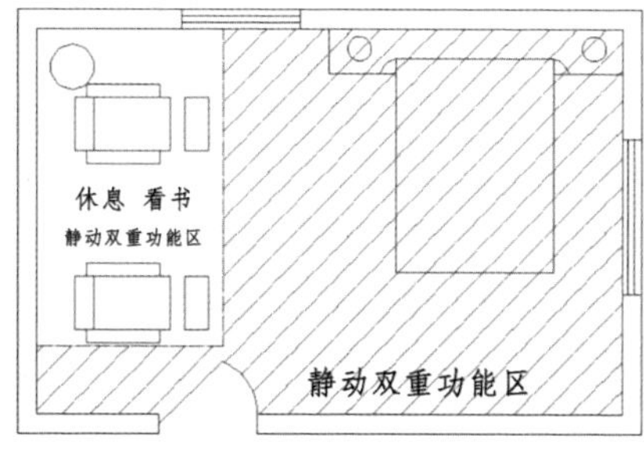

图 1-5

1.1.3 室内设计构思

构思是室内设计的基础，包括整个空间和各部分室内空间的格调、气氛和特色。设计师应首先研究室内空间的初步构思，熟悉设计资料和设计要求。

1. 初始阶段

室内设计构思在设计过程中起着举足轻重的作用。在设计初始阶段进行的一系列设计构思能使后续工作有效、完美地进行。构思的初始阶段主要包括以下内容。

（1）空间性质和使用功能认定。

室内设计是在建筑主体完成后的原型空间内进行，因此，室内设计的首要工作就是要认定原型空间的使用功能，也就是原型空间的使用性质。

（2）水平流线组织。

当原型空间认定以后，第一步就是进行流线分析和组织，包括水平流线和垂直流线。流线功能按需要划分，可能是单一流线，也可能是多种流线。

（3）功能分区图式化。

空间流线组织完成后，进行功能分区图式化布置，进一步接近平面布局设计。

（4）图式选择。

选择最佳图式布局作为平面设计的最终依据。

（5）平面初步组合。

经过前面几个步骤的操作，最后形成了空间平面组合的形式，有待进一步深化。

2. 深化阶段

初始阶段的室内设计形成了最初构思方案后，在此基础上进行构思深化阶段的设计。深化阶段的构思内容和步骤如图 1-6 所示。

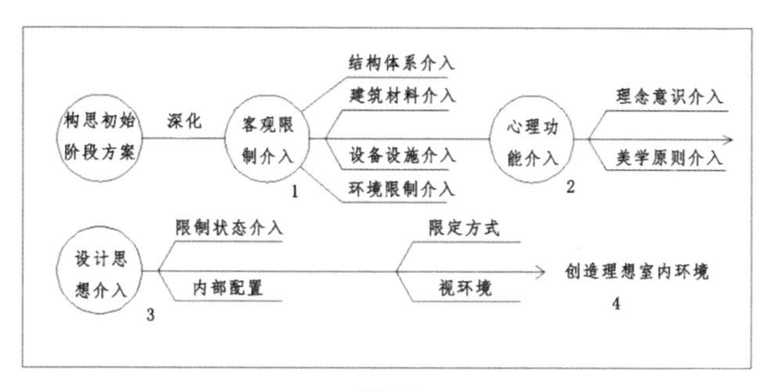

图 1-6

结构体系对室内设计构思的影响主要表现在两个方面：一是原型空间墙体结构方式，二是原型空间屋顶结构方式。

墙体结构方式关系到改造内部空间饰面采用的方法和材料。基本的原型空间墙体结构方式有板柱墙、砌块墙、柱间墙和轻隔断墙。

屋顶结构方式关系到室内设计的顶棚做法。屋顶结构主要分为构架结构体系、梁板结构体系、大跨度结构体系和异型结构体系。

另外，室内设计要考虑建筑所用材料对设计内涵、色彩、光影和情趣的影响，室内外露管道和布线的处理对通风条件、采光条件、噪声、空气和温度的影响等。

随着人们对室内要求的提高，还要结合个人喜好，定好室内设计的基调。一般人们对室内的基调要求有现代新潮型、怀旧情调型和随意舒适型（折中型）3 种类型。

1.1.4 室内装潢工作流程

室内装潢工作流程大致可分为四个阶段：前期策划阶段、方案论证阶段、施工图设计阶段、设计实施阶段，具体内容如表 1-1 所示。

表 1-1 室内装潢工作流程

阶　　段	工作重点	主要内容
第一阶段	前期策划	①任务书：由甲方或业主提供使用功能、经营理念、风格样式、投资情况 ②收集资料：原始土建图纸、现场勘测 ③设计概念草图：由设计师与业主共同完成，包括功能方面的草图、空间方面的草图、技术方面的草图等
第二阶段	方案论证	①深入分析：功能分析、空间分析、装修材料的选择 ②方案成果：作为施工图设计、施工方式、施工预算的依据
第三阶段	施工图设计	①装修施工图：1设计说明、工程材料做法表、饰面材料分类表、装修门窗表；2隔墙定位平面图、平面布置图、铺地平面图、天花布置图；3立面图、剖面图；4大样图、详图 ②设备施工图：1给排水：给排水布置、消防喷淋；2电气：强电系统、照明走线、开关插座、弱电系统、消防照明、安防监控；3暖通：供暖系统、空调布置
第四阶段	设计实施	①完善设计图纸中未交代的部分 ②根据实际情况对原设计做局部修改或补充 ③按阶段检查施工质量

1.2 室内装潢设计要点

居住空间的构成一般由客厅、餐厅、厨房、卧室、书房、卫生间等组成。做室内装潢设计是不能马虎的，如果没有做好设计，就会影响整体呈现的效果，同时还会影响美观和舒适度，所以设计时一定要注意一些要点。

1.2.1 客厅的设计

客厅是户型的中枢，也是整套房子里最大最重要的部分。作为家庭生活的重要区域之一，客厅具有多方面的功能，既是家人娱乐、休闲、聚会等活动的场所，又是接待客人、对外交往的社交活动空间。因此，客厅理所当然地成为居室的中心空间，一个展现给外界的窗口。通过它可以反映出居住者的爱好、品位及个性、习惯；同时它也是一个舞台，不同风格、不同式样的舞台效果，可以演绎千姿百态的生活情调。

客厅的设计风格应根据主人的性格爱好并结合空间特点来体现，除了满足合理的功能外，装修材料、色彩、质感、照明、家具风格都需要统一考虑。客厅地面一般采用镜面砖或大理石等易清洁和耐磨损的材料。顶的设计要尽量保持空间的高度，不宜将顶吊得太低。另外，要考虑较丰富的光线，一般以暖调为主。除了主灯外，吊顶可设置射灯及灯带，视听柜背景墙及沙发墙面也可以采用壁灯等局部辅助灯光来调节空间气氛，让光线富有层次感。客厅灯光线路应分开控制，以满足主人不同活动时的不同光线需要。客厅设计还应考虑空调位置、绿色植物的摆设以及饰品的点缀，综合各种因素，或温馨浪漫，或简洁大方，不要简单模仿，客厅风格应体现自我主张。

客厅按功能可以分为玄关、视听区、休息区、娱乐区等。玄关，是一个从外到内的过渡空间，需要考虑换鞋、更衣等功能，一般结合鞋柜设计成一个别致的隔断。视听区，要注意沙发与电视机之间的距离，距离小于 3m 的最好不要摆放背投电视。视听柜的位置应尽量与窗直，因为电视机面光或背光都会影响收看效果。视听柜应考虑电视、音响等设备的尺寸和位置，一般的视听柜高度为 400 ～ 500mm，放置背投电视的视听柜高度不宜大于 200mm。客厅面积较大时，还可布置一个娱乐区，或者与阳台连通，在阳台娱乐区摆放休闲椅，结合灯光营造轻松气氛。客厅效果图如图 1-7 所示。

图 1-7

1.2.2 餐厅的设计

餐厅使用方面要求洁净、方便、舒适。一般除布置必要的餐桌、餐椅外，还应设一个酒柜来储藏酒并放置酒具等。餐厅的位置应靠近厨房，假如条件具备，有一个独立的就餐空间是最理想的，特别是宴请亲朋好友尤其方便。与厨房相邻的餐厅可做成酒吧式，用通透隔断或酒柜将餐厅和厨房隔开，由于不做全面隔断，在视觉上会感到空间较为宽敞，而且二者之间联系方便。

餐厅的设计变化多且形式自由，不拘一格，这主要取决于对空间的要求和总体的设计风格，同时，设计者也必须考虑到它的尺寸和配套家具。餐厅的家具主要是餐桌和餐椅，餐桌的大小要与环境相称，桌面应是耐热、耐磨的材料，餐椅的高度须适当，一般为 420 ～ 450mm。

此外，餐厅中的家具色彩及结构也对室内风格起着不可忽视的作用。一般来说，木质家具有自然、淳朴的气息；金属家具则线条优雅，颇具现代感。

图 1-8

餐厅的装饰具有很大的灵活性，可以根据不同家庭的爱好以及特定的居住环境做成不同的风格，创造出各种情调和气氛。墙壁可适当挂些静物或风景画再配以适当的绿化，墙面色调尽量用淡暖色，以增进食欲。照明装置则以安置明亮的白色吊灯为好，灯光应集中在餐桌上，光线要柔和，使环境更加亲切融洽。只有功能与造型相结合，才能让你的餐厅尽善尽美。餐厅效果图如图 1-8 所示。

1.2.3　卧室的设计

卧室是私密性很强的场所，但随着现代都市人快节奏的生活趋势，卧室的功能布局除了睡眠、储藏、梳妆外，还引申到了学习、休闲等方面。

床是卧室的主角，床的设计和位置应优先考虑，床的款式、颜色、尺寸要与卧室风格融为一体，卧室中的床铺下有储藏抽屉时，床铺的过道应预留拉抽屉的位置，过道不应小于 600mm。小孩房床铺应靠角靠窗，腾出中间以便于小孩玩耍。儿童房做高低床时，高铺的高度应在 1400 ～ 1600mm，床铺的边缘应设置栏杆，高度至少应有 300mm，上床的台阶处也应有护栏。

以床为中心的家具，陈设应简洁实用。衣柜的储物功能要细加推敲，长衣、短衣、内衣、领带、丝巾、袜子应分门别类，棉絮、床单各归各位，男女主人衣物分开放置。内结构要精心推敲，层板、活动层板、挂裤架、领带盒、抽屉可使储藏功能发挥更好。衣柜门为半开门时，应注意开门过道的宽度，不小于每页柜门的宽度。儿童房一组衣柜可与书柜结合起来考虑，更加节省空间。另外的一些家具如梳妆台要便于梳妆打扮，光照在脸上，脸在镜中。为便于充分利用空间，有时把梳妆台与床头柜的功能结合在一起，开关插座应设置在电视机后。

老人房卧室应易开易关，不应设置门槛，有高坎时用坡道过渡，门把手应选用转臂较长的，把手高度宜在 900 ～ 1000mm，窗台高度最好在 750mm 左右，窗台加宽，一般不少于 250 ～ 300mm，便于放置花盆等物品或俯靠观看窗外景色。儿童房有落地窗时，应设置护栏，栏杆的高度应有 800 ～ 900mm，竖向的间距不超过 120mm，防止小孩子钻出。

卧室的墙面造型应以简单为原则，不要为了造型而造型，应在方便实用的前提下做适当的装饰墙面；也可适当运用色彩，不同的颜色产生的效果也不同，如蓝色可调节平衡，消除紧张情绪，褐色、浅绿、浅灰有利于休息和睡眠。儿童房的墙面不应设置大玻璃、镜子等易碎物品。

图 1-9

卧室的光线也是十分重要的。卧室的照明设计中，天花灯应安装在光线不刺眼的位置，而床头灯可使室内更具浪漫温馨的气息；同时也不应忽视卧室地灯，地灯应装在卧室进门处。卧室效果图如图 1-9 所示。

1.2.4 书房的设计

随着人们生活水平的提高，在精神文化方面的追求上也越来越高，所以书房基本上已经成为每个家的必备的空间。书房的设计要点包括整体风格设计、装修材质的选择、光线设计要舒适、隔音效果要好等几个要点。

书房内的书桌与椅子等一定要满足使用者的身高和阅读、写作时的习惯。整体的色调要简洁，给人不杂乱的感觉，选择的位置也要考虑到自然光线的照射。整个空间的布局要给人舒适的感觉，不能给人一种紧张的感觉。书房的整体风格应该与室内其他空间风格相互搭配，避免产生过多的违和感。

书房的天花板和墙面在视觉上占据的面积最大，考虑到避免读书时的视觉干扰，在选择样式时最好选择简约、清晰的设计样式。地板建议选用木质材料，如果有条件可以将墙面用隔音板来装修，可以为书房提供一个安静的环境。窗帘的材质可选用遮光、通透性好的浅色纱窗，或是柔和的百叶窗，这样可以将强烈的日光变得温暖舒适。

人们在书房内看书，最关注书房内的光线。所以，书房在设计时最主要的是考虑到书房内的光线问题。书房内的光线不宜太亮也不宜太暗，太亮会伤害到使用者的眼睛，而太暗的话也会影响看书者使用。书房内不宜选用射灯，最好以日光灯为宜，这样能在不伤害使用者眼睛的情况下保证阅读光线的充足。

书房是满足读书、写作、工作等一系列有意义且充满价值的活动的空间，而能够拥有一个安静的环境，无疑是书房装修中最为重要的。为了保持书房内环境的安静，书房墙面装修时可选择隔音板或 PVC 吸音板，天花板也可使用石膏板吊顶，地面铺设地毯也能起到吸音的作用，好的玻璃和厚窗帘也能起到一定的隔音效果。书房的效果图如图 1-10 所示。

图 1-10

1.2.5 厨房的设计

厨房是一个治愈人心的场所，不仅能使人饱腹，还能体会到生活的乐趣。好的厨房装修，不仅可以让厨房变得更加经久耐用，而且使用起来更加合理。

首先要精心确定厨房的布局。取菜、洗菜、烹饪流水作业，操作要方便，应将冰箱、洗菜盆、切菜台、煤气灶依次一字排列，切菜台与燃气灶的距离应控制在 0.6 ～ 1.5m，厨房的操作台下设置地柜，上方安装吊柜，才能满足五花八门的储藏要求，厨房电器空间一并考虑。

厨房的装修材料要求应防火、耐水，易清洁。瓷质材料、石材、不锈钢、铝合金等为首选材料。所选材料类型将不仅关系到价格、使用功效，而且还与装潢风格有关。同时，厨房是电器、燃气器具密集之处，要特别注意防火、防煤气泄漏。厨房的开窗通风功能，千万不要废弃。水管、接头等关键的部件，要求选配品质、品牌较好产品，这样才能防止渗漏。

图 1-11

总之，厨房的空间规划兼具实用、美观、安全、易清洗及家务劳动省时省力。厨房的效果图如图 1-11 所示。

1.2.6　卫生间的设计

在装潢设计中，大多数人更注重客厅装修设计，而卫生间的装修设计并不是太在意，觉得其只是日常洗漱的地方。其实，千万不要忽略了卫生间的装修设计，卫生间装修设计得好对整体的家居舒适度都有提升。

1. 排水设计

排水设计是装修中的隐蔽工程，在前期，我们一定要设计好，因为排水布局关系到生活用水情况，建议在装修施工中，自己亲自去跟进、验收，避免入住后出现麻烦。

2. 采光问题

在卫生间的装修设计中，采光问题不可忽视。除了自然采光的窗户，我们还可以通过灯光照明设计，使卫生间的视觉空间感看起来更加宽敞、明亮。

3. 通风问题

卫生间是一个非常容易潮湿的地方，所以在卫生间的装修设计中要注意通风问题。通风好的卫生间设计，在卫生上可以保持干净、干燥、整洁，不易滋生细菌。

4. 干湿分离

若卫生间面积可以做干湿分离，建议设计师最好设计干湿分离，让整个卫生间看起来更干净。如果卫生间面积受限，可以做一个浴帘设计，这样也可以遮挡淋浴区的水到处流动。

5. 色彩搭配

卫生间的色彩搭配中，墙面与地面的瓷砖占色彩的主空间，在选择瓷砖搭配的时候，我们要根据家具的颜色进行搭配，确定好主色调，这样设计出来才更有空间层次感。

6. 收纳设计

卫生间的空间虽然不大，但是需要收纳的生活用品却不少。收纳设计的方式有以下几种。镜柜设计是卫生间常用的收纳设计，把收纳柜和梳妆镜融为一体，节约空间的同时也增加了实用性。壁龛设计，即在卫生间的墙壁上挖一个洞，设计成壁龛，占据面积小，收纳效果好，实用性强，但一定要注意承重墙不能挖。五金挂件设计，千万别小看它，虽然简易，但收纳能力一点都不弱。

7. 细节处理

卫生间想要设计得完美，对于细节方面的处理不可忽视，这样才可以带给自己更好的体验。卫生间地漏在设计的时候，一定要设计在卫生间最低处，这样可以让水流的排放速度更快；而且应使用深水地漏，避免长期潮湿出现异味的情况。为了避免出现安全问题，瓷砖要具有防滑耐磨的效果。卫生间的插座一定要有一个保护罩，以防水流溅进去，造成不必要的安全问题。卫生间的效果图如图 1-12 所示。

图 1-12

1.2.7 照明设计

在室内装潢设计里，照明设计一直是被低估的。有人认为照明设计不过就是选择一盏灯的过程，而对于设计师来说，照明设计却细节繁杂，大有讲究。室内灯光设计的原则要遵循功能性原则和艺术性原则。

照明设计应满足室内光环境的使用要求，针对不同的功能空间，选择合适的光源、灯具及布置方式，达到该空间的照度要求，提高空间的光环境质量。表示光源在单位时间内向周围空间辐射出去的并使人眼产生光感的能量，称为光通量。表示单位面积上接受的光通量称为照度。光通量主要表征光源或发光体发射光的强弱，而照度是用来表示被照面上接收光的强弱，是描述被照明（工作面）上被照射程度的光学量。

照明设施具有装饰空间、烘托气氛的功能。灯光设计要尽可能地配合室内设计，满足室内装饰照明的要求，从而体现光与空间的艺术效果。

下面详细介绍一些室内灯光设置的要点。

1. 要考虑各个空间的亮度

（1）起居室（客厅）：人们经常活动的空间，所以要亮。

（2）卧室：休息的地方，亮度要求不太高。

（3）餐厅：要综合考虑，一般只要中等的亮度就够了，但桌面上的亮度应适当提高，否则连菜都看不清。

（4）厨房：要有足够的亮度，而且宜设置局部照明。

（5）卫生间：要求一般，如果有特殊要求，如化妆等需要设置局部照明。

（6）书房：以功能性为主，为了减轻长时间阅读或工作所造成的眼睛疲劳，应考虑色温较接近早晨太阳光的照明。

2. 不要刺眼

家里照明最重要的一点就是——灯光永远不要刺眼。

所有的光源，都不能是裸露的灯泡，如果是吸顶灯或筒灯这种均匀的光照，一定要带有柔光罩。如果是射灯这种指向性的光照，一定需要经过角度调整，至少不能在人们经常活动的区域。

3. 主次分明

室内空间有主有次，为凸显主要空间的主导地位，在照明的组织方式、灯具的配光效果等方面，应做到主次分明。主要空间可以酌情丰富；次要空间在处理灯光上要适度降低，形成光环境的主次差别，但是要遵循与主要空间统一的原则，不可以相差甚远。

4. 满足空间公共性和私密性照度的要求

空间照明应与空间使用对象的特征相符合。利用灯光的扬抑处理，将不同区域的照度按功能进行区别对待，形成既满足使用要求又具有节奏感的光环境。提高照度，可满足人流集中和流动性强的空间的需求；适当降低照度，可以给人以怡静、舒适的感觉，满足人们对私密性的要求。

5. 利用灯光效果改善空间的尺度感

小面积的空间，在灯光设计时应采取均匀布光的形式，提供高亮度，并且三维方向照度分布得相对平均，有扩展空间尺度的效果。对于低矮顶棚，可采用高照度的处理使得空间的纵向延伸感得到加强。对于悠长走廊的处理，可在墙面进行分段亮化处理，以化解走廊的深邃感。

6. 设计灯光要根据采用的装潢材料及材料表面的肌理

考虑到灯光反射到家具或装饰品上的角度及效果，结合装饰材料的材质可以更好地彰显室内灯光艺术性。

1.3 室内装潢制图

好的设计理念必须通过规范的制图来实现，室内设计图是室内设计人员用来表达设计思想、传达设计意图的技术文件，是室内装饰施工的依据。本节将详细介绍室内装潢制图的相关知识。

1.3.1 施工图的组成

一套完整的室内设计图包括施工图和效果图。施工图一般包括图纸目录、设计说明、原始房型图、平面布置图、天花布置图、立面图、剖面图和设计详图等。

1. 图纸目录

图纸目录是了解整体设计情况的目录，从中可以了解图纸数量及出图大小和工程号，以及设计单位及整个建筑物的主要功能。如果图纸目录与实际图纸有出入，必须进行核对。

2. 设计说明

设计说明对结构设计来说非常重要的，因为它会提到很多做法及许多结构设计要使用的数据。看设计说明时不能草率，这是结构设计正确与否非常重要的一个环节。

3. 原始房型图

设计师在量房之后需要将测量结果用图纸表示出来，包括房型结构、空间关系、尺寸等，这是进行室内装潢设计的第一张图，即原始房型图，如图1-13所示。

图 1-13

4. 平面布置图

平面布置图是经过门、窗、洞口将房屋沿水平方向剖切去掉上面部分后画出的水平投影图。平面布置图是室内装饰施工图中的关键图样，它能让业主非常直观地了解设计师的设计理念和设计意图。平面布置图是其他图纸的基础，可以准确地对室内设施进行定位和确定规格大小，从而为室内设施设计提供依据。此外，它还体现了室内各空间的功能划分，如图 1-14 所示。

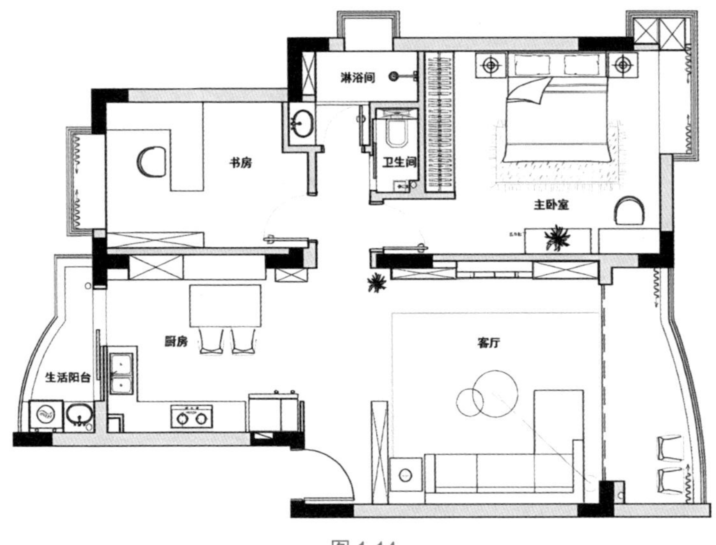

图 1-14

5. 天花布置图

天花布置图主要用来表示天花板的各种装饰、平面造型以及藻井、花饰、浮雕和阴角线的处理形式、施工方法，以及灯具的类型、安装位置等内容，如图 1-15 所示。

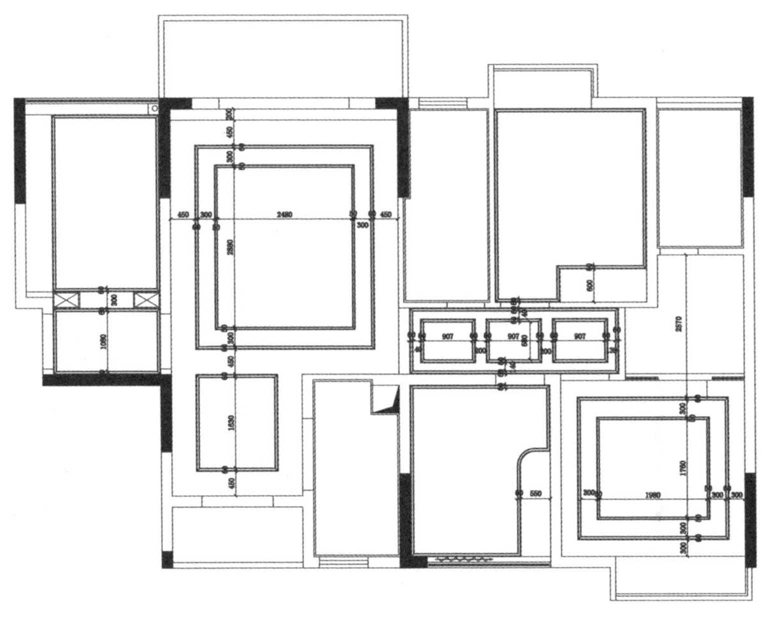

图 1-15

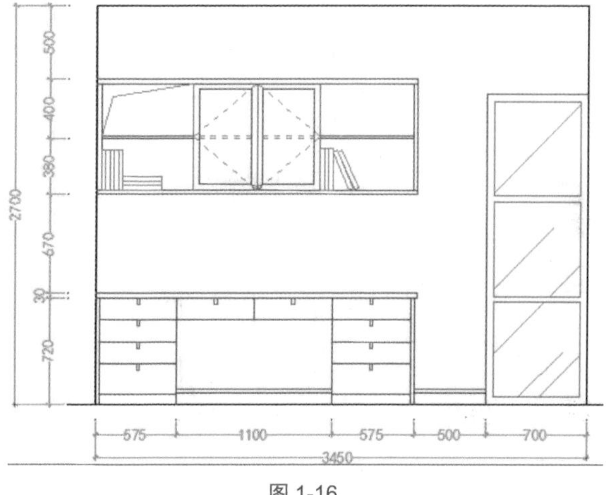

图 1-16

6. 立面图

平面图展现家具、电器的平面空间位置，反映竖向的空间关系。立面图应绘制出对墙面的装饰要求，墙面上的附加物，如家具、灯、绿化、隔屏要表现清楚，如图 1-16 所示。

7. 剖面图

剖面图是通过对有关图形按一定剖切方向所展示的内部构造图例，是假想用一个剖切平面将物体剖开，移去介于观察者和剖切平面之间的部分，对于剩余部分向投影面所做的正投影图，如图 1-17 所示。剖面图是工程施工图中的详细设计，用于指导工程施工作业。

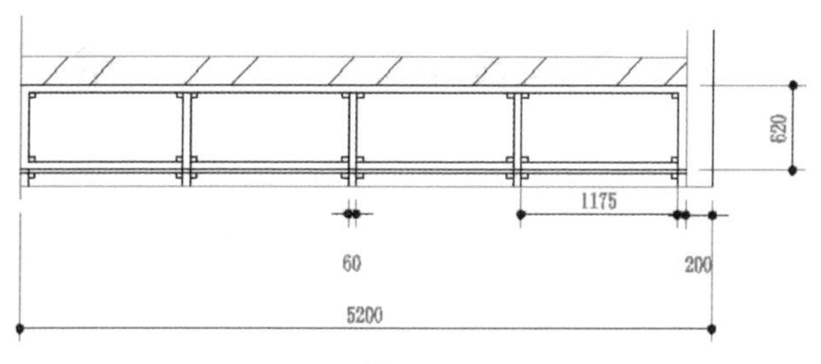

图 1-17

8. 设计详图及其他配套图纸

设计详图是根据施工需要，将部分图纸放大并绘制出其内部结构以及施工工艺的图纸。一个工程需要画多少详图，画哪些部分的详图，要根据设计情况、工程大小以及复杂程度而定。详图指局部详细图样，由大样图、节点图和断面图三部分组成，如图 1-18 所示。其他配套图纸包括电路图、给排水图等专业设计图纸，如图 1-19 所示。

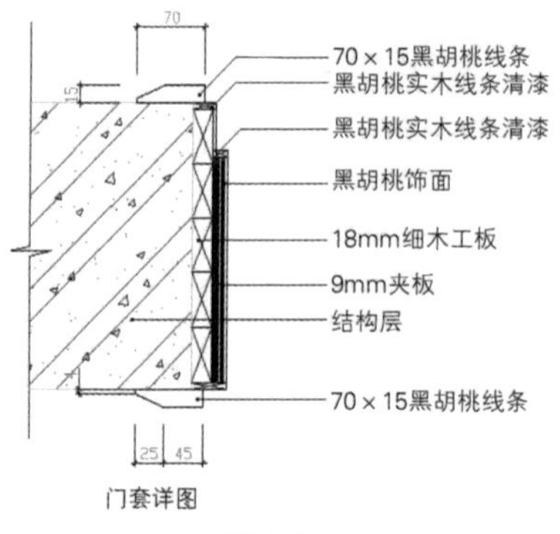

图 1-18

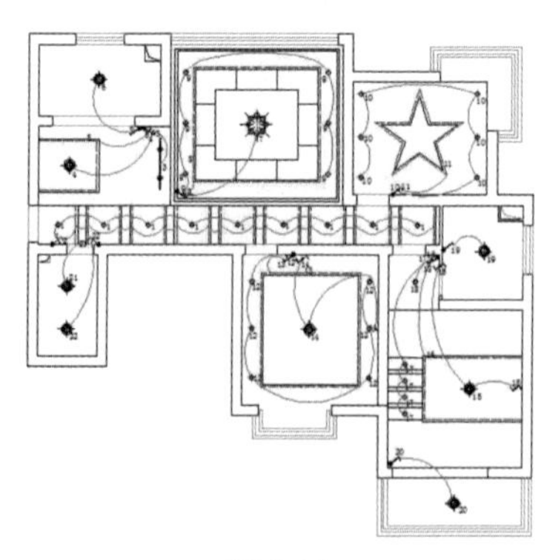
图 1-19

1.3.2 效果图

室内设计效果图是室内设计师表达创意构思，并通过 3D 效果图制作软件，将创意构思进行形象化再现的手段。它通过对物体的造型、结构、色彩、质感等诸多因素的真实表现，真实地再现设计师的创意，从而建立设计师与观者之间视觉语言的联系，使他们更清楚地了解设计的各项性能、构造、材料，如图 1-20 所示。

图 1-20

1.4 室内设计制图要求及规范

专业化、标准化的施工图操作流程规范不但可以帮助设计者深化设计内容，完善构思想法，同时面对大型公共设计项目及大量的设计定单，行之有效的施工图规范与管理亦可帮助设计团队在保持设计品质及提高工作效率方面起到积极有效的作用。本节主要介绍室内设计制图要求及规范的相关知识。

1.4.1 图幅、图标及会签栏

图幅即图面的大小。根据国家规范的规定，按图面的长和宽的大小确定图幅的等级。室内设计常用的图幅有 A0（也称 0 号图幅，依此类推）、A1、A2、A3 及 A4，每种图幅的长宽尺寸如表 1-2 所示，表中的尺寸代号意义如图 1-21 和图 1-22 所示。

表 1-2　图幅标准　（单位：mm）

图幅代号 / 尺寸代号	A0	A1	A2	A3	A4
b（宽）×l（长）	841×1189	594×841	420×594	297×420	210×297
c	10			5	
a	25				
e	20		10		

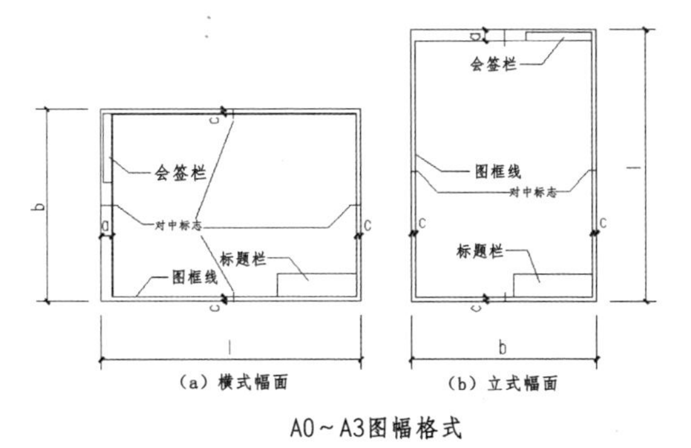

图 1-21

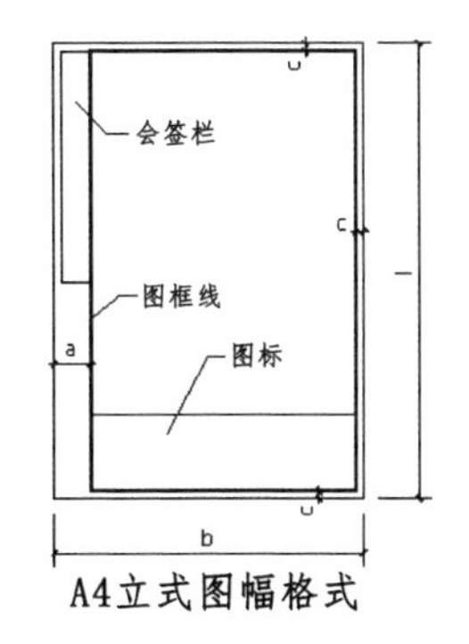

图 1-22

图标即图纸的图标栏，包括设计单位名称、工程名称区、签字区、图名区及图号区等内容，一般图标格式如图 1-23 所示。如今不少设计单位采用自己个性化的图标格式，但是仍必须包括这几项内容。

会签栏是为各工种负责人审核后签名用的表格，包括专业、姓名、日期等内容，具体内容根据需要设置，图 1-24 所示为其中的一种格式。对于不需要会签的图样，可以不设此栏。

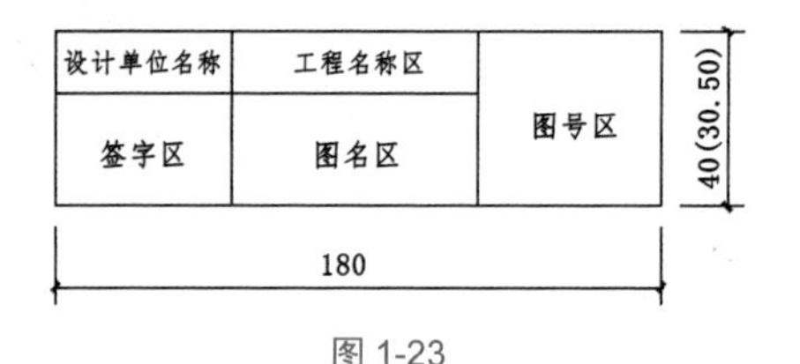

图 1-23

（专业）	（实名）	（签名）	（日期）

25 25 25 25 100 5 5 5 5 20

图 1-24

1.4.2 制图线型的规定

室内设计图主要由各种线条构成，不同的线型表示不同的对象和部位，代表着不同的含义。为了图面能够清晰、准确、美观地表达设计思想，工程实践中采用了一套常用的线型，并规定了它们的使用范围，常用线型如表 1-3 所示。在 AutoCAD 中，可以通过“图层”中“线型”“线宽”的设置来选定所需线型。

表 1-3　常用线型

名　称		线　型	线宽	适用范围
实线	粗	————	b	建筑平面图、剖面图、构造详图的被剖切截面的轮廓线；建筑立面图、室内立面图外轮廓线；图框线
	中	————	0.5b	室内设计图中被剖切的次要构件的轮廓线；室内平面图、顶棚图、立面图、家具三视图中构配件的轮廓线等
	细	————	≤ 0.25b	尺寸线、图例线、索引符号、地面材料线及其他细部刻画用线
虚线	中	- - - - - -	0.5b	主要用于构造详图中不可见的实物轮廓
	细	- - - - - -	≤ 0.25b	其他不可见的次要实物轮廓线
点画线	细	—- · —- · —	≤ 0.25b	轴线、构配件的中心线、对称线等
折断线	细	—\/—	≤ 0.25b	画图样时的断开界线
波浪线	细	～～～	≤ 0.25b	构造层次的断开界线，有时也表示省略画出时的断开界线

☆ 知识常识

标准实线宽度 b=0.4 ~ 0.8mm。

1.4.3 文字说明

在一幅完整的图样中用图线方式表现得不充分和无法用图线表示的地方，就需要进行文字说明，如材料名称、构配件名称、构造做法、统计表及图名等。文字说明是图样内容的重要组成部分，制图规范对文字标注中的字体、字的大小、字体字号搭配等方面作了一些具体规定。

（1）一般原则：字体端正，排列整齐，清晰准确，美观大方，避免过于个性化的文字标注。

（2）字体：一般标注推荐采用仿宋字，标题可用楷体、隶书、黑体等，如图1-25所示。

（3）字的大小：标注的文字高度要适中。同一类型的文字采用同一大小的字。较大的字用于较概括性的说明内容，较小的字用于较细致的说明内容。

仿宋：室内设计（小四）室内设计（四号）室内设计（二号）

黑体：室内设计（四号）室内设计（小二）

楷体：室内设计（四号）室内设计（二号）

隶书：室内设计（三号）室内设计（一号）

字母、数字及符号：0123456789abcdefghijk% @

0123456789abcdefghijk%@

图1-25

（4）字体字号的搭配注意体现层次感。

1.4.4 尺寸标注

在对室内设计图进行标注时，还要注意下面一些标注原则。

（1）尺寸标注应力求准确、清晰、美观大方。同一张图样中，标注风格应保持一致。

（2）尺寸线应尽量标注在图样轮廓线以外，从内到外依次标注从小到大的尺寸，不能将大尺寸标注在内，而小尺寸标注在外，如图1-26所示。

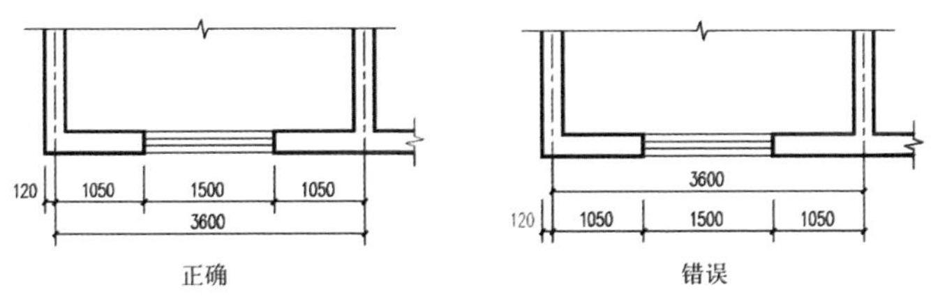

图1-26

（3）最内一道尺寸线与图样轮廓线之间的距离不应小于10mm，两道尺寸线之间的距离一般为7～10mm。

（4）尺寸界线朝向图样的端头距图样轮廓的距离应≥2mm，不宜直接与之相连。

（5）在图线拥挤的地方，应合理安排尺寸线的位置，但不宜与图线、文字及符号相交；可以考虑将轮廓线用作尺寸界线，但不能作为尺寸线。

（6）对于连续相同的尺寸，可以采用“均分”或“（EQ）”字样代替，如图1-27所示。

图1-27

▶ 1.4.5　常用的绘图比例

比例是指图样中的图形与所表示的实物相应要素之间的线性尺寸之比。比例应以阿拉伯数字表示，写在图名的右侧，字高应比图名字高小一号或两号。一般情况下，应该优先选用如下比例。

- 平面图：1:50、1:100 等。
- 立面图：1:20、1:30、1:50、1:100 等。
- 顶棚图：1:50、1:100 等。
- 构造详图：1:1、1:2、1:5、1:10、1:20 等。

▶ 1.4.6　常用图示标志

在室内装潢设计中，通常可以见到以下图示标志。

1. 详图索引符号及详图符号

室内平面图、立面图、剖面图中，在需要另设详图表示的部位，可标注一个索引符号，以表明该详图的位置，该索引符号就是详图索引符号。详图索引符号采用细实线绘制，圆圈直径为 10mm。图 1-28（d）～图 1-28（h）用于索引剖面详图，当详图就在本张图样时，采用图 1-28（a）的形式；详图不在本张图样时，采用图 1-28（b）～图 1-28（g）所示的形式。

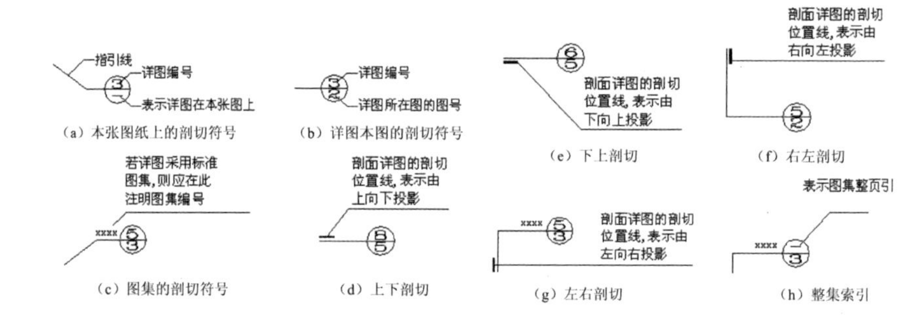

图 1-28

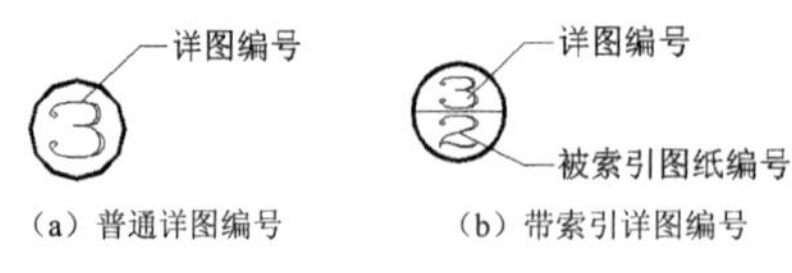

图 1-29

详图符号即详图的编号，用粗实线绘制，圆圈直径为 14mm，如图 1-29 所示。

2. 引出线

由图样引出一条或多条线段指向文字说明，该线段就是引出线。引出线可用于详图及标高等符号的索引。引出线与水平方向的夹角一般采用 0°、30°、45°、60°、90°，常见的引出线形式如图 1-30 所示。图 1-30（a）～图 1-30（d）所示为普通引出线，图 1-30（e）～图 1-30（h）所示为多层构造引出线。使用多层构造引出线时，应注意构造分层的顺序要与文字说明的分层顺序一致。文字说明可以放在引出线的端头，如图 1-30（a）～图 1-30（h）所示，也可放在引出线水平段之上，如图 1-30（i）所示。

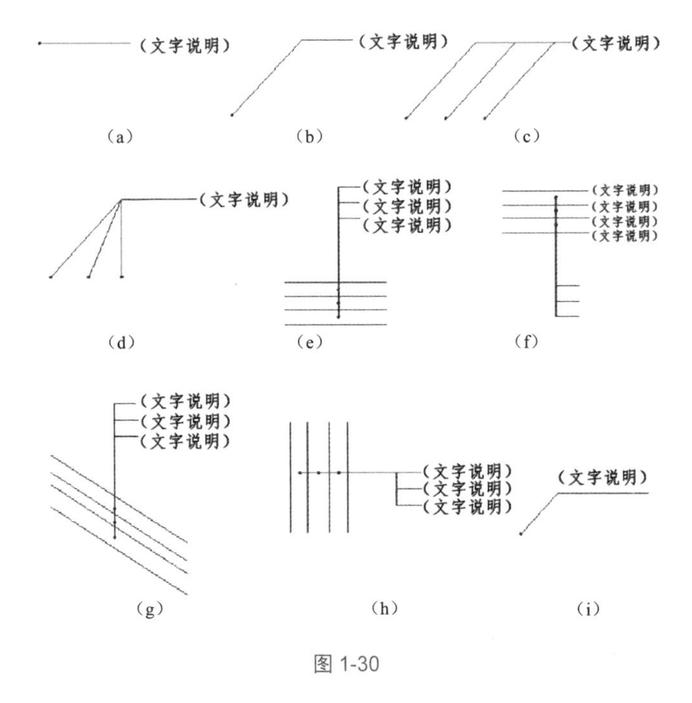

图 1-30

3. 内视符号

在房屋建筑中，一个特定的室内空间领域总存在竖向分隔（隔断或墙体），因此，根据具体情况，就有可能需要绘制一个或多个立面图来表达隔断、墙体及家具、构配件的设计情况。内视符号标注在平面图中，包含视点位置、方向和编号 3 个信息，建立平面图和室内立面图之间的联系。内视符号的形式如图 1-31 所示。图 1-31 中立面图编号可用英文字母或阿拉伯数字表示，黑色的箭头指向表示立面的方向；图 1-31（a）所示为单向内视符号，图 1-31（b）所示为双向内视符号，图 1-31（c）所示为四向内视符号，A、B、C、D 顺时针标注。

图 1-31

为了方便读者查阅，这里列出其他常用符号及其意义，如表 1-4 所示。

表 1-4　室内设计图常用符号图例

符　　号	说　　明	符　　号	说　　明
0. 00　0. 00	标高符号，线上数字为标高值。右边的一种在标注位置比较拥挤时采用。	1　1	标注剖切位置的符号，标注数字的方向为投影方向，“1”与剖面的编号“1-1”对应

续表

符　号	说　明	符　号	说　明
	指北针		旋转门
	对称符号。在对称图形的中轴位置画此符号，可以省画另一半图形		自动门
@	表示重复出现的固定间隔		单向开启双开门
	双向开启双开门		双层双扇平开门
	子母门	1 1:5	索引详图名及比例
	单开门		双层单扇平开门
	双开门		卷帘门
	折叠门		推拉折叠门
	墙洞外单扇推拉门		墙洞外双扇推拉门
	墙中单扇推拉门		墙中双扇推拉门
	烟道		风道
	楼梯		电梯

1.4.7　常用材料符号

室内设计图中经常应用材料图例来表示材料，在无法用图例表示的地方则采用文字说明。为了方便读者查阅，这里将常用的图例汇集，如表 1-5 所示。

表 1-5 室内设计图常用符号图例

材料图例	说 明	材料图例	说 明
	毛石		普通砖
	天然石材		砂、灰土
	空心砖		砂砾石、碎砖三合土
	自然土壤		夯实土壤
	砂、灰土		钢筋混凝土
	多孔材料		混凝土
	矿渣、炉渣		耐火砖
	塑料		防水材料，上下两种根据绘图比例大小选用
	玻璃		液体，须注明液体名称

1.5 室内设计制图的内容

一套完整的室内设计图一般包括平面图、顶棚图、立面图、构造详图和透视图。本节简述各种图样的相关概念及内容。

1.5.1 室内平面图

室内平面图是以平行于地面的切面在距地面 1.5mm 左右的位置将上部切去而形成的正投影图。室内平面图中应表达的内容有以下几部分。

（1）墙体、隔断及门窗、各空间的大小及布局、家具陈设、人流交通路线、室内绿化等，若不单独绘制地面材料平面图，则应该在平面图中表示地面材料。

（2）标注各房间尺寸、家具陈设尺寸及布局尺寸，对于复杂的公共建筑，则应标注轴线编号。

（3）注明地面材料的名称及规格。

（4）注明房间名称、家具名称。

（5）注明室内地坪标高。

（6）注明详图索引符号、图例及立面内视符号。

（7）注明图名和比例。

（8）如果需要辅助文字说明的平面图，还要注明文字说明、统计表格等。

1.5.2 室内顶棚图

室内顶棚图是根据顶棚在其下方假想的水平镜面上的正投影绘制而成的镜像投影图。室内顶棚图中应表达的内容有以下几部分。

（1）顶棚的造型及材料说明。

（2）顶棚灯具和电器的图例、名称规格等说明。

（3）顶棚造型尺寸标注，灯具、电器的安装位置标注。

（4）顶棚标高标注。

（5）顶棚细部做法的说明。

（6）详图索引符号、图名、比例等。

1.5.3 室内立面图

以平行于室内墙面的切面将前面部分切去后，剩余部分的正投影图即室内立面图。室内立面图中应表达的内容有以下几部分。

（1）墙面造型、材质及家具陈设在立面上的正投影图。

（2）门窗立面及其他装饰元素立面。

（3）立面各组成部分的尺寸、地坪吊顶标高。

（4）材料名称及细部做法说明。

（5）详图索引符号、图名、比例等。

1.5.4 透视图

透视图是根据透视原理在平面上绘制的能够反映三维空间效果的图形，与人的视觉空间感受相似。室内设计常用的绘制方法有一点透视、两点透视（成角透视）和鸟瞰图 3 种。

透视图可以通过人工绘制，也可以应用计算机绘制，能直观地表达设计思想和效果，故也称作效果图或表现图，是一个完整的设计方案不可缺少的部分。

1.5.5 构造详图

为了放大个别设计内容和细部做法，多以剖面图的方式表达局部剖开后的情况，这就是构造详图。构造详图中应表达的内容有以下几部分。

（1）以剖面图的绘制方法绘制出各材料断面、构配件断面及其相互关系。

（2）用细线表示出剖视方向上看到的部位轮廓及相互关系。

（3）标出材料断面图例。

（4）用指引线标出构造层次的材料名称及做法。

（5）标出其他构造做法。

（6）标注各部分的尺寸。

（7）标注详图编号和比例。

第2章

掌握与使用 AutoCAD 绘图工具

本章要点

- 配置绘图系统和环境
- 使用显示工具
- 基本输入操作
- 二维绘图命令
- 课堂实训——绘制二维图形实例

本章主要内容

本章主要介绍了配置绘图系统和环境、使用显示工具、基本输入操作方面的知识与技巧，同时还讲解了如何使用二维绘图命令，在本章的最后还针对实际的工作需求，讲解了绘制二维图形实例的方法。通过本章的学习，读者可以掌握 AutoCAD 绘图工具的使用技能，为深入学习室内装潢知识奠定基础。

2.1 配置绘图系统和环境

由于每台计算机所使用的显示器、输入设备和输出设备的类型不同，用户喜好的风格及计算机的设置也是不同的，所以每台计算机都是独特的。一般来讲，使用 AutoCAD 的默认配置就可以绘图，但为了使用定点设备或打印机，以及提高绘图的效率，推荐用户在开始作图前先进行必要的配置。AutoCAD 2024 是目前最新的 AutoCAD 软件版本，因此本书是以此版本来进行介绍的。

2.1.1 显示和系统配置

用户可以通过以下几种执行方式进行配置。

- 命令行：PREFERENCES。
- 菜单栏："工具"（红色"A"按钮）→"选项"。
- 快捷菜单：选项（在绘图区单击鼠标右键，系统会弹出快捷菜单，其中包括一些常用命令，如图 2-1 所示）。

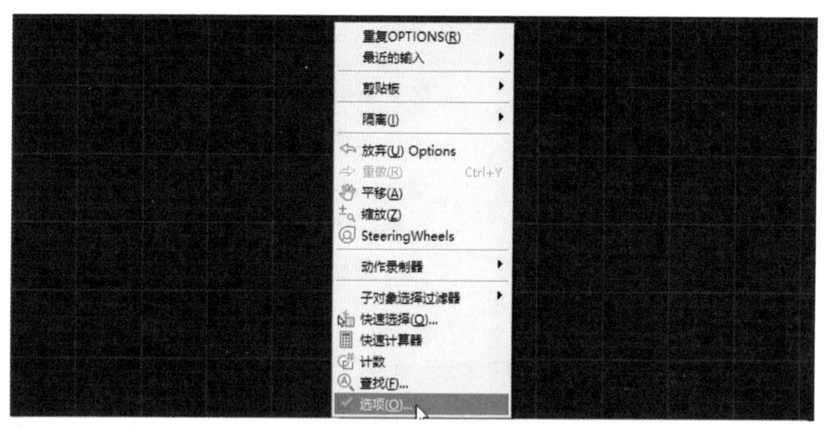

图 2-1

执行上述命令后，系统自动弹出"选项"对话框。用户可以在该对话框中选择有关选项，对系统进行配置。下面只对其中主要的几个选项卡进行说明，其他配置选项在后面用到时再做具体说明。

"选项"对话框中的第 2 个选项卡为"显示"，该选项卡控制 AutoCAD 窗口的外观，如图 2-2 所示。在该选项卡中，可以设定窗口元素、布局元素、显示精度、显示性能、十字光标大小及 AutoCAD 运行时的其他各项性能参数等。

在设置实体显示精度时，请务必记住，显示精度越高，则计算机计算的时间越长，千万不要将其设置得太高。显示精度设定在一个合理的程度上是很重要的。

"选项"对话框中的第 5 个选项卡为"系统"，如图 2-3 所示。

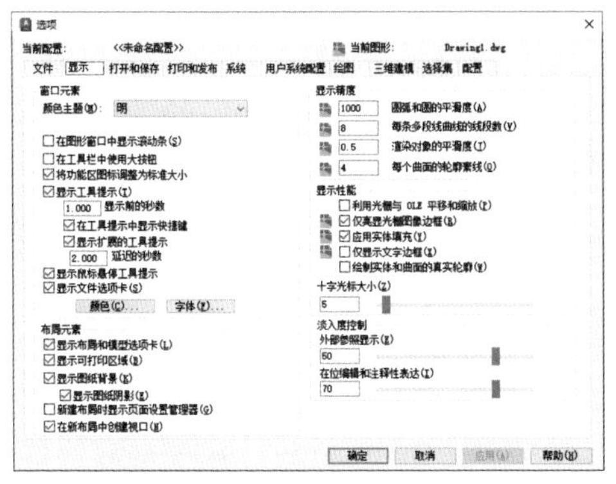

图 2-2

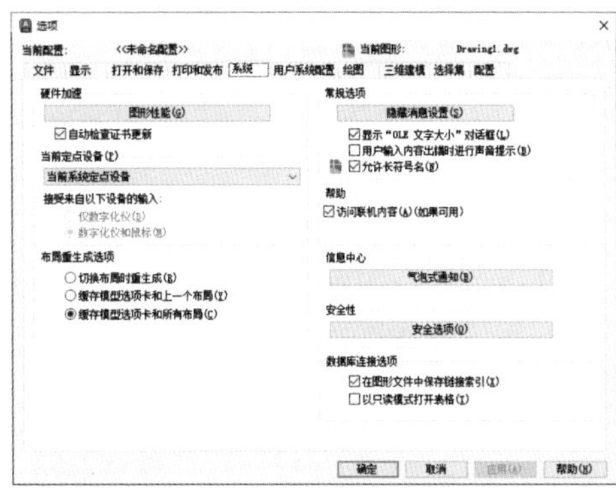

图 2-3

该选项卡用于设置 AutoCAD 系统的有关特性。下面详细介绍一些主要的选项组。

- “硬件加速”选项组：用于控制与图形显示系统的配置相关的设置。设置及其名称会随着产品而变化。
- “当前定点设备”选项组：用于安装及配置定点设备，如数字化仪和鼠标。具体如何配置和安装，请参照定点设备的用户手册。
- “常规选项”选项组：用于确定是否选择系统配置的有关基本选项。
- “布局重生成选项”选项组：用于确定切换布局时是否重生成或缓存模型选项卡和布局。
- “数据库连接选项”选项组：用于确定数据库连接的方式。

2.1.2 设置绘图单位

一般情况下，可以采用计算机默认的单位和图形边界，但有时要根据绘图的实际需要进行设置。在 AutoCAD 中，可以利用相关命令对图形单位和图形边界以及工作文件进行具体设置。用户可以在命令行中输入：DDUNITS（或 UNITS），然后按 Enter 键，系统会弹出“图形单位”对话框，如图 2-4 所示。该对话框用于定义长度和角度的单位及其格式。

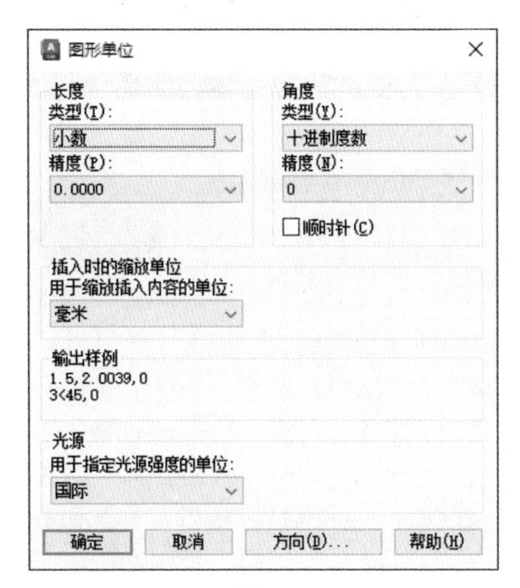

图 2-4

- “长度”选项组：指定测量长度的当前单位及当前单位的精度。
- “角度”选项组：指定测量角度的当前单位、精度及旋转方向，默认方向为逆时针。
- “插入时的缩放单位”选项组：控制使用工具选项板（如设计中心）拖入当前图形及其块的测量单位。如果块或图形创建时使用的单位与该选项指定的单位不同，则在插入这些块或图形时，将对其按比例缩放。插入比例是原块或图形使用的单位与目标图形使用的单位之比。如果插入块时不按指定单位缩放，则选择

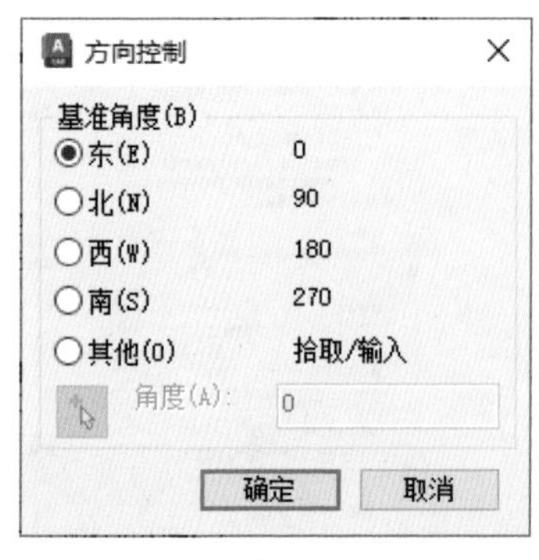

图 2-5

“无单位”选项。

- “输出样例”选项组：显示当前输出的样例值。
- “光源”选项组：用于指定光源强度的单位。
- “方向”按钮：单击该按钮，系统会弹出“方向控制”对话框，如图 2-5 所示。用户可以在该对话框中进行方向控制设置。

2.1.3 设置图形边界

命令行：LIMITS。

操作步骤：

```
命令：LIMITS ↙
重新设置模型空间界限。
指定左下角点或 [ 开（ON）/ 关（OFF）] <0.0000,0.0000>:（输入图形边界左下角的坐标后回车）
指定右上角点 <12.0000,9.0000>:（输入图形边界右上角的坐标后回车）
```

选项说明：

- 开（ON）：使绘图边界有效。系统将在绘图边界以外拾取的点视为无效。
- 关（OFF）：使绘图边界无效。用户可以在绘图边界以外拾取点或实体。
- 动态输入角点坐标：动态输入功能可以直接在屏幕上输入角点坐标，输入了横坐标值后，按“,”（在英文状态下输入）键，接着输入纵坐标值，如图 2-6 所示。也可以按光标位置直接单击鼠标左键确定焦点位置。

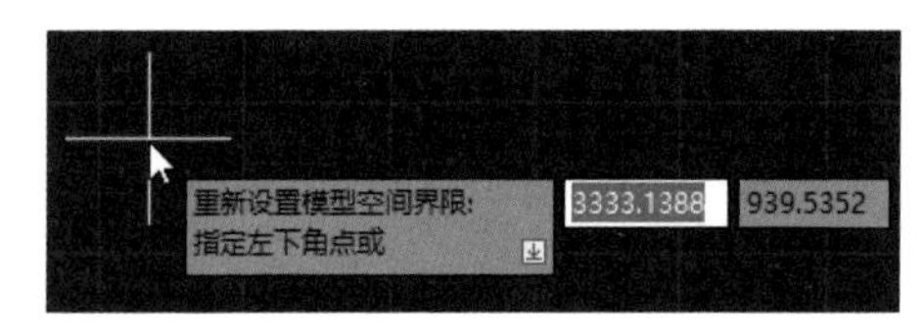

图 2-6

2.2 使用显示工具

对于一个较为复杂的图形来说，在观察整幅图形时往往无法对其局部细节进行查看和操作，而当在屏幕上显示一个细部时又看不到其他部分。为解决这类问题，AutoCAD 提供了缩放、平移、视图、鸟瞰视图和视口命令等一系列图形显示控制命令，可以用来任意地放大、缩小或移动屏幕上的图形显示，或者同时从不同的角度、不同的部位来显示图形。AutoCAD 还提供了重画和重新生成命令来刷新屏幕，重新生成图形。

2.2.1 图形缩放

图形缩放命令类似于照相机的镜头，可以放大或缩小屏幕所显示的范围，使用该命令只改变视图的比例，对象的实际尺寸并不发生变化。当放大图形一部分的显示尺寸时，可以更清楚地查看这个区域的细节；相反，如果缩小图形的显示尺寸，则可以查看更大的区域，如整体浏览。

图形缩放功能在绘制大幅面机械图尤其是装配图时非常有用，是使用频率最高的命令之一。该命令可以透明地使用，也就是说，该命令可以在其他命令执行时运行。用户完成涉及透明命令的过程时，AutoCAD 会自动返回到在用户调用透明命令前正在运行的命令。下面详细介绍执行图形缩放的方法。

命令行：ZOOM。

菜单栏："视图"→"缩放"。

操作步骤：

```
命令行：ZOOM↙
指定窗口的角点，输入比例因子（nX 或 nXP），或者 [ 全部（A）/ 中心（C）/ 动态（D）/ 范围（E）/ 上一个（P）/ 比例（S）/ 窗口（W）/ 对象（O）]< 实时 >:
```

选项说明：

- 实时：这是"缩放"命令的默认操作，即在输入 ZOOM 命令后，直接按 Enter 键，将自动执行实时缩放操作。实时缩放就是可以通过上下滚动鼠标滚轮交替进行放大和缩小。在使用实时缩放时，系统会显示一个"+"号或"-"号。当缩放比例接近极限时，AutoCAD 将不再与光标一起显示"+"号或"-"号。需要从实时缩放操作中退出时，可按 Enter 键、Esc 键退出，或单击鼠标右键显示快捷菜单。
- 全部（A）：执行 ZOOM 命令后，在提示文字后输入 A，即可执行"全部（A）"缩放操作。不论图形有多大，该操作都将显示图形的边界或范围，即使对象不包括在边界以内，也将被显示。因此，使用"全部（A）"缩放选项，可查看当前视口中的整个图形。
- 中心（C）：通过确定一个中心点，该选项可以定义一个新的显示窗口。操作过程中需要指定中心点以及输入比例或高度。默认新的中心点就是视图的中心点，默认的输入高度就是当前视图的高度，直接按 Enter 键后，图形将不会被放大。输入比例的数值越大，则图形放大倍数也将越大。也可以在数值后面紧跟一个 X，如 3X，表示在放大时不是按照绝对值变化，而是按相对于当前视图的相对值缩放。
- 动态（D）：通过操作一个表示视口的视图框，可以确定所需显示的区域。选择该选项，在绘图区中出现一个小的视图框，按住鼠标左键左右移动可以改变该视图框的大小，定形后释放鼠标，再按下鼠标左键移动视图框，确定图形中的放大位置，系统将清除当前视口并显示一个特定的视图选择屏幕。该特定屏幕由有关当前视图及有效视图的信息所构成。
- 范围（E）：可以使图形缩放至整个显示范围。图形的范围由图形所在的区域构成，剩余的空白区域将被忽略。应用该选项，图形中所有的对象都尽可能地被放大。
- 上一个（P）：在绘制一幅复杂的图形时，有时需要放大图形的一部分以进行细节的编辑。当编辑完成后，有时希望回到前一个视图，这时可以使用"上一个（P）"选项来实现。当前视口由"缩放"命令的各种选项或移动视图、视图恢复、平行投影或透视命令引起的任何变化，系统都将保存。每一个视口最多可以保存 10 个视图。连续使用"上一个（P）"选项可以恢复前 10 个视图。

- 比例（S）：提供了 3 种使用方法。在提示信息下，直接输入比例系数，AutoCAD 将按照此比例因子放大或缩小图形的尺寸。如果在比例系数后面加一个 X，则表示相对于当前视图计算的比例因子。使用比例因子的第 3 种方法就是相对于图形空间。例如，可以在图纸空间打印出模型的不同视图。为了使每一张视图都与图纸空间单位成比例，可以使用“比例（S）”选项，每一个视图可以有单独的比例。
- 窗口（W）：这是最常使用的选项。通过确定一个矩形窗口的两个对角来指定所需缩放的区域，对角点可以由鼠标指定，也可以由输入坐标确定。指定窗口的中心点将成为新的显示屏幕的中心点。窗口中的区域将被放大或者缩小。调用 ZOOM 命令时，可以在没有选择任何选项的情况下，利用鼠标在绘图窗口中直接指定缩放窗口的两个对角点。
- 对象（O）：缩放以便尽可能大地显示一个或多个选定的对象并使其位于视图的中心。可以在启动 ZOOM 命令前后选择对象。

☆ 知识常识

这里所提到的诸如放大、缩小或移动的操作，仅仅是对图形在屏幕上的显示进行控制，图形本身并没有任何改变。

2.2.2 图形平移

当图形幅面大于当前视口时，例如，使用图形缩放命令将图形放大，如果需要在当前视口之外观察或绘制一个特定区域时，这时可以使用图形平移命令来实现。平移命令能将在当前视口以外的图形的一部分移动进来查看或编辑，但不会改变图形的缩放比例。下面详细介绍图形平移的方法。

命令行：PAN。

工具栏：“平移”按钮。

快捷菜单：在绘图区单击鼠标右键→“平移”命令。

激活“平移”命令之后，光标将变成一只“小手”形状，可以在绘图区任意移动，以示当前正处于平移模式。单击并按住鼠标左键将光标锁定在当前位置，即“小手”已经抓住图形，然后拖动图形使其移动到所需位置上，释放鼠标将停止平移图形。可以反复按住鼠标左键拖动、释放，将图形平移到其他位置上。

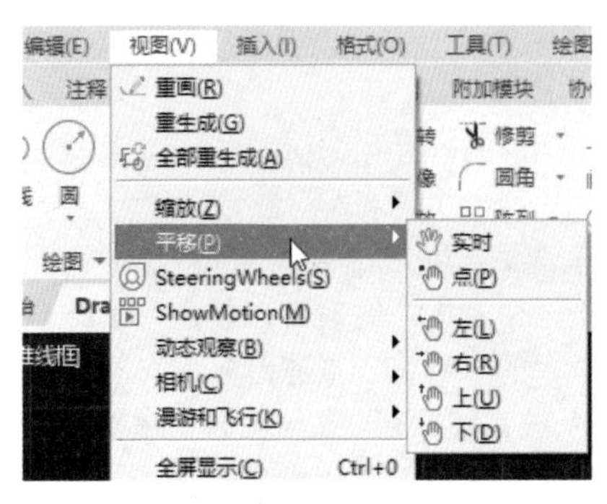

图 2-7

“平移”命令预先定义了一些不同的子命令，可用于在特定方向上平移图形，在激活“平移”命令后，这些子命令可以从菜单“视图”→“平移”的子菜单中调用，如图 2-7 所示。

- 实时：是“平移”命令中最常用的子命令，也是默认子命令，前面提到的平移操作都是指实时平移，通过鼠标的拖动来实现任意方向上的平移。

- 点：该子命令要求确定位移量，这就需要确定图形移动的方向和距离。可以通过输入点的坐标或用鼠标指定点的坐标来确定位移。
- 左：该子命令移动图形使屏幕左部的图形进入显示窗口。
- 右：该子命令移动图形使屏幕右部的图形进入显示窗口。
- 上：该子命令向底部平移图形后，使屏幕顶部的图形进入显示窗口。
- 下：该子命令向顶部平移图形后，使屏幕底部的图形进入显示窗口。

2.3 基本输入操作

在 AutoCAD 中，有一些基本的输入操作方法。这些基本方法是进行 AutoCAD 绘图的必备基础知识，也是深入学习 AutoCAD 功能的前提。本节将详细介绍 AutoCAD 基本输入操作方面的相关知识。

2.3.1 命令输入方式

AutoCAD 交互绘图必须输入必要的指令和参数。有多种 AutoCAD 命令输入方式（以画直线为例），下面将分别予以详细介绍。

1. 在命令行窗口输入命令名

命令字符可不区分大小写。例如，命令：LINE↙。执行命令时，在命令行提示中经常会出现命令选项。例如，输入绘制直线命令 LINE 后，命令行提示如下：

```
命令：LINE↙
指定第一点：（在屏幕上指定一点或输入一个点的坐标）
指定下一点或 [放弃（U）]：
```

命令中不带括号的提示为默认选项，因此可以直接输入直线段的起点坐标或在屏幕上指定一点。如果要选择其他选项，则应该首先输入该选项的标识字符，如“放弃”选项的标识字符“U”，然后按系统提示输入数据即可。命令选项的后面有时还带有尖括号，尖括号内的数值为默认数值。

2. 在命令行窗口输入命令缩写字母

常用的命令缩写字母有 L（Line）、C（Circle）、Z（Zoom）、A（Arc）、R（Redraw）、M（More）、CO（Copy）、PL（Pline）、E（Erase）等。

3. 选择“绘图”菜单中的“直线”命令

选择该命令后，在状态栏中可以看到对应的命令说明及命令名。

4. 选择工具栏中的对应按钮

选择该按钮后在状态栏中也可以看到对应的命令说明及命令名。

5. 在绘图区打开右键快捷菜单

如果在前面刚使用过要输入的命令，可以在绘图区单击鼠标右键，打开快捷菜单，

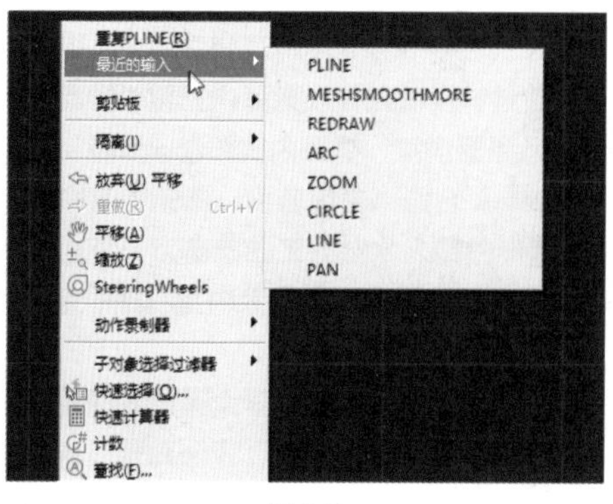

图 2-8

在“最近的输入”子菜单中选择需要的命令，如图 2-8 所示。“最近的输入”子菜单中存储最近使用的几个命令，如果是经常重复使用的命令，这种方法就比较快捷。

6. 在命令行窗口按 Enter 键

如果用户要重复使用上次使用的命令，可以直接在绘图区按 Enter 键，系统立即重复执行上次使用的命令，这种方法适用于重复执行某个命令。

2.3.2 命令的重复、撤销、重做

下面详细介绍命令的重复、撤销、重做的相关操作方法。

1. 命令的重复

在命令行窗口按 Enter 键可重复调用上一个命令，不论上一个命令是完成了还是被取消了。

2. 命令的撤销

在命令执行的任何时刻都可以取消和终止命令的执行。执行方式如下。

- 命令行：UNDO。
- 菜单栏：“编辑”→“放弃”。
- 快捷键：Esc。

3. 命令的重做

已被撤销的命令还可以恢复重做，可恢复撤销的最后一个命令。执行方式如下。

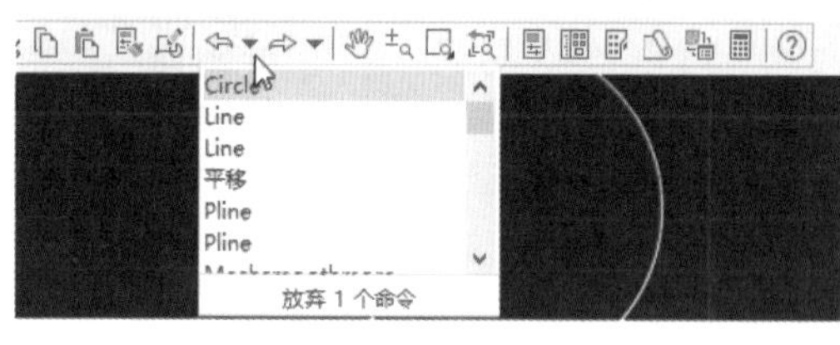

图 2-9

- 命令行：REDO。
- 菜单栏：“编辑”→“重做”。

该命令可以一次执行多重放弃或重做操作。单击“标准”工具栏中的“放弃”按钮或“重做”按钮后面的小三角，可以选择要放弃或重做的操作，如图 2-9 所示。

2.4 二维绘图命令

二维图形是指在二维平面空间绘制的图形，主要由一些图形元素组成，如点、直线、圆、圆弧、椭圆、矩形、多边形、多段线、样条曲线、多线等几何元素。AutoCAD 2024 提供了大量的绘图工具，可以帮助用户完成二维图形的绘制。

2.4.1 直线与点工具

直线类命令主要包括“直线”和“构造线”命令。这两个命令是 AutoCAD 2024 中最简单的绘图命令。点在 AutoCAD 2024 中有多种不同的表示方式，用户可以根据需要进行设置，也可以设置等分点和测量点。

1. 绘制直线

在 AutoCAD 2024 中，直线是基本的二维图形对象，可以帮助用户快速绘制基本图形。下面介绍绘制直线的操作方法。

Step 01 新建一个 CAD 空白文档，在菜单栏中选择“绘图”→“直线”命令，如图 2-10 所示。

Step 02 返回到绘图区，①根据命令行提示“LINE 指定第一点”，②在空白处单击鼠标左键，确定要绘制直线的起点，如图 2-11 所示。

图 2-10

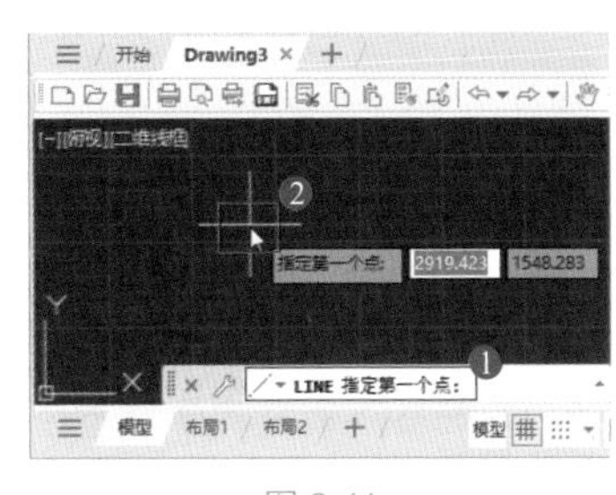

图 2-11

Step 03 移动鼠标指针，根据命令行提示，在指定位置单击鼠标左键，确定直线的终点，如图 2-12 所示。

Step 04 按 Esc 键退出直线命令，通过以上步骤即可完成绘制直线的操作，如图 2-13 所示。

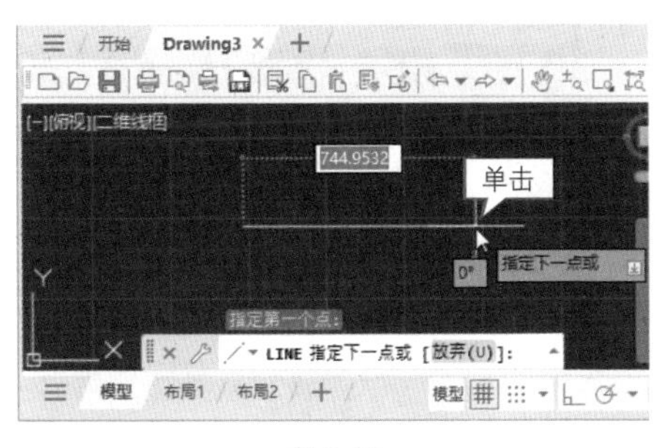

图 2-12

图 2-13

☆ 经验技巧

在 AutoCAD 2024 中，可以在“功能区”中选择“默认”选项卡，在“绘图”选项组中单击“直线”按钮╱，或者在命令行中输入 LINE 或 L，按 Enter 键，也可以来调用直线命令绘制直线。

2. 绘制构造线

构造线是一条向两边无限延伸的辅助线，在 AutoCAD 2024 中，一般作为绘制图形对象的参照线来使用。下面介绍绘制构造线的操作方法。

Step 01 新建 CAD 空白文档，①在“功能区”中选择“默认”选项卡，②在“绘图”选项组中单击“构造线”按钮，如图 2-14 所示。

Step 02 返回到绘图区，①根据命令行提示“XLINE 指定点”，②在空白处单击鼠标左键，确定要绘制构造线的起点，如图 2-15 所示。

图 2-14

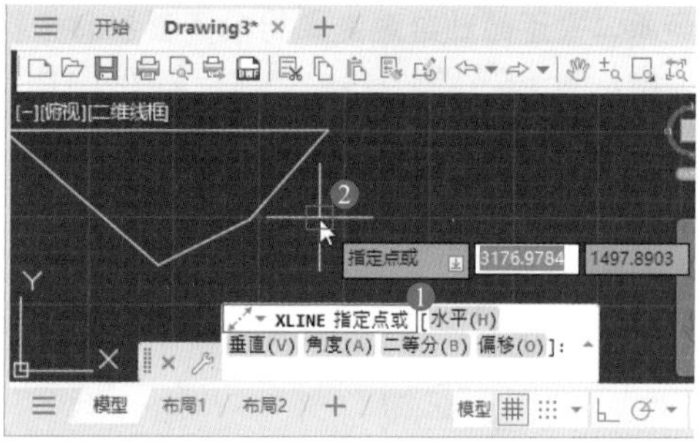

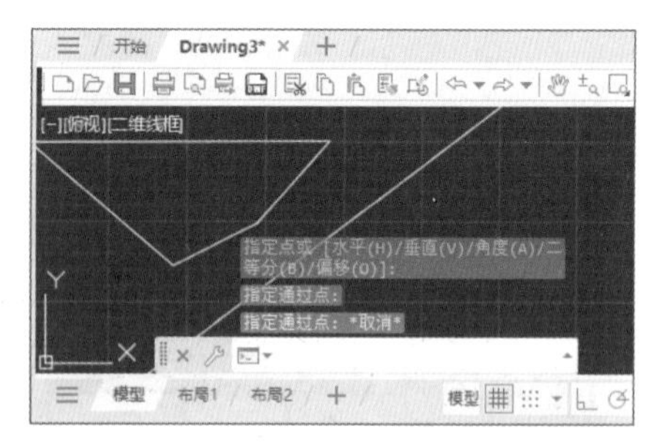

图 2-15

Step 03 移动鼠标指针，①根据命令行提示“XLINE 指定点”，②在指定位置单击鼠标左键，指定通过点，如图 2-16 所示。

Step 04 按 Esc 键退出构造线命令，通过以上步骤即可完成绘制构造线的操作，如图 2-17 所示。

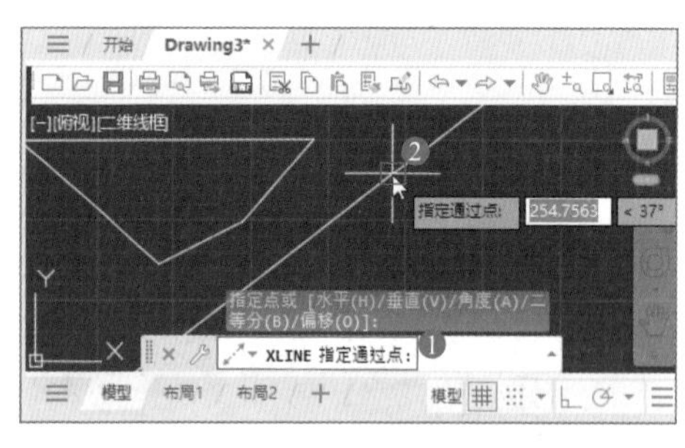

图 2-16

图 2-17

☆ 经验技巧

在 AutoCAD 2024 中，在菜单栏中选择“绘图”→“构造线”命令，或者在命令行中输入 XLINE 或 XL，按 Enter 键，都可以调用构造线命令进行绘制构造线的操作。

3. 设置点样式

在 AutoCAD 2024 中，默认情况下，点显示为一个黑点，为了方便观察，可以更改点的样式。下面介绍设置点样式的操作方法。

Step 01 新建 CAD 空白文档，在菜单栏中选择“格式”→“点样式”命令，如图 2-18 所示。

Step 02 弹出“点样式”对话框，①选择“点”样式类型，②在“点大小”文本框中输入数值更改点的大小，③单击“确定”按钮 确定 ，即可完成设置点样式的操作，如图 2-19 所示。

图 2-18

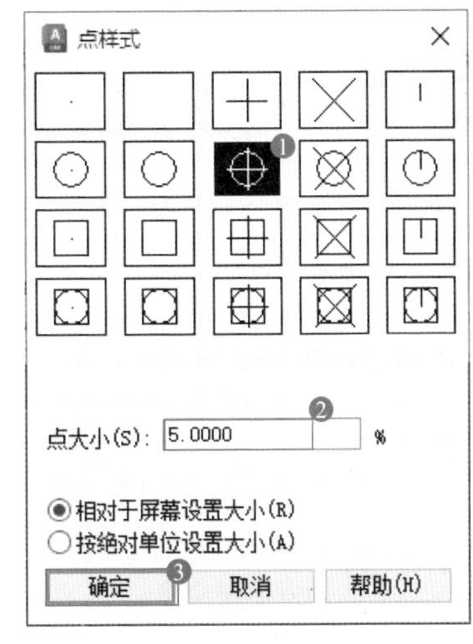

图 2-19

☆ 经验技巧

在 AutoCAD 2024 中，选择“默认”选项卡，在“实用工具”选项组中单击“点样式”按钮，或者在命令行中输入 DDPTYPE，按 Enter 键，都可以打开“点样式”对话框来进行设置点样式的操作。

4. 绘制单点和多点

单点绘制就是一次只能绘制一个点，而多点绘制可以连续绘制多个点。下面介绍绘制单点和多点的操作方法。

Step 01 新建 CAD 空白文档，在菜单栏中选择“绘图”→“点”→“单点”命令，如图 2-20 所示。

Step 02 返回到绘图区，①根据命令行提示“POINT 指定点”，②在空白处单击鼠标左键，指定点的位置，如图 2-21 所示。

Step 03 此时可以看到绘制好的点，通过以上步骤即可完成绘制单点的操作，如图 2-22 所示。

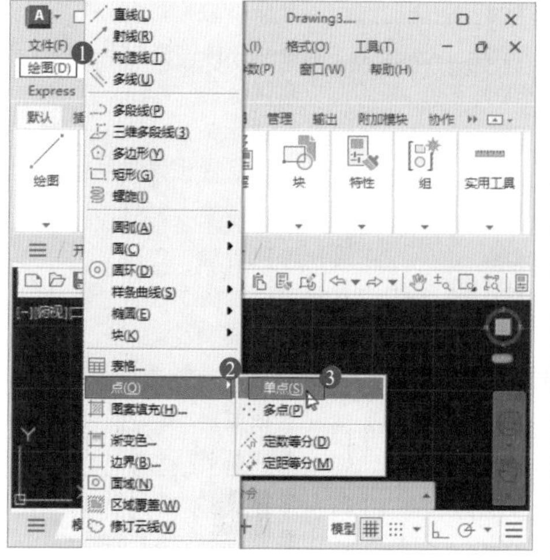

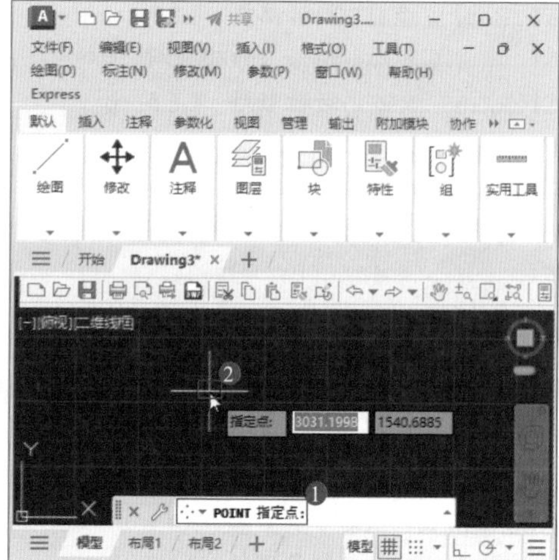

图 2-20

图 2-21

Step04 删除前面步骤绘制的单点，在菜单栏中选择“绘图”→“点”→“多点”命令，如图 2-23 所示。

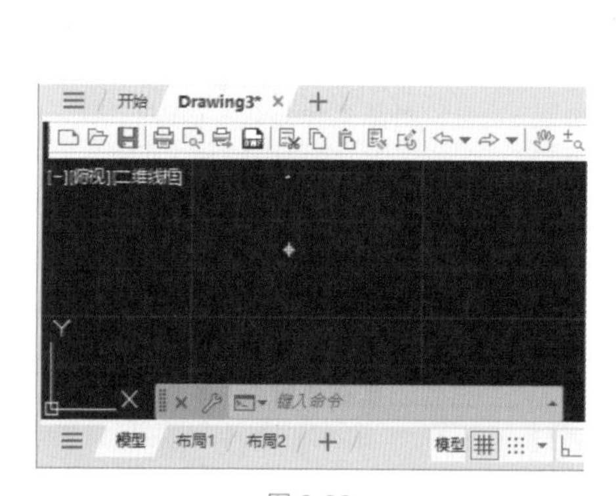

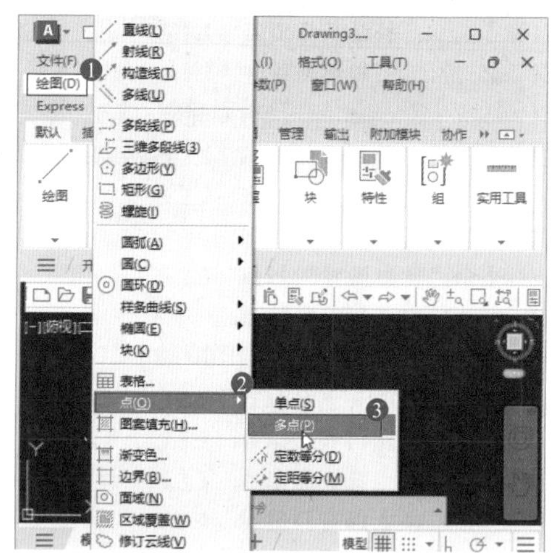

图 2-22

图 2-23

Step05 返回到绘图区，①根据命令行提示“POINT 指定点”，②在空白处连续单击鼠标左键，绘制多个点，如图 2-24 所示。

Step06 按 Esc 键退出多点命令，即可完成绘制多点的操作，如图 2-25 所示。

☆ 经验技巧

在 AutoCAD 2024 中，还可以在命令行中输入 POINT 或 PO，按 Enter 键，即可调用“单点”命令。在“默认”选项卡中，单击“绘图”选项组中的“多点”按钮⁘，则可以调用多点命令进行绘制多点的操作。

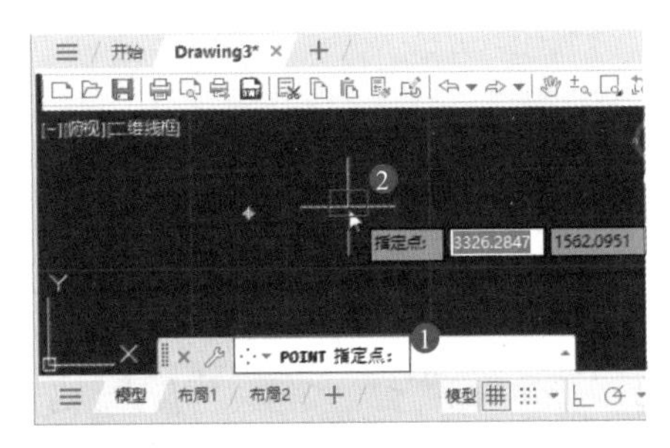

图 2-24

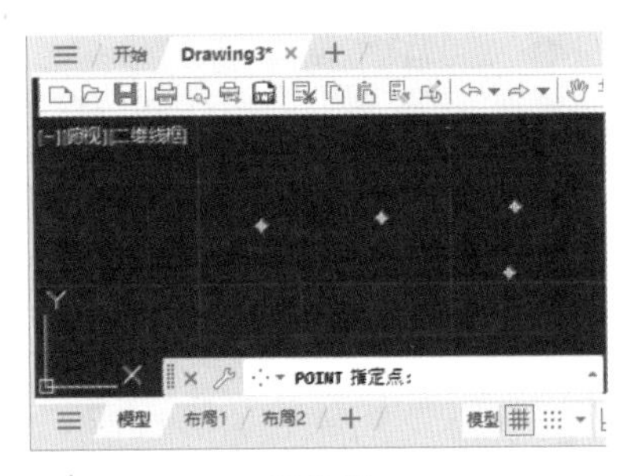

图 2-25

5. 绘制定数等分点

在 AutoCAD 2024 中，定数等分是指将图形对象按照一定的数量进行等分。下面以直线为例，介绍在绘制定数等分点的操作方法。

Step01 新建一个 CAD 空白文档，①在“功能区”中选择“默认”选项卡，②在“绘图”选项组中单击“直线”按钮，如图 2-26 所示。

Step02 返回到绘图区，①在空白处单击鼠标左键，确定线段的起点，②移动鼠标指针至终点处，单击鼠标左键绘制一条线段，如图 2-27 所示。

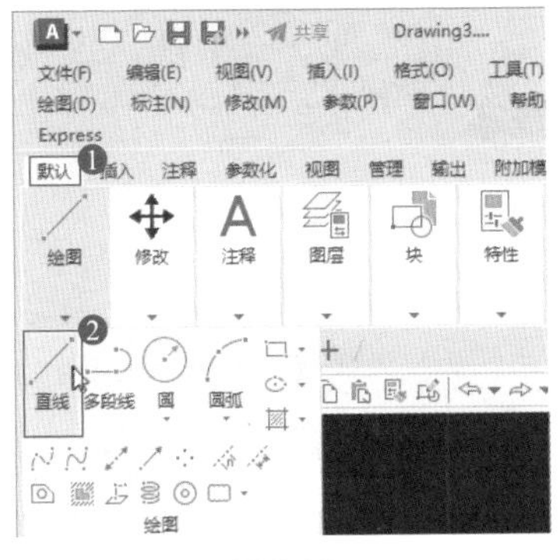

图 2-26

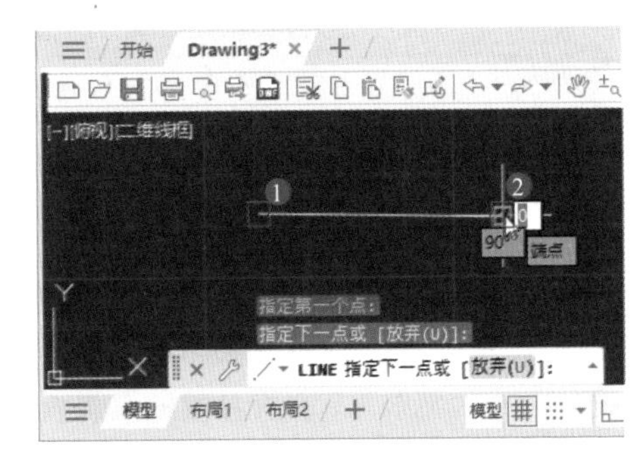

图 2-27

Step03 在“绘图”选项组中单击“定数等分”按钮，如图 2-28 所示。

Step04 返回到绘图区，①根据命令行提示“DIVIDE 选择要定数等分的对象”，②单击鼠标左键选择图形，如图 2-29 所示。

Step05 根据命令行提示“DIVIDE 输入线段数目或‘块（B）’”，在命令行输入等分线段的数目，如 3，按 Enter 键，如图 2-30 所示。

Step06 线段已经被等分为 3 段，通过以上步骤即可完成绘制定数等分点的操作，如图 2-31 所示。

☆ 经验技巧

在 AutoCAD 2024 中，在菜单栏中选择“绘图”→“点”→“定数等分”命令，即可调用定数等分命令对图形进行等分操作。另外，可以在命令行中输入 DIVIDE 或 DIV 来调用定数等分命令。

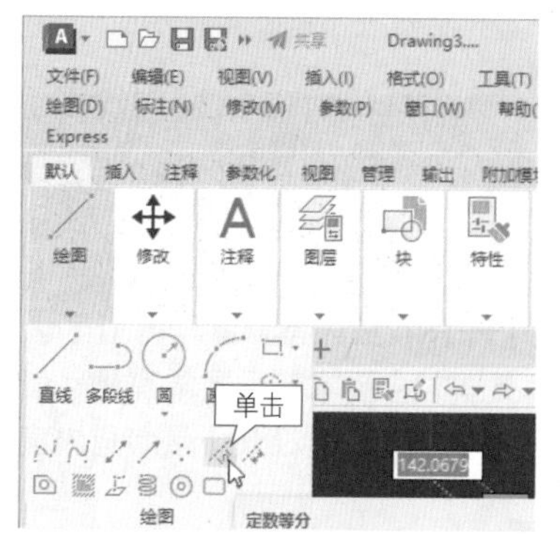

图 2-28

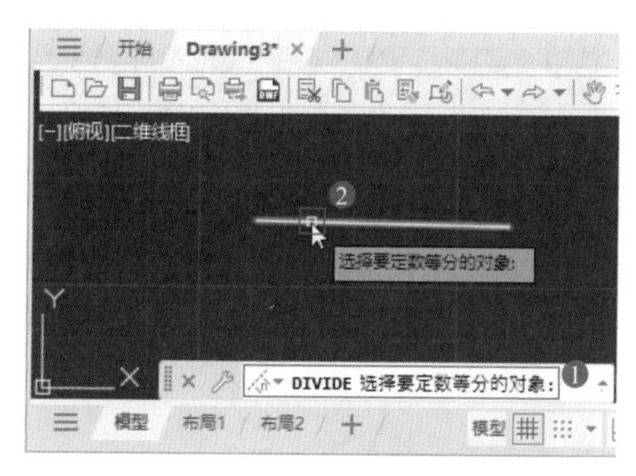

图 2-29

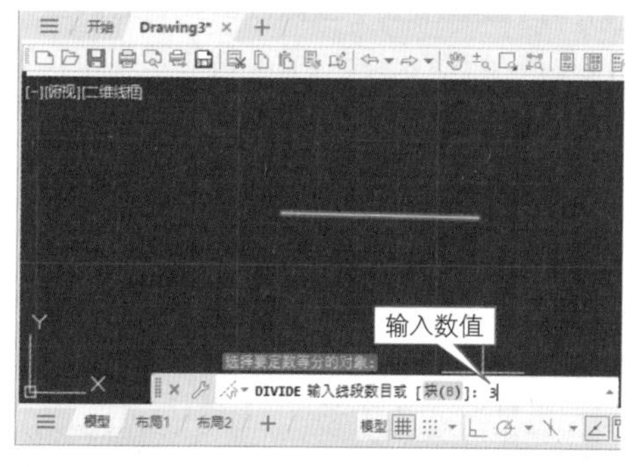

图 2-30

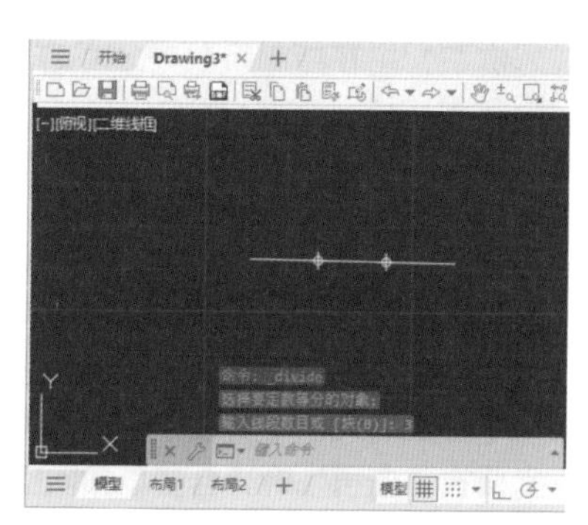

图 2-31

6. 绘制定距等分点

在 AutoCAD 中，定距等分功能可以将图形对象按一定的长度进行等分，但定距等分与定数等分不同，并且由于定距等分指定的长度的不确定，在等分对象后可能会出现剩余线段。下面以直线为例，介绍绘制定距等分点的操作方法。

Step 01 绘制一条线段后，在“绘图”选项组中单击“定距等分”按钮，如图 2-32 所示。

Step 02 返回到绘图区，①根据命令行提示“MEASURE 选择要定距等分的对象”，②单击鼠标左键选择图形，如图 2-33 所示。

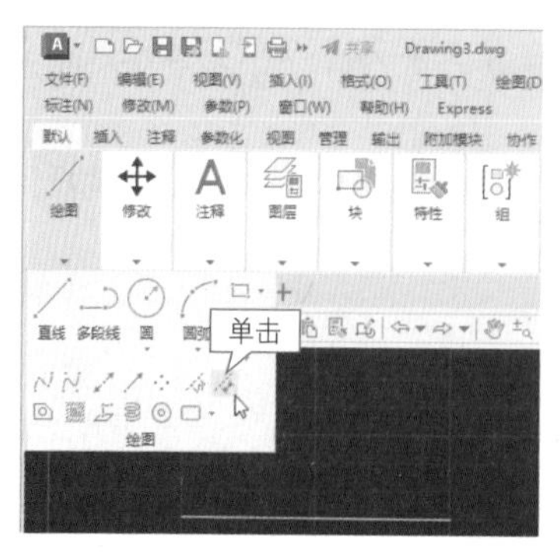

图 2-32

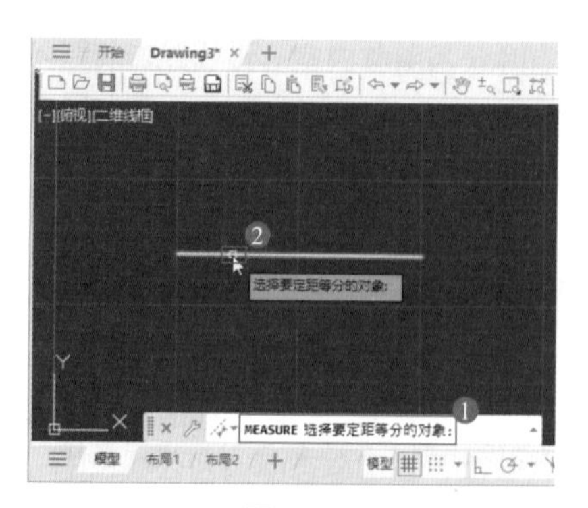

图 2-33

Step 03 根据命令行提示“MEASURE 指定线段长度或‘块（B）’”，在命令行输入线段长度，如 80，按 Enter 键，如图 2-34 所示。

Step 04 可以看到线段已经按长度被等分，通过以上步骤即可完成绘制定距等分点的操作，如图 2-35 所示。

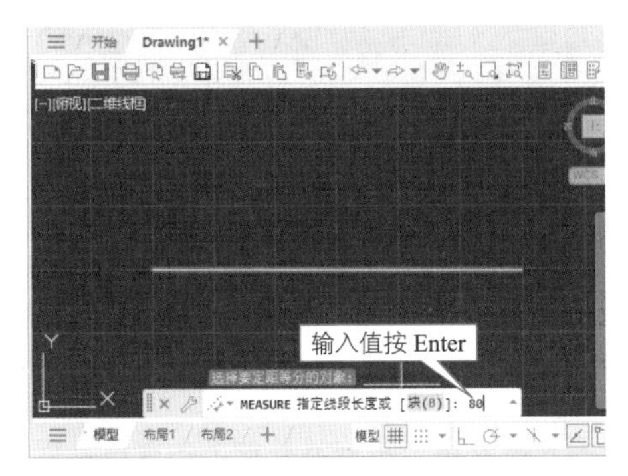

图 2-34

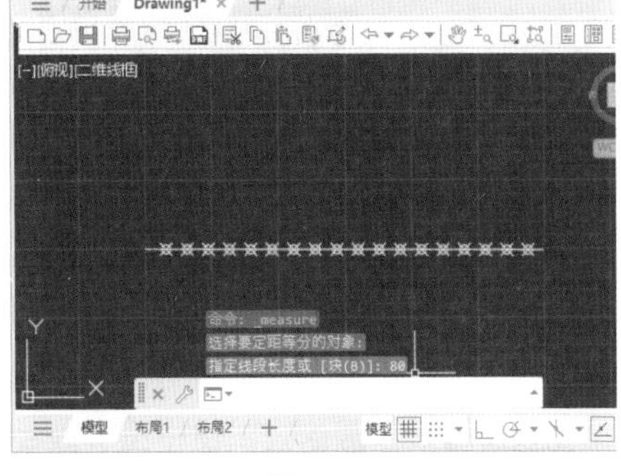

图 2-35

2.4.2 圆类图形

圆类命令主要包括“圆”“圆弧”“圆环”“椭圆”“椭圆弧”等命令，这几个命令是 AutoCAD 中最简单的圆类命令。

1. 圆

在同一平面内，到定点的距离等于定长的点的集合叫作圆。圆是一种简单的二维图形，也是在制图过程中用得比较多的绘图工具之一。绘制圆的方式包括运用两点方式绘制、运用三点方式绘制、运用圆心方式绘制等 6 种方式，如图 2-36 所示。下面以常用的两点绘制法以及三点绘制法为例，详细介绍绘制圆的操作方法。

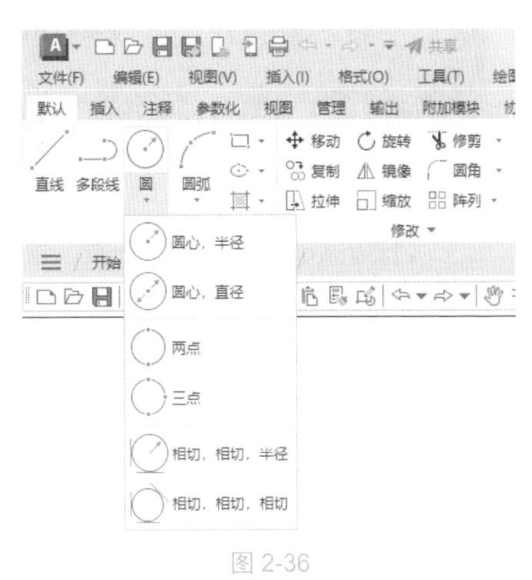

图 2-36

（1）两点绘制法。

在 AutoCAD 中，两点绘制法是指用圆的直径两个端点来创建圆。下面将详细介绍使用两点方式绘制圆的操作方法。

Step 01 新建一个 CAD 空白文档，①在“功能区”中选择“默认”选项卡，②在“绘图”选项组中单击“圆”下拉按钮，③在弹出的下拉列表中选择“两点”选项，如图 2-37 所示。

Step 02 返回到绘图区，①根据命令行提示“CIRCLE 指定圆的圆心”，②在空白处单击鼠标左键，确定要绘制圆的圆心位置，如图 2-38 所示。

Step 03 根据命令行提示“CIRCLE 指定圆直径的第二个端点”，移动鼠标指针，在指定位置单击鼠标左键，确定圆的第二个端点，如图 2-39 所示。

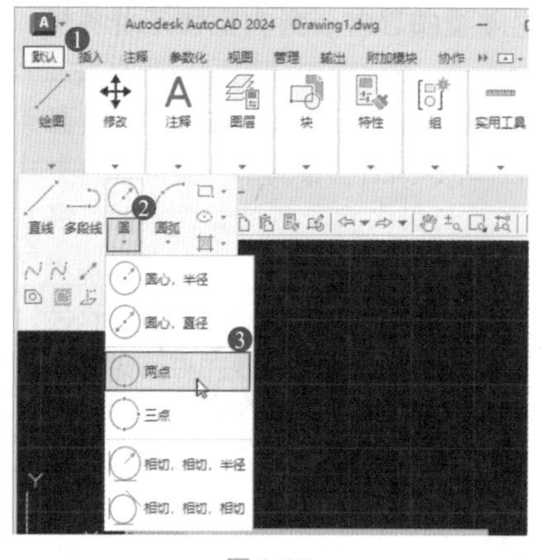

图 2-37

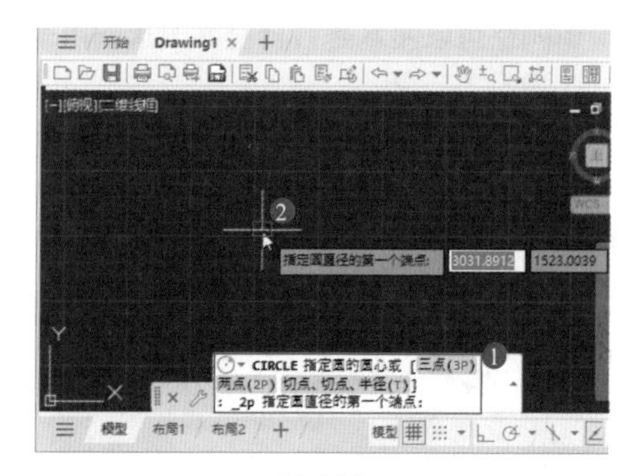

图 2-38

Step 04 圆形绘制完成，通过以上步骤，即可完成使用两点方式绘制圆的操作，如图 2-40 所示。

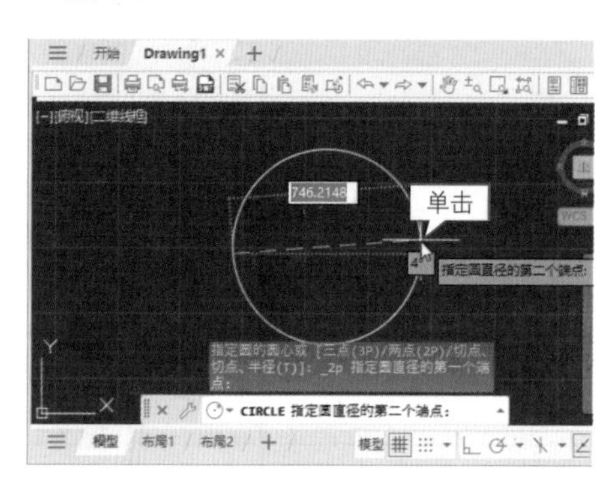

图 2-39

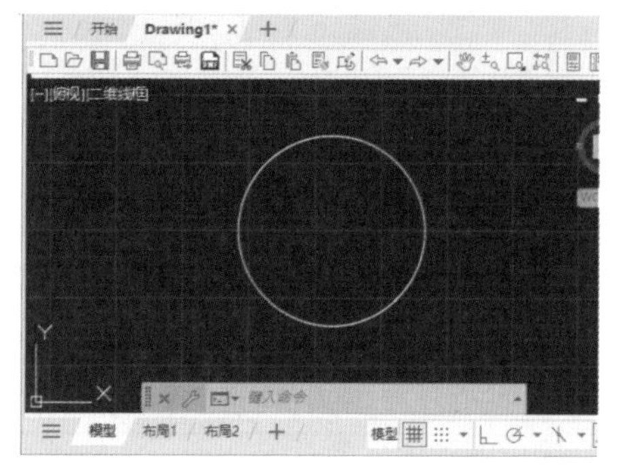

图 2-40

（2）三点绘制法。

在 AutoCAD 中，三点绘制法是指用圆周上的三个点来创建圆。下面详细介绍使用三点方式绘制圆的操作方法。

Step 01 新建一个 CAD 空白文档，在命令行中输入 CIRCLE，按 Enter 键，如图 2-41 所示。

Step 02 返回到绘图区，在命令行中输入 3P，按 Enter 键，如图 2-42 所示。

Step 03 返回到绘图区，①根据命令行提示“CIRCLE 指定圆上的第一个点”，②在空白处单击鼠标左键，指定圆的第一个点，如图 2-43 所示。

Step 04 移动鼠标指针，①根据命令行提示“CIRCLE 指定圆上的第二个点”，②在空白处单击鼠标左键，指定圆的第二个点，如图 2-44 所示。

Step 05 移动鼠标指针，①根据命令行提示“CIRCLE 指定圆上的第三个点”，②在空白处单击鼠标左键，指定圆的第三个点，如图 2-45 所示。

Step 06 圆形绘制完成，通过以上步骤，即可完成使用三点方式绘制圆的操作，如图 2-46 所示。

图 2-41

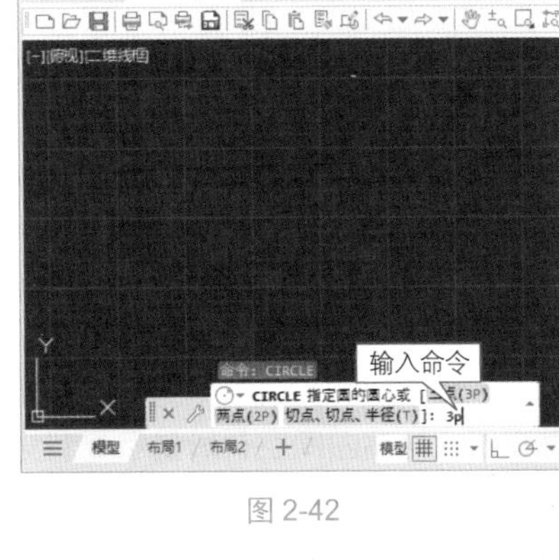

图 2-42

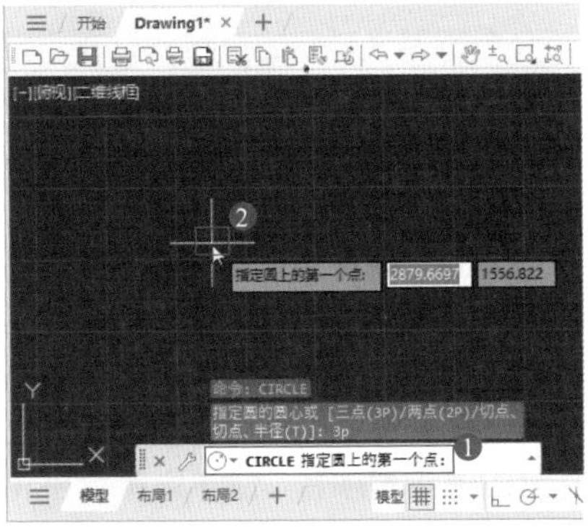

图 2-43

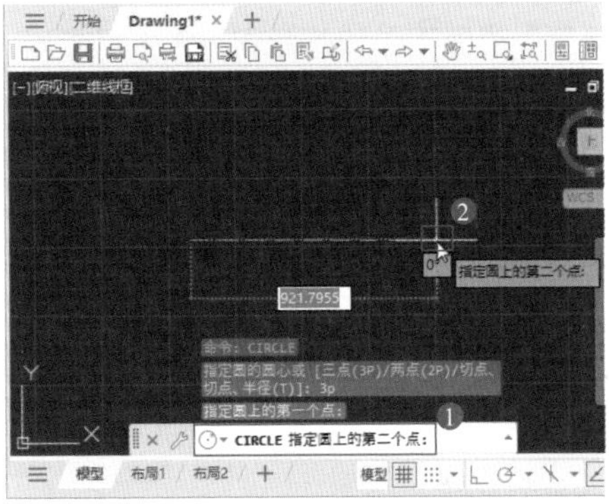

图 2-44

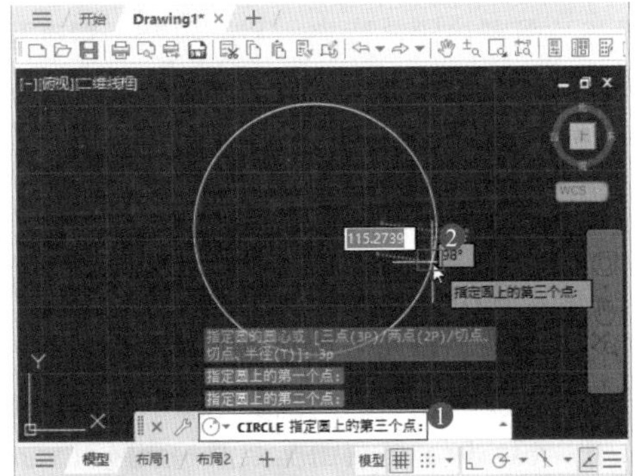

图 2-45

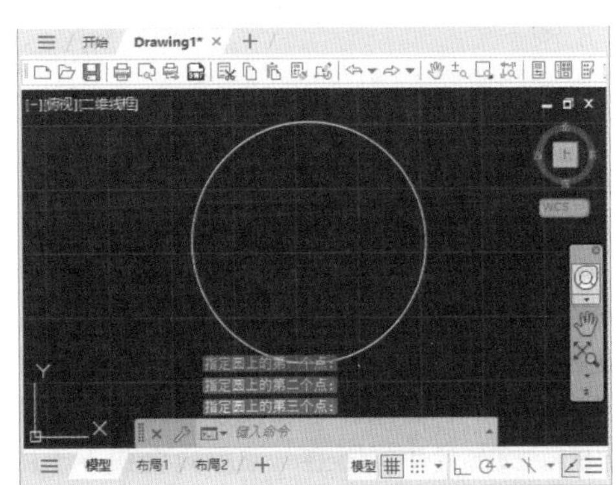

图 2-46

2. 圆弧

圆弧是圆的一部分，圆上任意两点间的部分叫作圆弧。在 AutoCAD 中，用户可以运用“三点”“起点、圆心、端点”“起点、端点、方向”等 11 种方式绘制圆弧。下面详细介绍几种常用的绘制圆弧的操作方法。

（1）运用三点法绘制圆弧。

在 AutoCAD 2024 中，圆弧的起点、通过点和端点称作圆弧的三点，可以通过确定圆弧的这三个点来绘制圆弧。下面介绍运用三点绘制圆弧的操作方法。

Step01 新建一个 CAD 空白文档，①在“功能区”中选择“默认”选项卡，②在“绘图”选项组中单击“圆弧”下拉按钮，③在弹出的下拉列表中选择“三点”选项，如图 2-47 所示。

Step02 返回到绘图区，①根据命令行提示“ARC 指定圆弧的起点”，②在空白处单击鼠标左键，确定要绘制圆弧的起点位置，如图 2-48 所示。

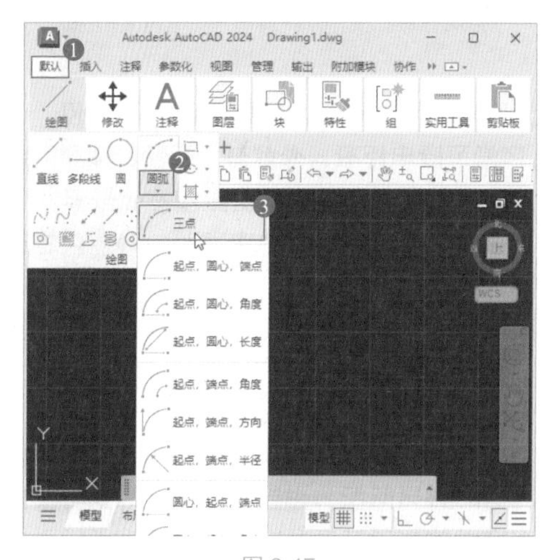

图 2-47

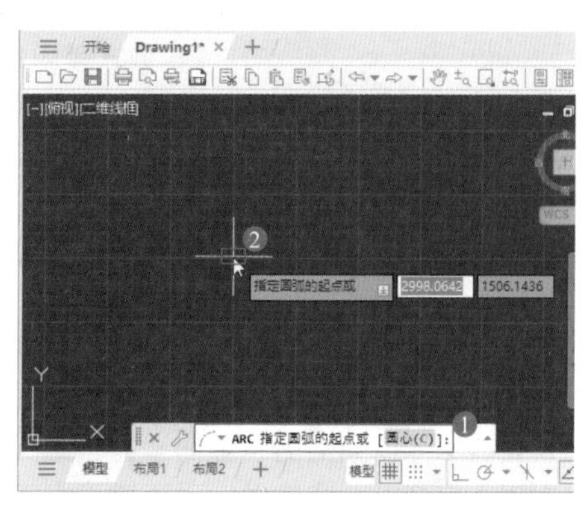

图 2-48

Step03 移动鼠标指针，①根据命令行提示“ARC 指定圆弧的第二个点”，②在指定位置单击鼠标左键，确定圆弧的第二个点，如图 2-49 所示。

Step04 移动鼠标指针，①根据命令行提示“ARC 指定圆弧的端点”，②在指定位置单击鼠标左键，确定圆弧的端点，即可完成运用三点绘制圆弧的操作，如图 2-50 所示。

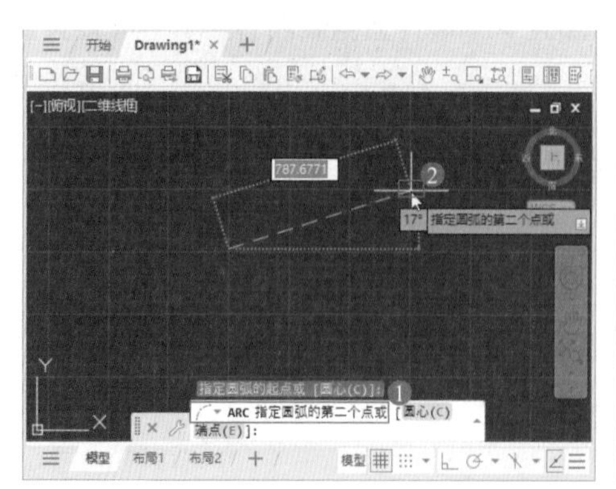

图 2-49

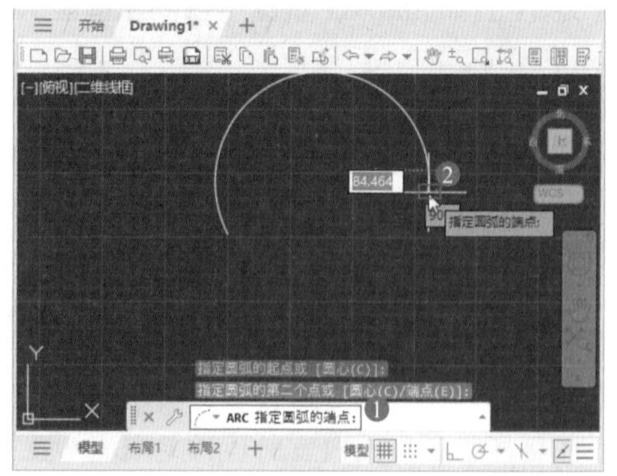

图 2-50

（2）运用起点、圆心、端点方式绘制圆弧。

在 AutoCAD 2024 中，可以使用“起点、圆心、端点”的方式来绘制圆弧，这种方式始终是从起点按逆时针来绘制圆弧的。下面介绍运用“起点、圆心、端点”方式绘制圆弧的操作方法。

Step 01 新建一个 CAD 空白文档，在菜单栏中选择“绘图”→“圆弧”→“起点、圆心、端点”命令，如图 2-51 所示。

Step 02 返回到绘图区，①根据命令行提示“ARC 指定圆弧的起点”，②在空白处单击鼠标左键，确定要绘制圆弧的起点位置，如图 2-52 所示。

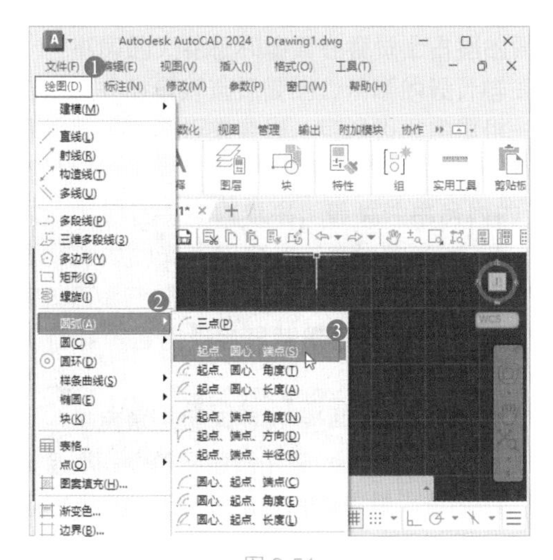

图 2-51

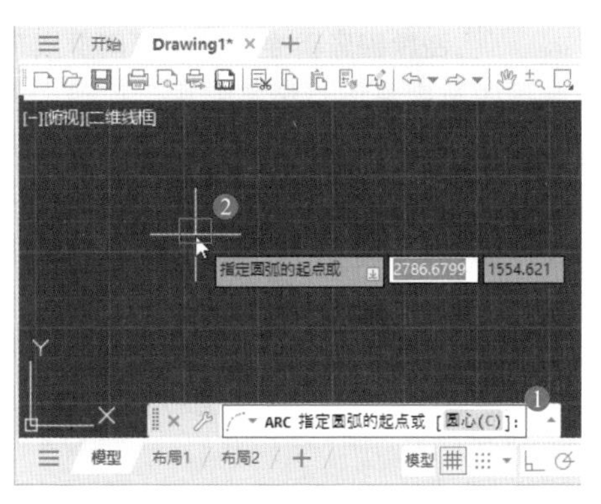

图 2-52

Step 03 移动鼠标指针，①根据命令行提示“ARC 指定圆弧的圆心”，②在指定位置单击鼠标左键，确定圆弧的圆心，如图 2-53 所示。

Step 04 移动鼠标指针，①根据命令行提示“ARC 指定圆弧的端点”，②在指定位置单击鼠标左键，确定圆弧的端点，即可完成运用“起点、圆心、端点”绘制圆弧的操作，如图 2-54 所示。

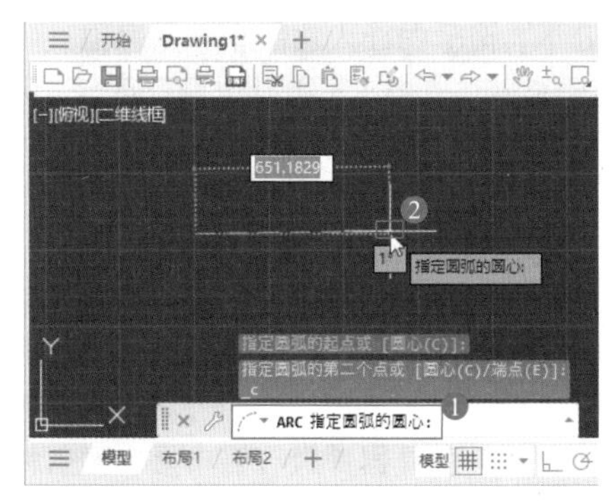

图 2-53

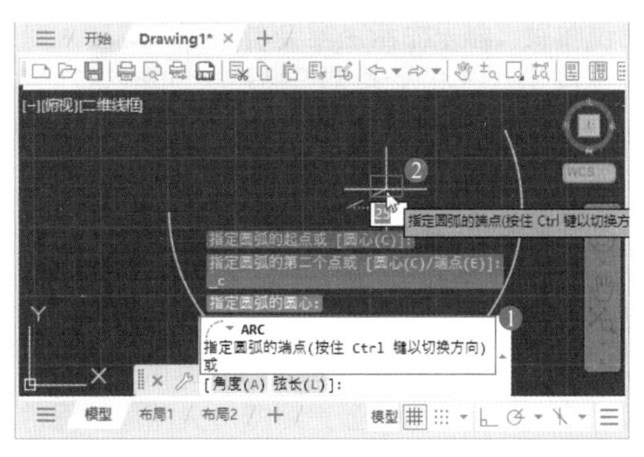

图 2-54

（3）运用起点、端点、方向方式绘制圆弧。

在 AutoCAD 2024 中，可以通过先确定圆弧的起点和端点，再确定圆弧方向的方式来绘制圆弧。操作步骤如下。

Step 01 新建一个 CAD 空白文档，①在“功能区”中选择“默认”选项卡，②在“绘图”选项组中单击“圆弧”下拉按钮 圆弧，③在弹出的下拉列表中选择“起点、端点、方向”选项，如图 2-55 所示。

Step 02 返回到绘图区，①根据命令行提示“ARC 指定圆弧的起点”，②在空白处单击鼠标左键，确定要绘制圆弧的起点位置，如图 2-56 所示。

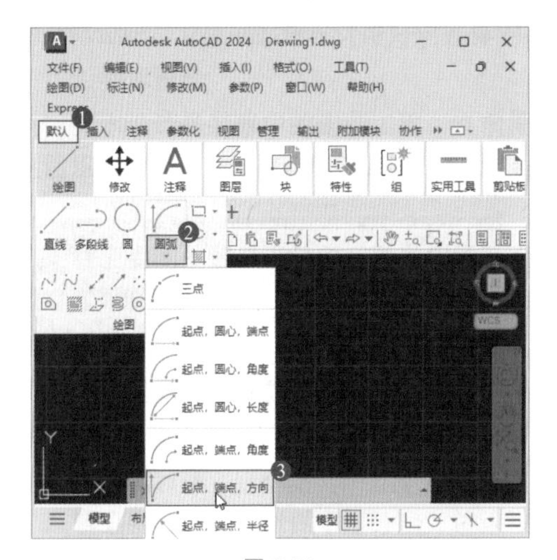

图 2-55

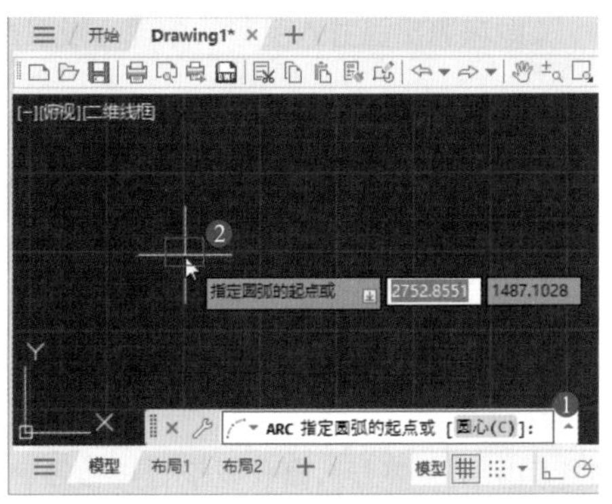

图 2-56

Step 03 移动鼠标指针，①根据命令行提示“ARC 指定圆弧的端点”，②在指定位置单击鼠标左键，确定圆弧的端点，如图 2-57 所示。

Step 04 移动鼠标指针，①根据命令行提示“ARC 指定圆弧起点的相切方向”，②在指定位置单击鼠标左键，确定圆弧起点的方向，如图 2-58 所示。

图 2-57

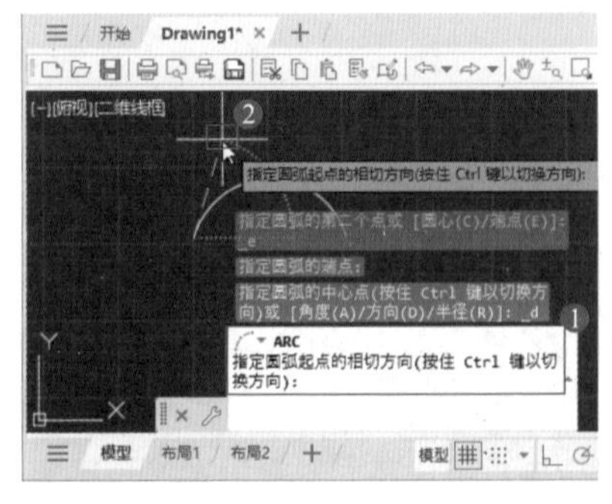

图 2-58

Step 05 圆弧绘制完成，通过以上步骤，即可完成运用“起点、端点、方向”方式绘制圆弧的操作，如图 2-59 所示。

☆ 知识常识

绘制圆弧是在制图过程中常用的操作，圆弧的快捷键是 A，通过 A 键，可以快速执行圆弧命令。

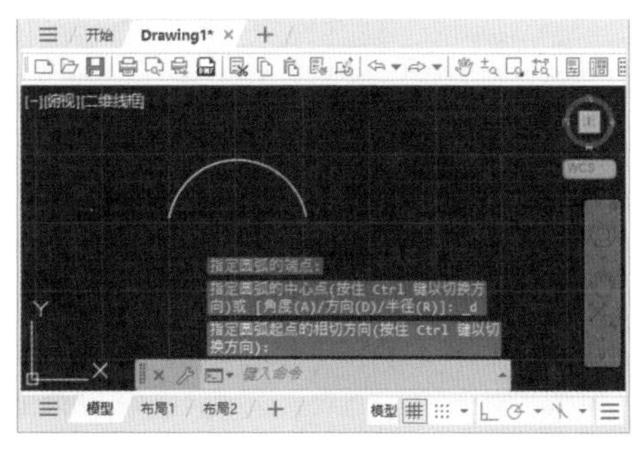

图 2-59

3. 圆环

在 AutoCAD 中，圆环是一个空心的圆，由两个圆心相同、半径不同的同心圆组成。下面介绍绘制圆环的操作方法。

Step 01 新建一个 CAD 空白文档，在命令行中输入 DONUT，按 Enter 键，如图 2-60 所示。

Step 02 根据命令行提示“DONUT 指定圆环的内径”信息，在命令行输入圆环的内径值 300，按 Enter 键，如图 2-61 所示。

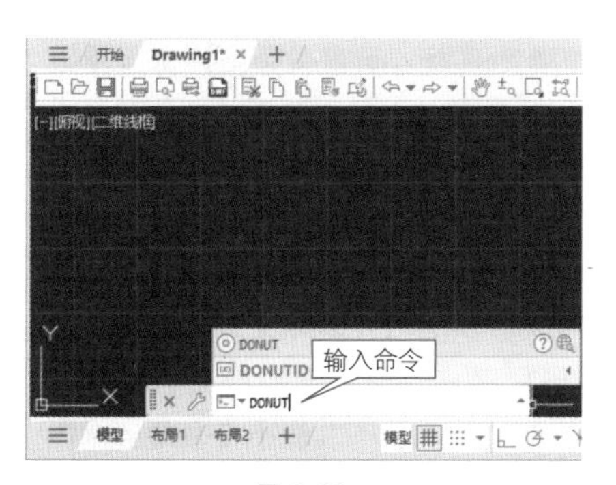

图 2-60

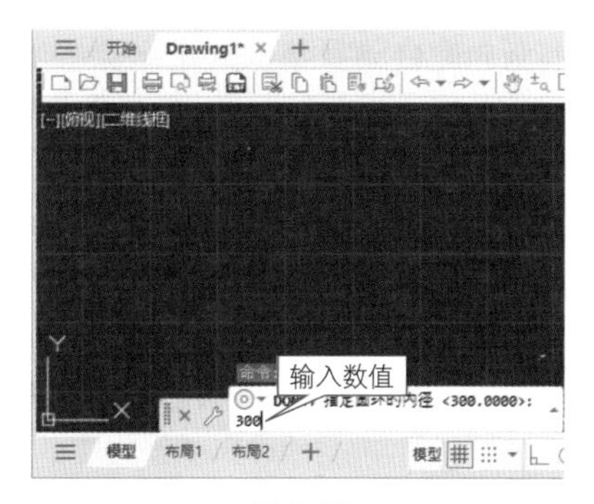

图 2-61

Step 03 根据命令行提示“DONUT 指定圆环的外径”信息，在命令行输入圆环的外径值 500，按 Enter 键，如图 2-62 所示。

Step 04 返回到绘图区，在空白处单击鼠标左键绘制圆环，如图 2-63 所示。

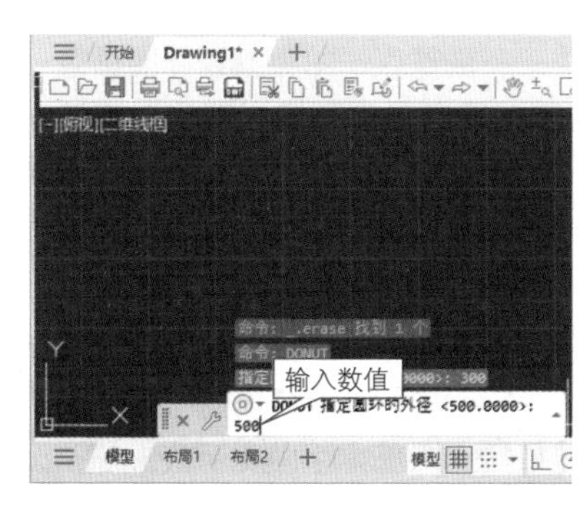

图 2-62

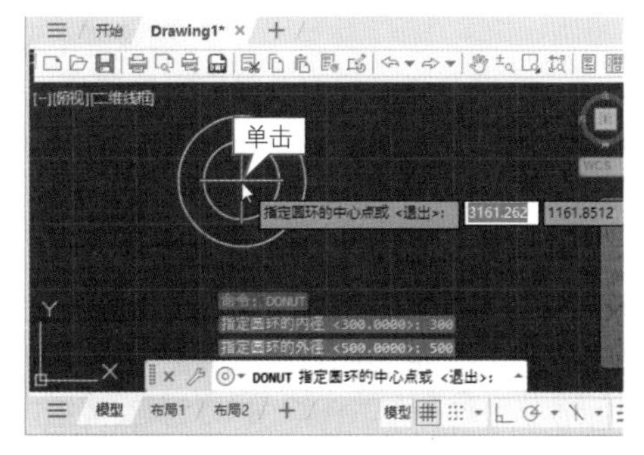

图 2-63

Step 05 按 Esc 键退出圆环命令，即可完成绘制圆环的操作，如图 2-64 所示。

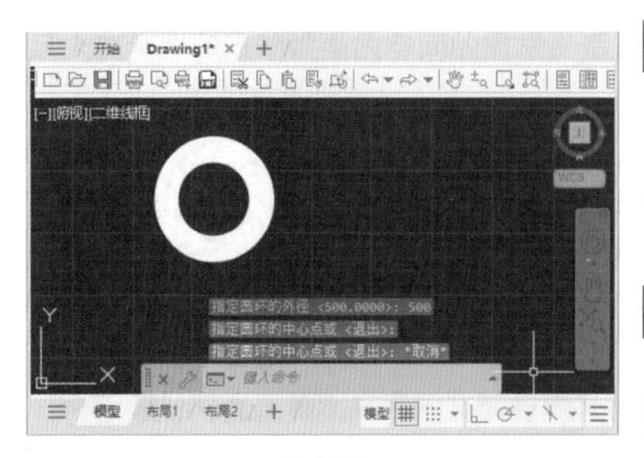

图 2-64

☆ 知识常识

使用 AutoCAD 绘制圆环时，将圆环的内径设置为 0，绘制的圆环则变为填充圆。

☆ 经验技巧

用户可以在绘制圆环之前，在命令行中输入 FILL 并按 Enter 键，当出现“输入模式‘开（ON）关（OFF）’”信息时，在命令行中输入 OFF 并按 Enter 键，绘制的圆环即为不填充的圆环。

4. 椭圆和椭圆弧

在 AutoCAD 中，绘制一些复杂的图形时也常用到椭圆或椭圆弧，用户可以使用“中心”法或“轴，端点”法来绘制椭圆和椭圆弧。

（1）使用“中心”法绘制椭圆。

椭圆是平面上到两定点的距离之和为常值的点之轨迹。在 AutoCAD 2024 中，“中心”法绘制椭圆就是先指定椭圆的中心点，然后指定椭圆的第一个轴的端点和第二个轴的长度来创建椭圆。下面介绍使用“中心”法绘制椭圆的操作方法。

Step 01 新建一个 CAD 空白文档，①在“功能区”中选择“默认”选项卡，②在“绘图”选项组中单击“圆心”下拉按钮，③在弹出的下拉列表中选择“圆心”选项，如图 2-65 所示。

Step 02 返回到绘图区，①根据命令行提示“ELLIPSE 指定椭圆的中心点”，②在空白处单击鼠标左键，确定要绘制椭圆的中心点位置，如图 2-66 所示。

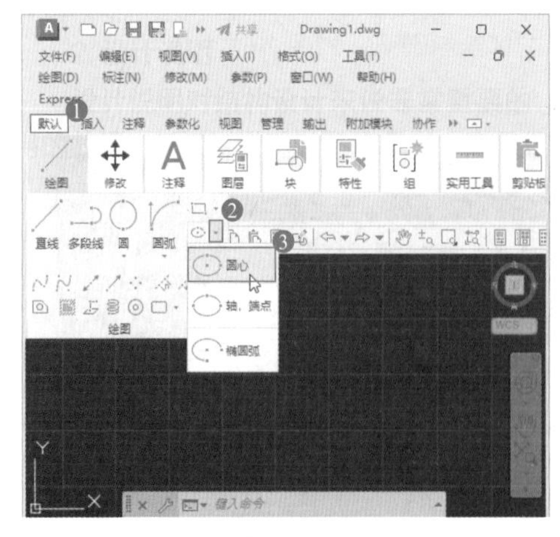

图 2-65

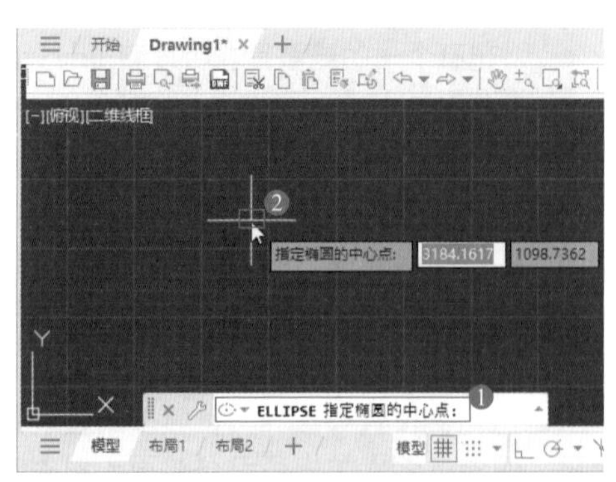

图 2-66

Step03 移动鼠标指针，①根据命令行提示“ELLIPSE 指定轴的端点”，②在指定位置单击鼠标左键，确定椭圆的端点，如图 2-67 所示。

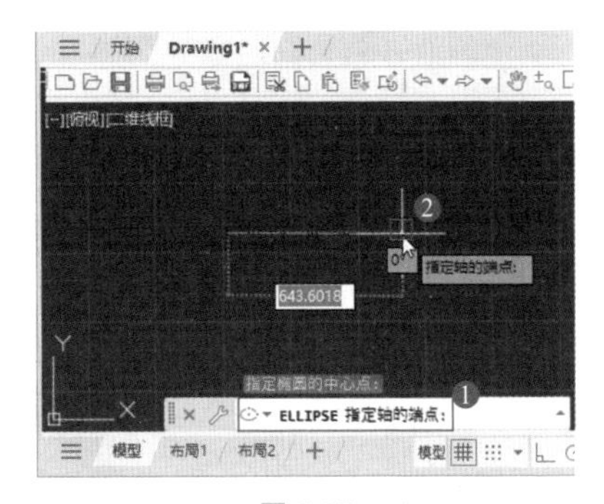

图 2-67

Step04 移动鼠标指针，①根据命令行提示“ELLIPSE 指定另一条半轴长度”，②在指定位置单击鼠标左键，确定椭圆半轴长度，如图 2-68 所示。

Step05 椭圆绘制完成，通过以上步骤，即可完成使用“中心”法绘制椭圆的操作，如图 2-69 所示。

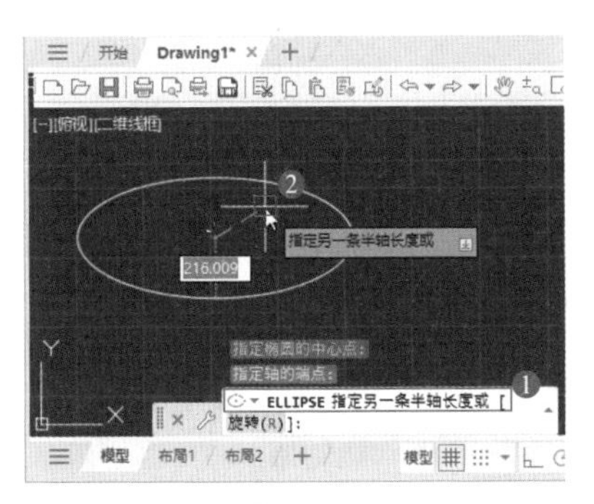

图 2-68

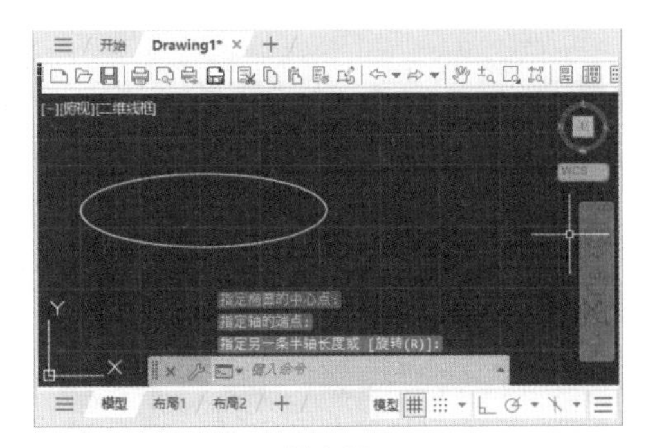

图 2-69

☆ 经验技巧

在 AutoCAD 2024 中，可以在命令行输入 ELLIPSE，按 Enter 键来调用椭圆命令绘制图形。

（2）使用“轴、端点”法绘制椭圆。

以椭圆上的两个点确定第一条轴的位置和长度，以第三个点确定椭圆的圆心与第二条轴的端点之间的距离来绘制椭圆的方法叫作“轴、端点”法。下面介绍使用“轴、端点”法绘制椭圆的操作方法。

Step01 新建一个 CAD 空白文档，①在“功能区”中选择“默认”选项卡，②在“绘图”选项组中单击“圆心”下拉按钮，③在弹出的下拉列表中选择“轴、端点”选项，如图 2-70 所示。

Step02 返回到绘图区，①根据命令行提示“ELLIPSE 指定椭圆的轴端点”，②在空白处单击鼠标左键，确定要绘制椭圆的轴端点位置，如图 2-71 所示。

Step03 移动鼠标指针，①根据命令行提示“ELLIPSE 指定轴的另一个端点”，②在指定位置单击鼠标左键，确定椭圆的另一个端点，如图 2-72 所示。

Step04 移动鼠标指针，①根据命令行提示“ELLIPSE 指定另一条半轴长度”，②在指定位置单击鼠标左键，确定椭圆半轴长度，如图 2-73 所示。

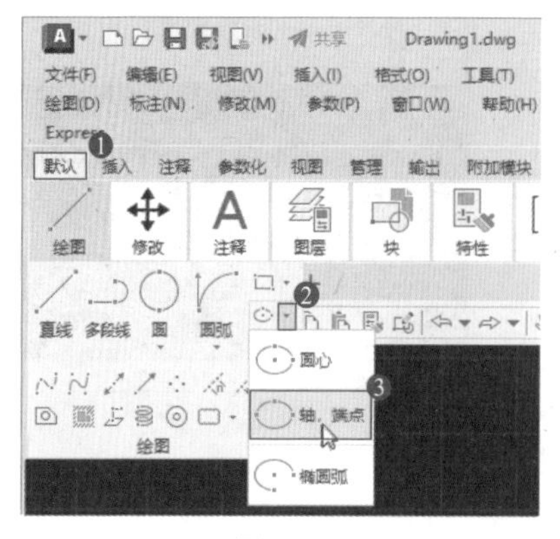

图 2-70

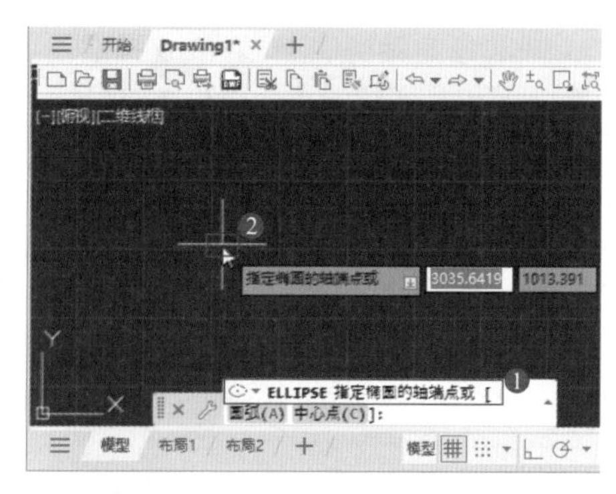

图 2-71

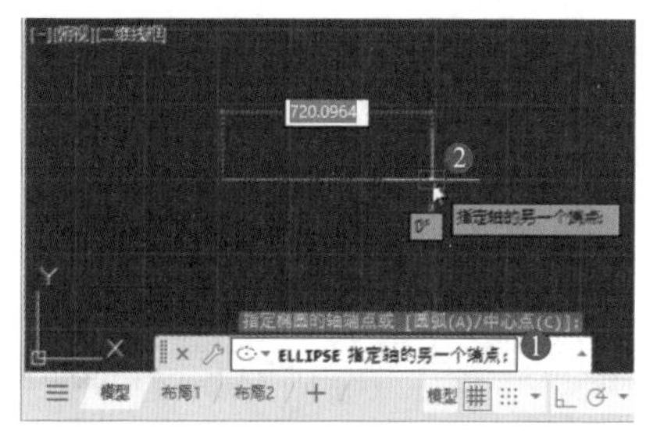

图 2-72

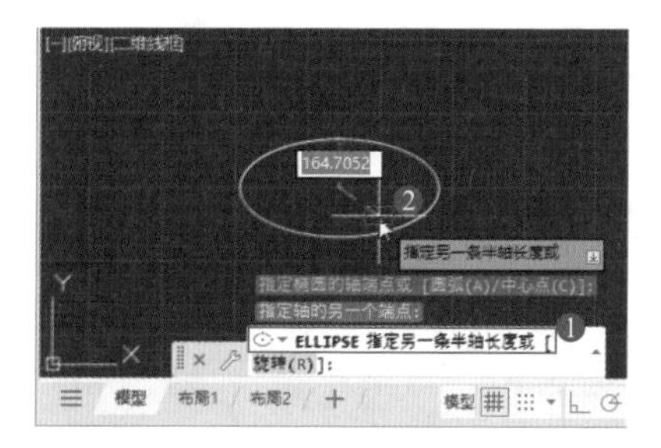

图 2-73

Step 05 椭圆绘制完成，通过以上步骤，即可完成使用“轴、端点”法绘制椭圆的操作，如图 2-74 所示。

☆ 知识常识

在 AutoCAD 中，绘制的椭圆默认的控制点只有 5 个（含圆心），在命令行中输入 PELLIPSE，在出现的“输入 PELLIPSE 的新值”信息提示下，输入 1 并按 Enter 键，此时调用椭圆命令绘制的椭圆即为多段线椭圆（拥有多个控制点）。

图 2-74

（3）绘制椭圆弧。

椭圆弧是椭圆的一部分，是指未封闭的椭圆弧线。下面介绍在 AutoCAD 2024 中绘制椭圆弧的操作方法。

Step 01 新建一个 CAD 空白文档，在菜单栏中选择“绘图”→“椭圆”→“圆弧”命令，如图 2-75 所示。

Step 02 返回到绘图区，①根据命令行提示“ELLIPSE 指定椭圆弧的轴端点”，②在空白处单击鼠标左键，确定要绘制椭圆弧的轴端点位置，如图 2-76 所示。

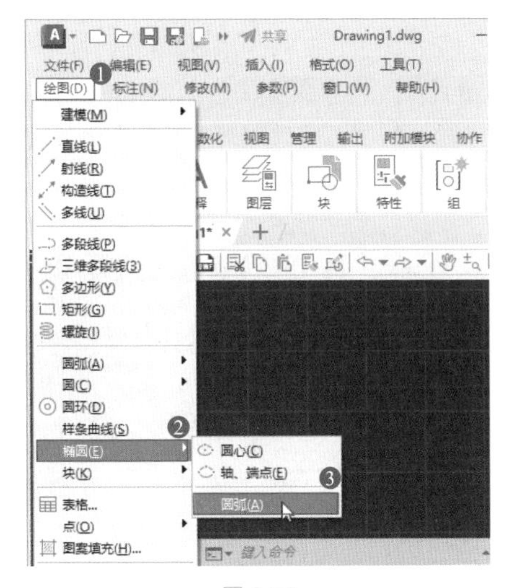

图 2-75

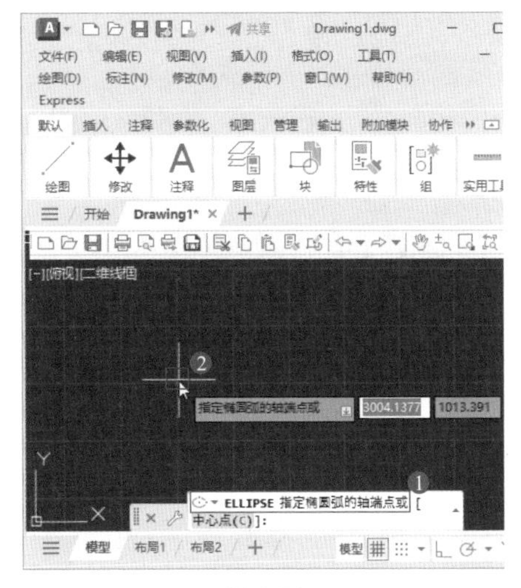

图 2-76

Step 03 移动鼠标指针，①根据命令行提示“ELLIPSE 指定轴的另一个端点”，②在指定位置单击鼠标左键，确定椭圆弧的另一个端点，如图 2-77 所示。

Step 04 移动鼠标指针，①根据命令行提示“ELLIPSE 指定另一条半轴长度”，②在指定位置单击鼠标左键，确定椭圆弧半轴长度，如图 2-78 所示。

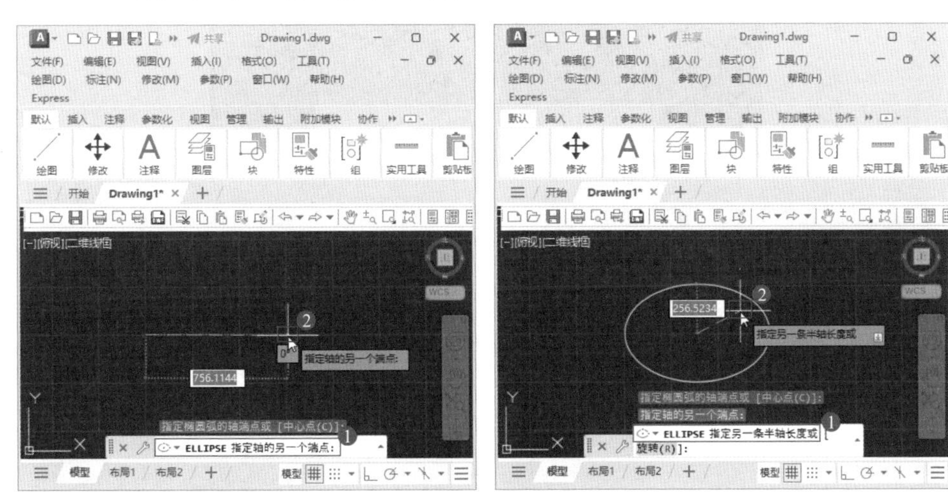

图 2-77　　图 2-78

Step 05 根据命令行提示，在命令行输入椭圆弧指定起点角度 120，按 Enter 键，如图 2-79 所示。

Step 06 根据命令行提示，在命令行输入椭圆弧指定起点角度 270，按 Enter 键，如图 2-80 所示。

Step 07 椭圆弧绘制完成，通过以上步骤即可完成绘制椭圆弧的操作，如图 2-81 所示。

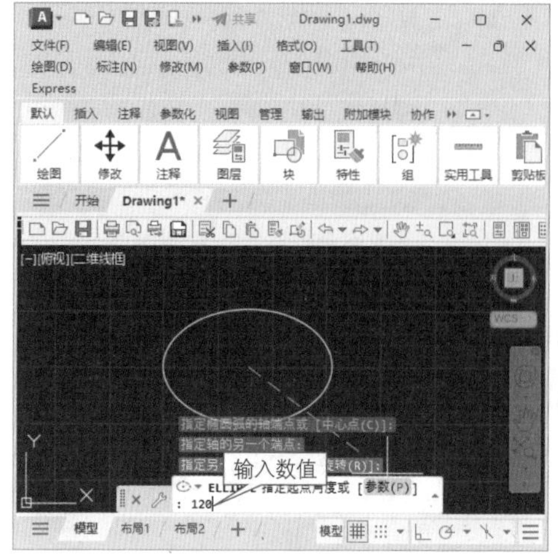

图 2-79

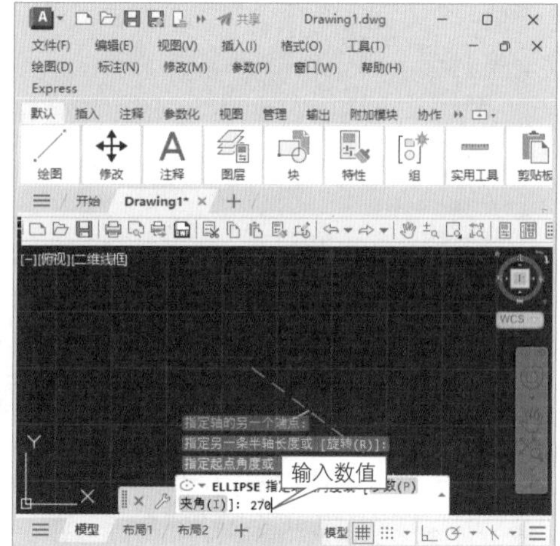

图 2-80

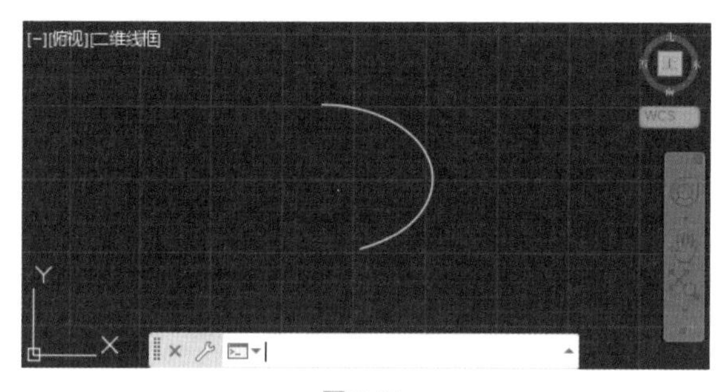

图 2-81

☆ 经验技巧

使用 AutoCAD 2024 中，在绘制椭圆弧时，当命令行提示输入“起点角度”和“端点角度”提示信息时，当将输入的起点与端点角度设为同一数值时，画出的图形即是椭圆。

2.4.3 平面图形

简单的平面图形命令包括矩形命令和正多边形命令。矩形和多边形常用于绘制复杂的图形，在 AutoCAD 2024 中，还可以绘制直角矩形、倒角矩形和圆角矩形等，并且还可以绘制不同边数的多边形。

1. 绘制直角矩形

直角矩形是所有内角均为直角的平行四边形，使用绘制矩形的命令可以精确地画出用户需要的矩形。下面介绍绘制直角矩形的操作方法。

Step01 新建一个 CAD 空白文档，在菜单栏中选择“绘图”→“矩形”命令，如图 2-82 所示。

Step 02 返回到绘图区，①根据命令行提示“RECTANG 指定第一个角点”，②在空白处单击鼠标左键，确定要绘制的矩形的第一个角点，如图 2-83 所示。

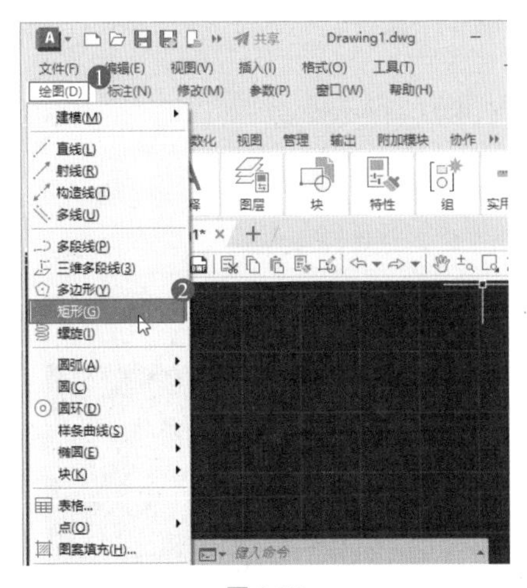

图 2-82

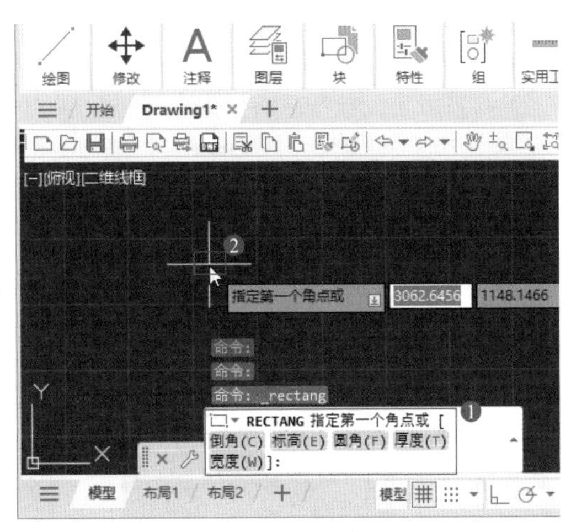

图 2-83

Step 03 移动鼠标指针，根据命令行提示，在指定位置单击鼠标左键，指定矩形的另一个角点，如图 2-84 所示。

Step 04 在绘图区可以看到绘制完成的矩形，通过以上步骤即可完成绘制直角矩形的操作，如图 2-85 所示。

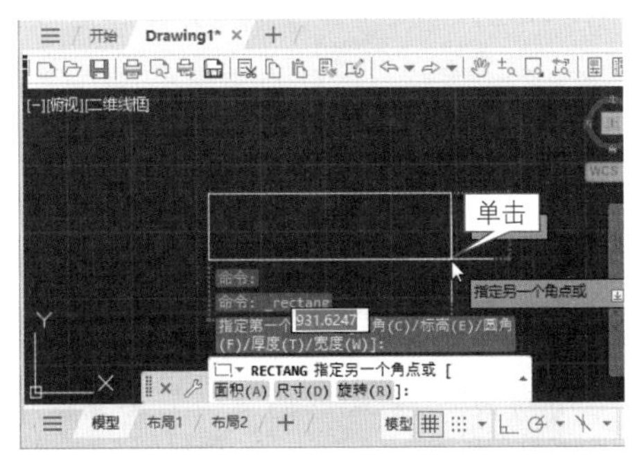

图 2-84

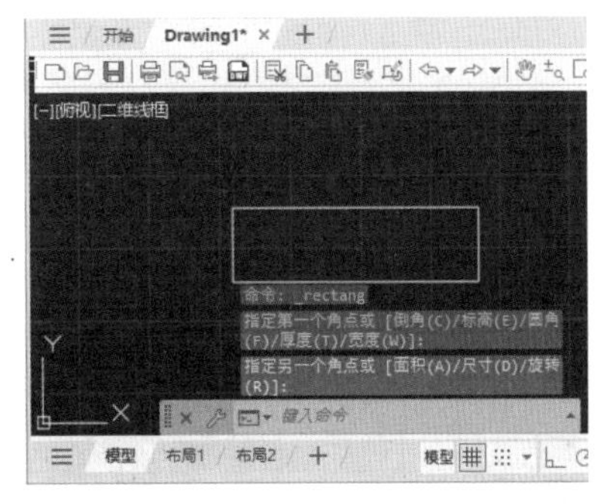

图 2-85

☆ 经验技巧

在 AutoCAD 2024 中，用户还可以在“功能区”中选择“默认”选项卡，在“绘图”选项组中单击“矩形”下拉按钮，在弹出的下拉列表中选择“矩形”选项，或者在命令行中输入 RECTANG 或 REC，按 Enter 键，来调用矩形命令。

2. 绘制多边形

由三条或三条以上的线段首尾顺次连接所组成的闭合图形叫作多边形。在 AutoCAD

2024 中，多边形需要指定边数、位置和大小来进行绘制。下面以八边形为例，介绍绘制多边形的操作方法。

Step01 新建一个 CAD 空白文档，在菜单栏中选择“绘图”→“多边形”命令，如图 2-86 所示。

Step02 返回到绘图区，根据命令行提示“POLYGON 输入侧面数”，在命令行中输入要绘制多边形的边数 8，按 Enter 键，如图 2-87 所示。

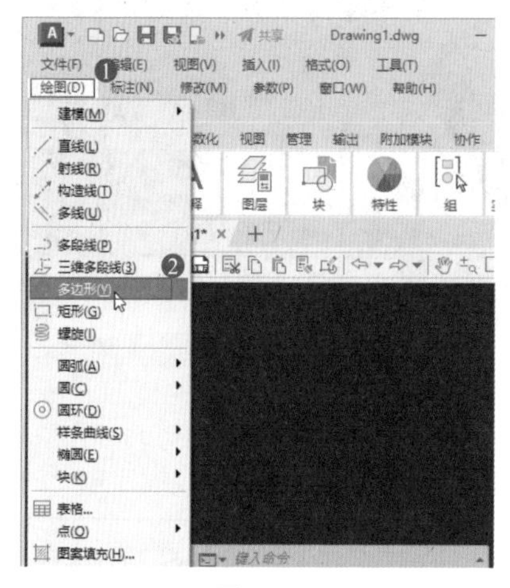

图 2-86

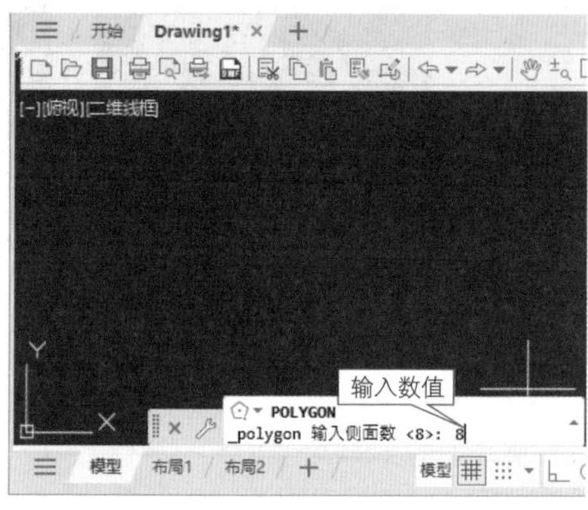

图 2-87

Step03 返回到绘图区，①根据命令行提示“POLYGON 指定正多边形的中心点”，②在空白处单击鼠标左键，指定多边形的中心点，如图 2-88 所示。

Step04 根据命令行提示“POLYGON 输入选项”，在命令行中输入 I，按 Enter 键，如图 2-89 所示。

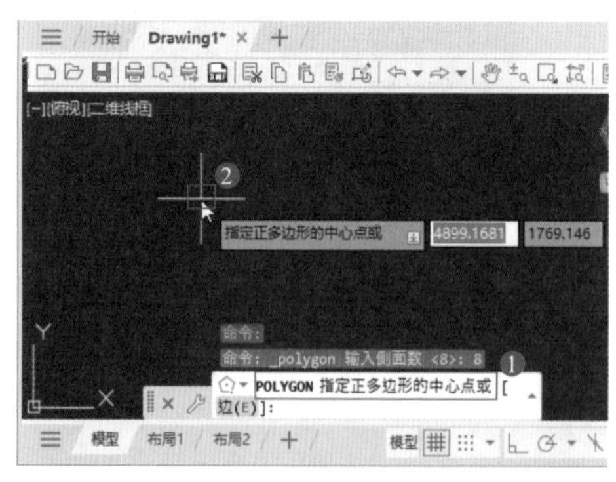

图 2-88

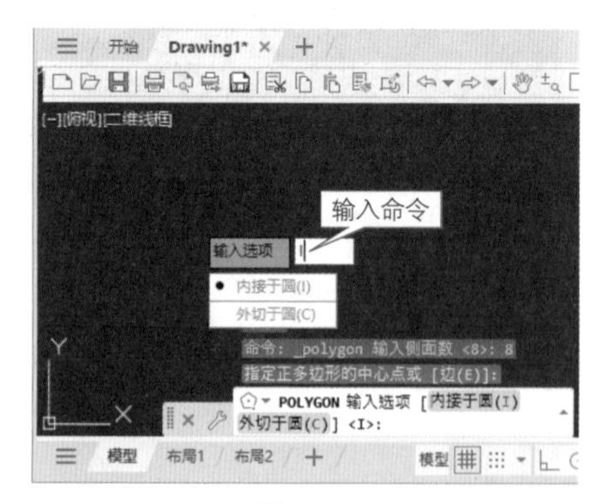

图 2-89

Step05 移动鼠标指针，根据命令行提示，在指定位置单击鼠标左键，指定圆的半径，如图 2-90 所示。

Step06 多边形绘制完成，通过以上步骤即可完成绘制多边形的操作，如图 2-91 所示。

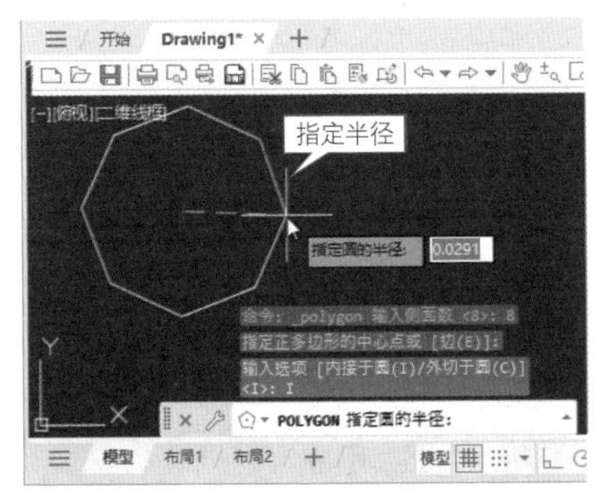

图 2-90

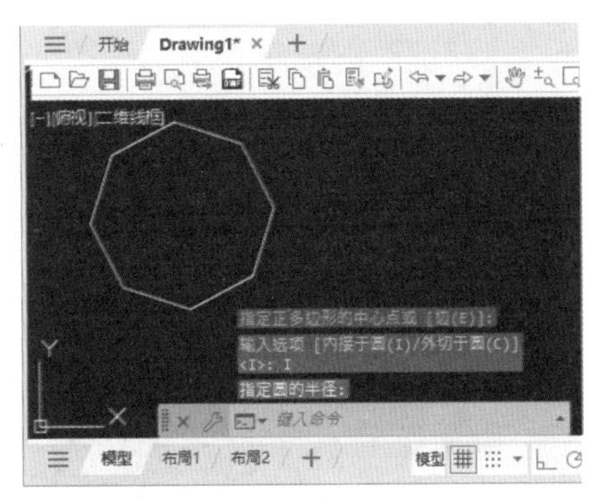

图 2-91

☆ 经验技巧

在 AutoCAD 2024 中，还可以在“功能区”中选择“默认”选项卡，在“绘图”选项组中单击“矩形”下拉按钮，在弹出的下拉列表中选择“多边形”选项，还可以在命令行中输入 POLYGON 或 POL，按 Enter 键，来调用多边形命令。

2.4.4 样条曲线

AutoCAD 使用一种称为非一致有理 B 样条（NURBS）曲线的特殊样条曲线类型。NURBS 曲线在控制点之间产生一条光滑的样条曲线，如图 2-92 所示。样条曲线可用于创建形状不规则的曲线，如为地理信息系统（GIS）应用或汽车设计绘制轮廓线。

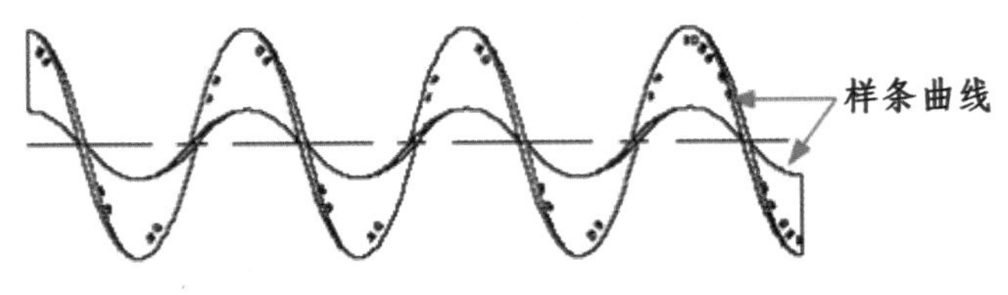

图 2-92

1. 绘制样条曲线

使用样条曲线命令可生成拟合光滑曲线，可以通过起点、控制点、终点及偏差变量来控制曲线，一般用于绘制建筑大样图等图形。下面详细介绍绘制样条曲线的操作方法。

Step01 新建一个 CAD 空白文档，在菜单栏中选择“绘图”→“样条曲线”→“拟合点”命令，如图 2-93 所示。

Step02 返回到绘图区，根据命令行提示“SPLINE 指定第一个点”，在空白处单击鼠标左键，确定要绘制的样条曲线的第一个点，如图 2-94 所示。

Step03 移动鼠标指针，根据命令行提示，在指定位置单击鼠标左键，指定样条曲线的下一个点，如图 2-95 所示。

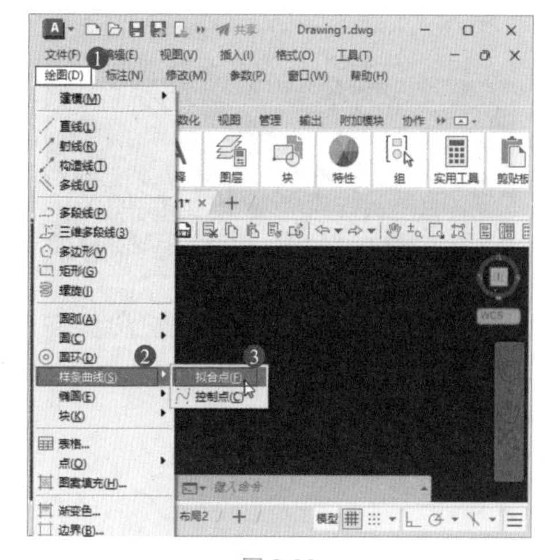

图 2-93

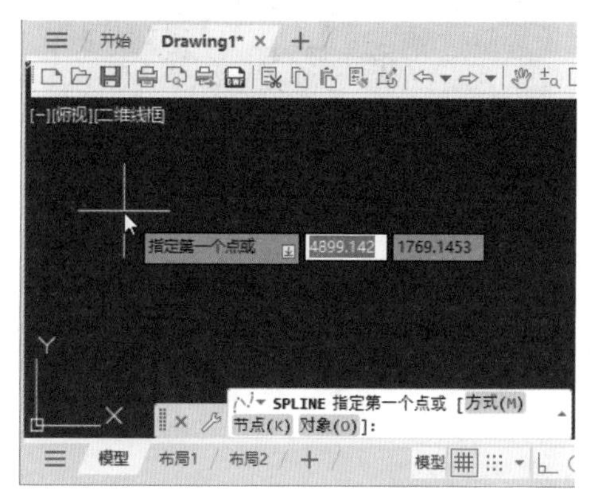

图 2-94

Step04 移动鼠标指针，根据命令行提示，在指定位置单击鼠标左键，指定样条曲线的下一个点，如图 2-96 所示。

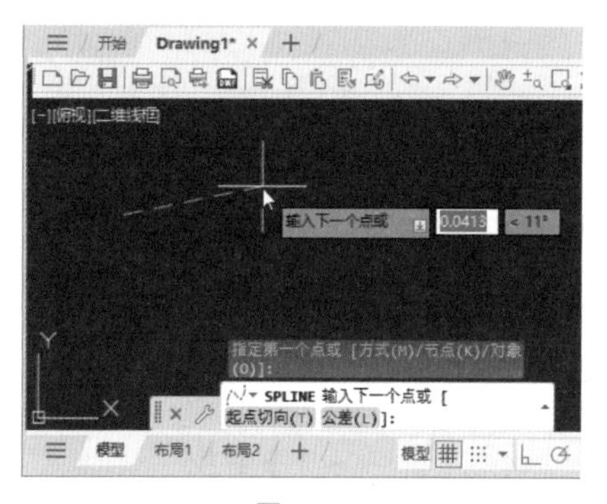

图 2-95

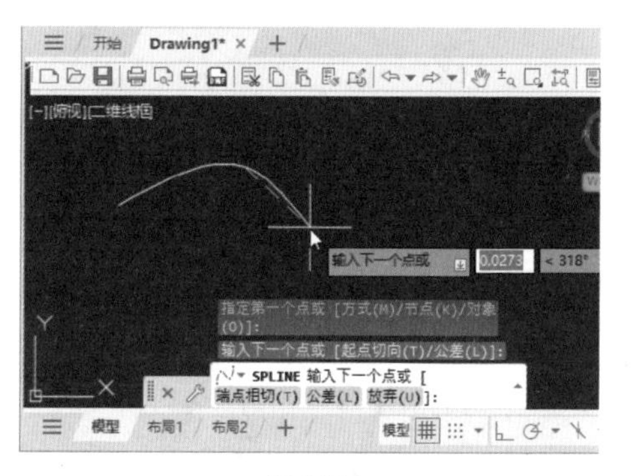

图 2-96

Step05 移动鼠标指针，根据命令行提示，在指定位置单击鼠标左键，指定样条曲线的下一个点，如图 2-97 所示。

Step06 按 Enter 键，即可完成绘制样条曲线的操作，如图 2-98 所示。

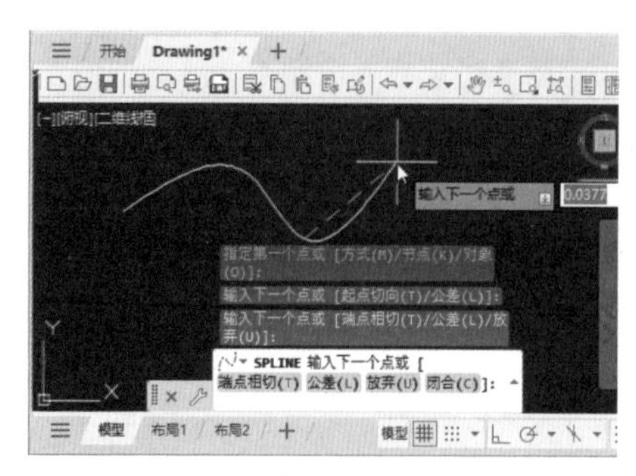

图 2-97

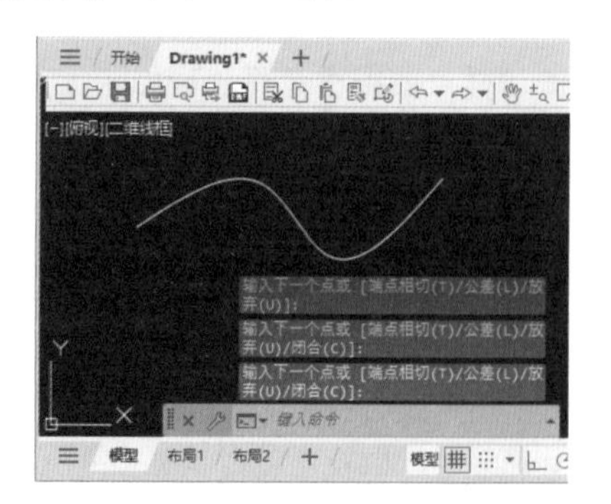

图 2-98

2. 编辑样条曲线

执行编辑样条曲线命令，主要有如下 5 种调用方法。

- 在命令行中输入 SPLINEDIT。
- 选择菜单栏中的“修改”→“对象”→“样条曲线”命令。
- 单击“修改 II”工具栏中的“编辑样条曲线”按钮。
- 单击“默认”选项卡“修改”选项组中的“编辑样条曲线”按钮。
- 选择要编辑的样条曲线，在绘图区单击鼠标右键，从弹出的快捷菜单中选择“样条曲线”命令。

执行上述操作后，根据系统提示选择要编辑的样条曲线，即可弹出对应的命令行提示，如图 2-99 所示。

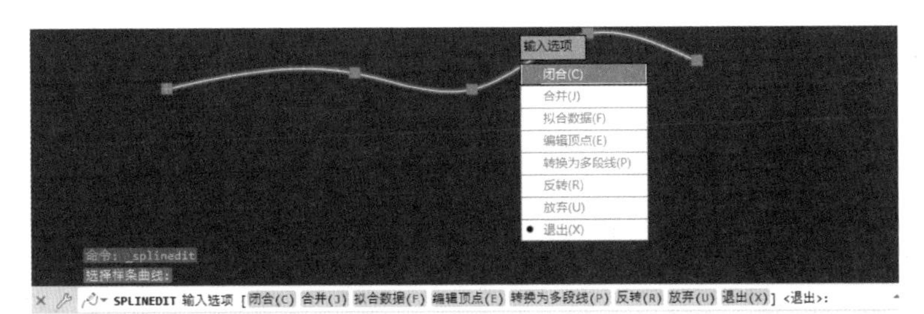

图 2-99

若选择的样条曲线是用 SPLINE 命令创建的，其近似点以夹点的颜色显示出来；若选择的样条曲线是用 PLINE 命令创建的，其控制点以夹点的颜色显示出来。此时，命令行提示中主要选项的含义如下。

- 拟合数据（F）：编辑近似数据。选择该选项后，创建该样条曲线时指定的各点将以小方格的形式显示出来。
- 编辑顶点（E）：精密调整样条曲线定义。精度值决定生成的多段线与样条曲线的接近程度。有效值为介于 0 ～ 99 的任意整数。
- 转换为多段线（P）：将样条曲线转换为多段线。
- 反转（R）：反转样条曲线的方向。该项操作主要用于第三方应用程序。

2.4.5 多线

多线是由两条或两条以上直线构成的相互平行的直线，并且可以设置成不同的颜色和线型。多线的一个突出优点是能够提高绘图效率，保证图线之间的统一性。

1. 绘制多线

多线应用的一个最主要的场合是建筑墙线的绘制，在后面的学习中会通过相应的实例帮助读者加以体会。下面详细介绍绘制多线的操作方法。

Step 01 新建一个 CAD 空白文档，在命令行中输入 MLINE，按 Enter 键，如图 2-100 所示。

Step 02 返回到绘图区，①根据命令行提示“MLINE 指定起点”，②在空白处单击鼠标左键，确定要绘制多线的起点，如图 2-101 所示。

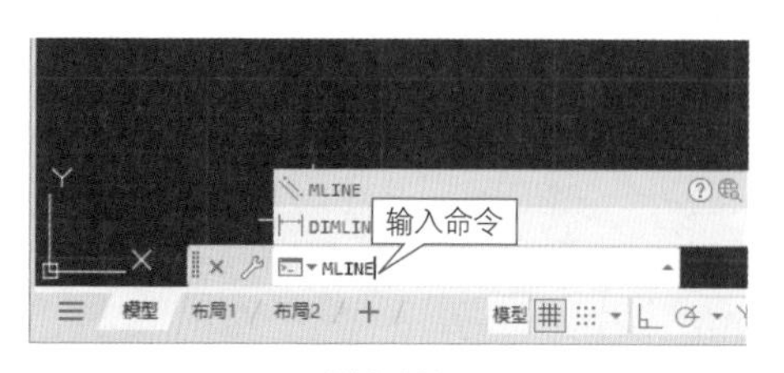

图 2-100

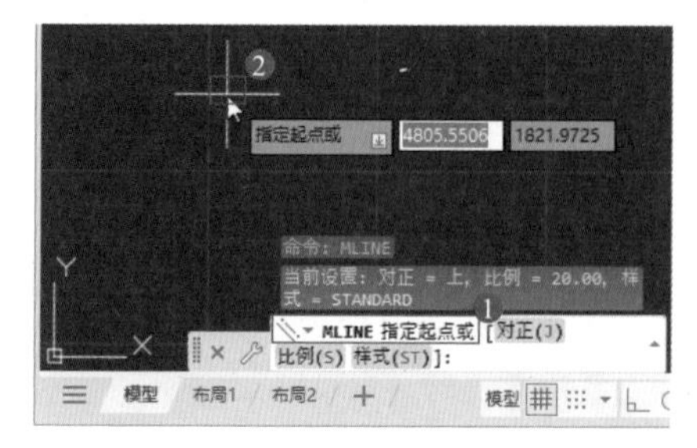

图 2-101

Step03 移动鼠标指针，①根据命令行提示“MLINE 指定下一点”，②在指定位置单击鼠标左键，指定下一点，如图 2-102 所示。

Step04 按 Esc 键退出多线命令，通过以上步骤即可完成绘制多线的操作，如图 2-103 所示。

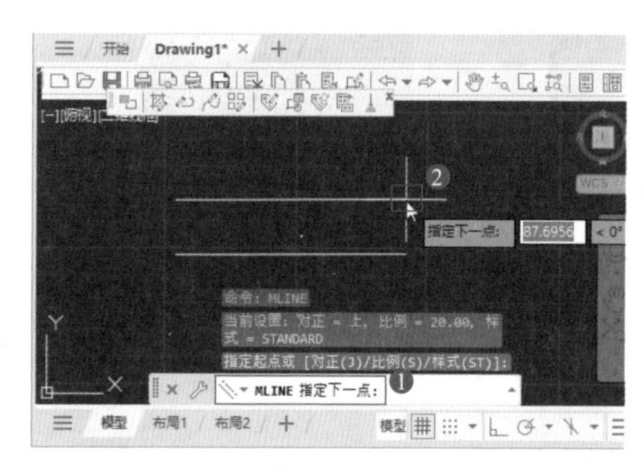

图 2-102

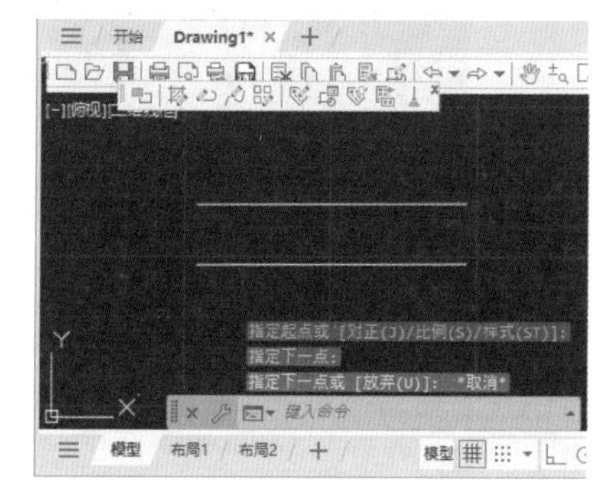

图 2-103

☆ 经验技巧

在 AutoCAD 2024 中，可以在命令行中输入 MLINE 或 ML，按 Enter 键，来调用“多线”命令，也可以在菜单栏中选择“绘图”→“多线”命令，来调用多线命令。

2. 定义多线样式

使用多线命令绘制多线时，首先应对多线的样式进行设置，其中包括多线的数量，以及每条线之间的偏移距离等。执行多线样式命令，主要有如下两种调用方法。

- 在命令行中输入 MLSTYLE。
- 选择菜单栏中的“格式”→“多线样式”命令。

执行上述命令后，系统会弹出如图 2-104 所示的“多线样式”对话框。在该对话框中，用户可以对多线样式进行定义、保存和加载等操作。

3. 编辑多线

利用编辑多线命令，可以创建和修改多线样式。执行该命令，主要有如下两种调用方法。

- 在命令行中输入 MLEDIT。
- 选择菜单栏中的“修改”→“对象”→“多线”命令。

执行上述命令后，系统会弹出“多线编辑工具”对话框，如图 2-105 所示。

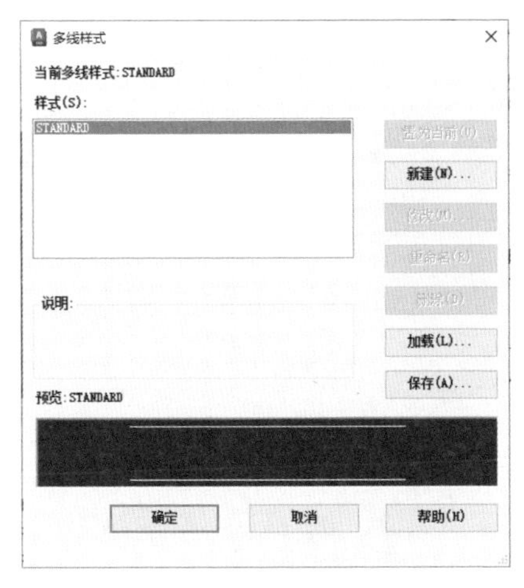

图 2-104

图 2-105

利用该对话框，用户可以创建或修改多线的模式。单击选择某个示例图形，然后单击“关闭”按钮，就可以调用该项编辑功能。

对话框中分 4 列显示了示例图形。其中，第 1 列管理十字交叉形式的多线，第 2 列管理 T 形多线，第 3 列管理拐角接合点和节点形式的多线，第 4 列管理多线被剪切或连接的形式。

2.4.6 文字工具

在工程制图中，文字标注往往是必不可少的环节。AutoCAD 2024 提供了文字相关命令来进行文字的输入与标注。

1. 文字样式

文字样式是一组可随图形保存的文字设置的集合，这些设置包括字体、文字高度以及特殊效果等。在 AutoCAD 2024 中，用户可以对文字样式进行创建和修改操作。

AutoCAD 2024 提供了“文字样式”对话框，通过该对话框可方便直观地设置需要的文字样式，或对已有的样式进行修改。主要有如下两种调用“文字样式”对话框的方法。

- 在命令行中输入 STYLE。
- 选择菜单栏中的“格式”→“文字样式”命令。

执行上述命令后，系统会弹出如图 2-106 所示的“文字样式”对话框。

该对话框中的主要选项说明如下。

（1）“字体”选项组：确定字体样式。在 AutoCAD 中，除了固有的 SHX 字体外，还可以使用 TrueType 字体（如宋体、楷体、italic 等）。一种字体可以设置不同的效果从而被多种文字样式使用。

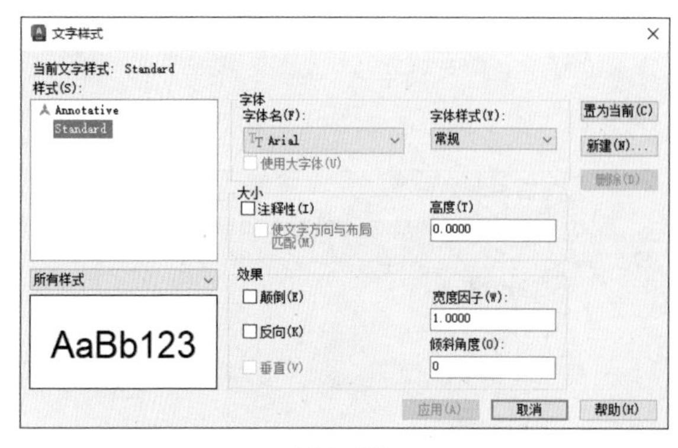

图 2-106

（2）“大小”选项组：用来确定文字样式使用的字体文件、字体风格及字高等。该选项组有以下复选框和文本框。

- “注释性”复选框：指定文字为注释性文字。
- “使文字方向与布局匹配”复选框：指定图纸空间视口中的文字方向与布局方向匹配。如果不勾选“注释性”复选框，则该复选框不可用。
- “高度”文本框：如果在“高度”文本框中输入一个数值，则它将作为添加文字时的固定字高，在用 TEXT 命令输入文字时，AutoCAD 将不再提示输入字高参数。如果在该文本框中设置字高为 0，文字默认值为 0.2 高度，AutoCAD 则会在每一次创建文字时提示输入字高参数。

（3）“效果”选项组：用于设置字体的特殊效果。该选项组有以下复选框和文本框。

- “颠倒”复选框：勾选该复选框，表示将文本文字倒置标注。
- “反向”复选框：确定是否将文本文字反向标注。
- “垂直”复选框：确定文本是水平标注还是垂直标注。勾选该复选框，为垂直标注，否则为水平标注。
- “宽度因子”文本框：用于设置宽度系数，确定文本字符的宽高比。当宽度因子为 1 时，表示将按字体文件中定义的宽高比标注文字；小于 1 时，文字会变窄，反之变宽。
- “倾斜角度”文本框：用于确定文字的倾斜角度。角度为 0 时不倾斜，为正时向右倾斜，为负时向左倾斜。

2. 单行文本标注

在 AutoCAD 2024 中，使用单行文字功能可以创建一行或多行文字，每行文字都是单独的对象，可以分别对其进行编辑。下面详细介绍创建与编辑单行文字的操作方法。

Step01 新建一个 CAD 空白文档，在菜单栏中选择“绘图”→“文字”→“单行文字”命令，如图 2-107 所示。

Step02 返回到绘图区，①根据命令行提示“TEXT 指定文字的起点”，②在空白处单击鼠标确定起点，如图 2-108 所示。

Step03 根据命令行提示“TEXT 指定高度”，在命令行中输入文字的高度 3，按 Enter 键，如图 2-109 所示。

Step04 根据命令行提示“TEXT 指定文字的旋转角度”，在命令行中输入文字的旋转角度 0，按 Enter 键，如图 2-110 所示。

Step05 返回到绘图区，①根据命令行提示“TEXT”，②在出现的文字输入框中输入文字，如图 2-111 所示。

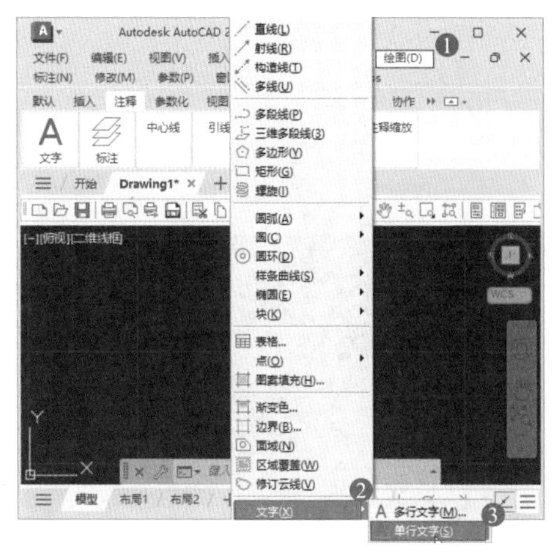

图 2-107

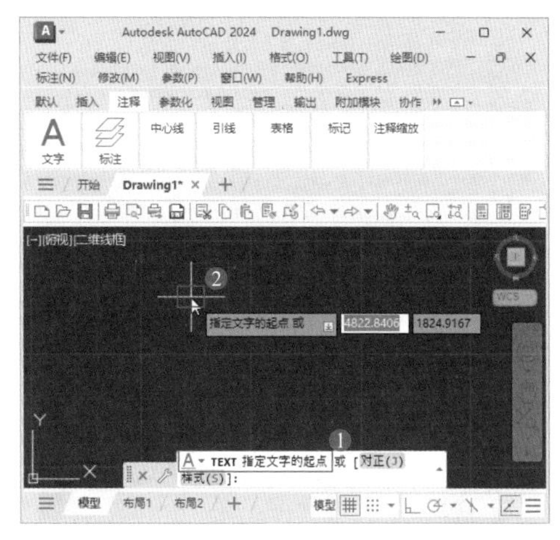

图 2-108

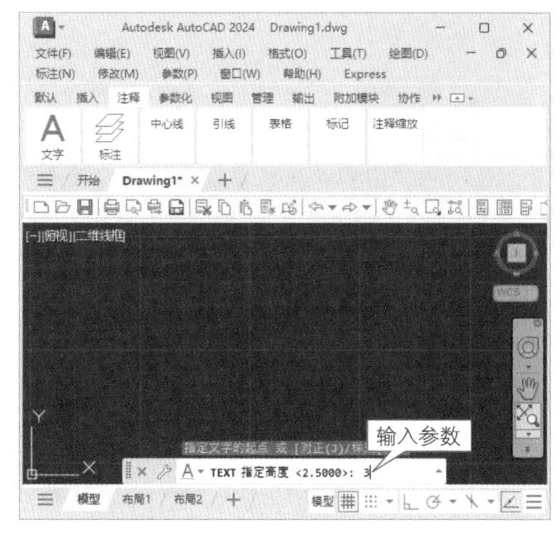

图 2-109

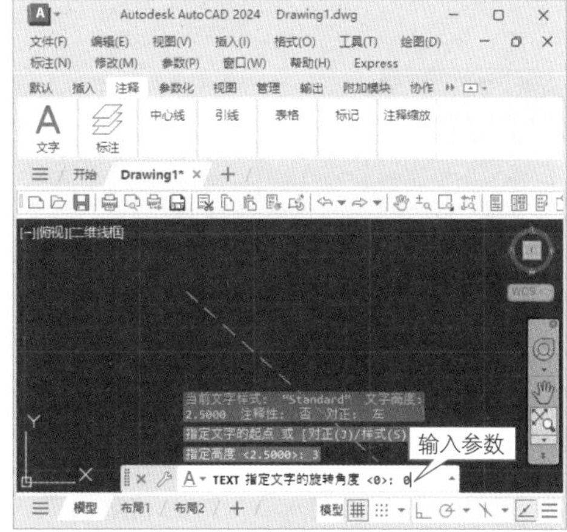

图 2-110

Step 06 按组合键 Ctrl+Enter，退出文字输入框，即可完成创建单行文字的操作，如图 2-112 所示。

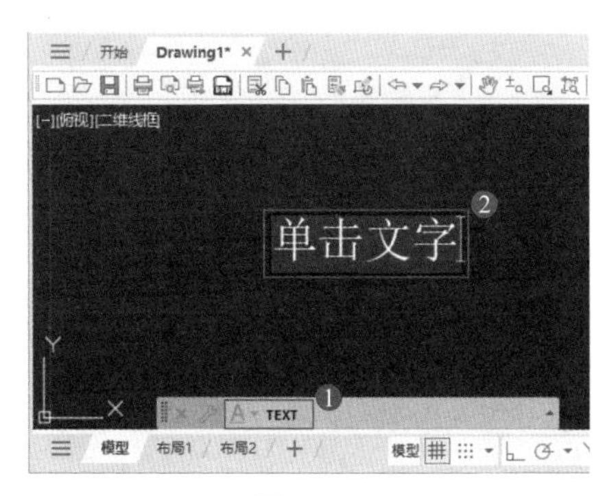

图 2-111

图 2-112

Step07 创建单行文字后，双击已创建的单行文字，如图 2-113 所示。

Step08 进入文字编辑状态，将光标定位在文字输入框中，按 Delete 键删除文字，输入新的文字，即可完编辑单行文字的操作，如图 2-114 所示。

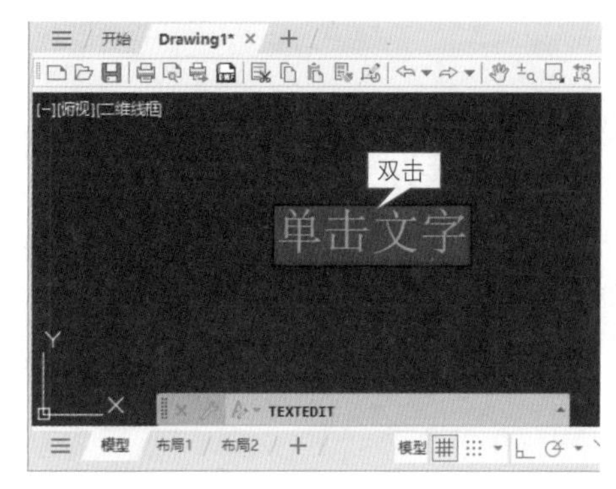

图 2-113

图 2-114

☆ 经验技巧

在 AutoCAD 2024 中，选择“注释”选项卡，在“文字”选项组中单击“单行文字”按钮A，或者在命令行中输入 DTEXT 或 DTX，按 Enter 键，都可以调用单行文字命令。

在文字输入完成后，移动鼠标指针至另一个要输入文字的地方，单击鼠标左键同样可以出现文字输入框来输入文字，在需要进行多次标注文字的图形中，使用这种方式可以大大节省操作时间。

3. 多行文本标注

在 AutoCAD 2024 中，可以通过输入或导入文字创建多行文字对象，多行文字对象的长度取决于文字量，可以用夹点移动或旋转多行文字对象，多行文字不能单独编辑。

（1）创建多行文字。

多行文字是将创建的所有文字作为一个整体的文字对象来进行操作，方便用户创建多文字的说明。下面介绍创建多行文字的操作方法。

Step01 新建一个 CAD 空白文档，在菜单栏中选择“绘图”→“文字”→“多行文字”命令，如图 2-115 所示。

Step02 返回到绘图区，①根据命令行提示“MTEXT 指定第一角点”，②在空白处单击鼠标确定第一个点，如图 2-116 所示。

Step03 拖动鼠标至合适的位置，释放鼠标左键，绘制出一个多行文字输入框，如图 2-117 所示。

Step04 返回到绘图区，在出现的多行文字输入框中输入文字，如图 2-118 所示。

Step05 按组合键 Ctrl+Enter，退出文字输入框，即可完成创建多行文字的操作，如图 2-119 所示。

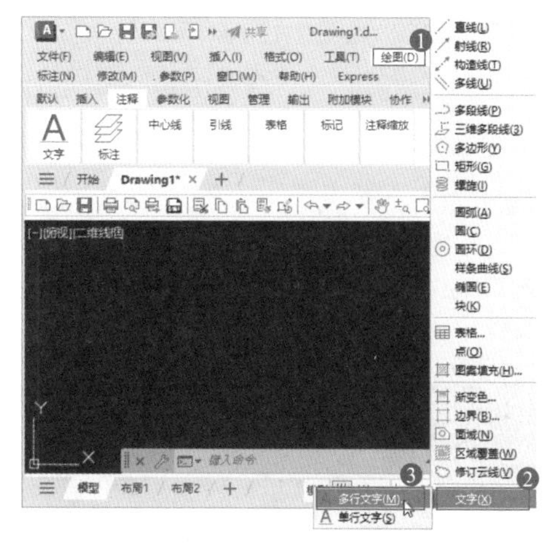

图 2-115

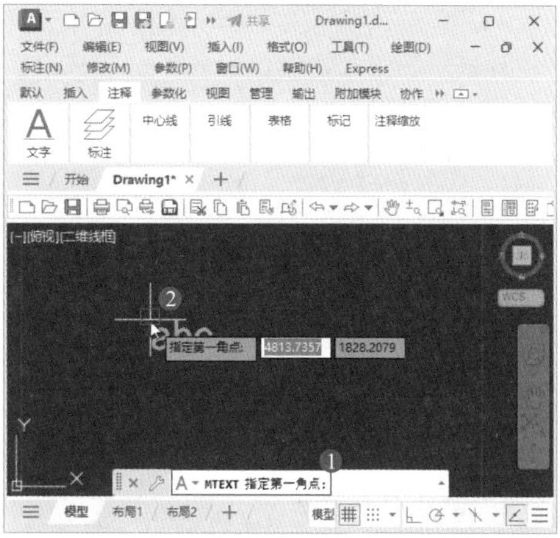

图 2-116

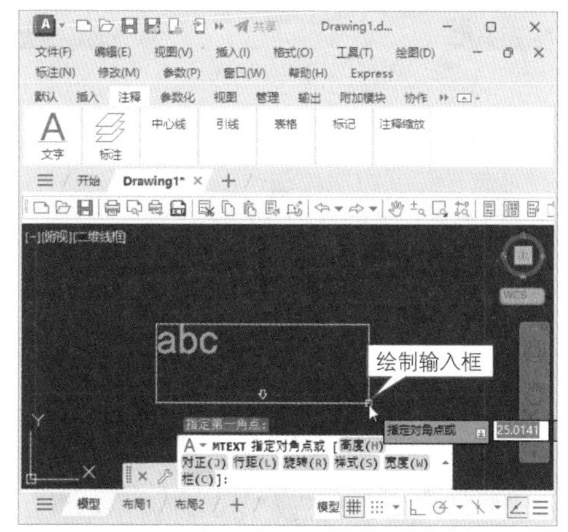

图 2-117

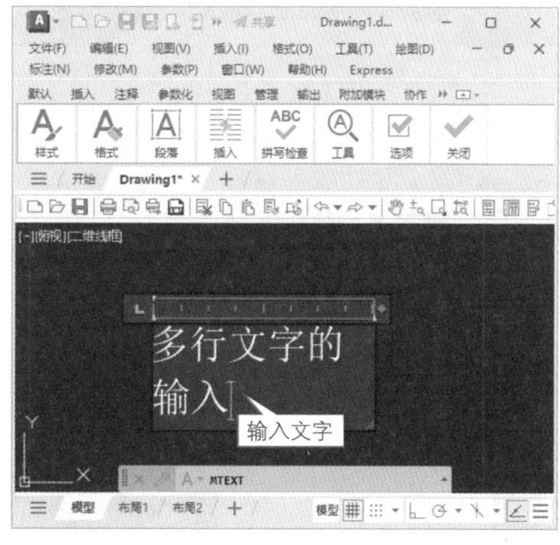

图 2-118

☆ 经验技巧

在 AutoCAD 2024 中，使用分解命令 EXPLODE，可以将创建的多行文字变为多个单行文字。选择“注释”选项卡，在“文字”选项组中单击“多行文字”按钮A，或者在命令行中输入 MTEXT，按 Enter 键，都可以调用多行文字命令。

图 2-119

（2）编辑多行文字。

在 AutoCAD 2024 中，用户可以对已输入的多行文字进行编辑，包括文字的内容、大小、角度等。下面以为文字添加下画线为例，介绍编辑多行文字的操作方法。

Step01 创建多行文字后，鼠标双击已创建的多行文字，如图 2-120 所示。

Step02 弹出“文字编辑器”选项卡，返回绘图区，将光标定位在文字输入框中，双击鼠标选中多行文字，如图 2-121 所示。

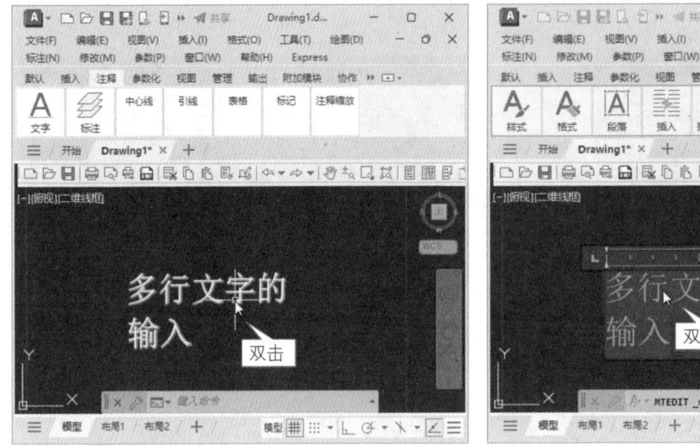

图 2-120

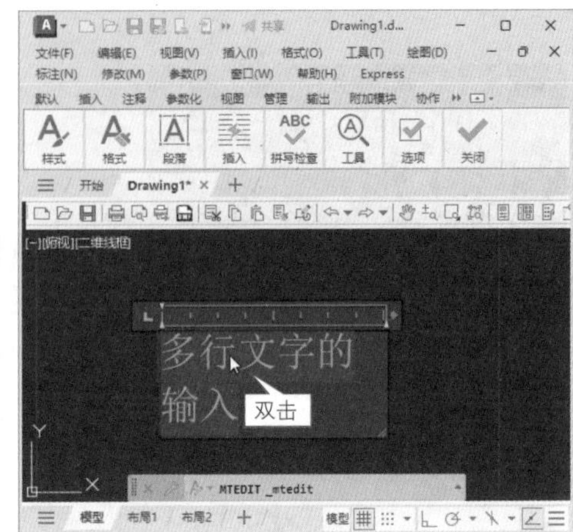

图 2-121

Step03 返回“文字编辑器”选项卡，①在“格式”选项组中单击“下画线”按钮U，②在“关闭”选项组中单击“关闭文字编辑器”按钮✔，如图 2-122 所示。

通过以上步骤即可完成编辑多行文字的操作，如图 2-123 所示。

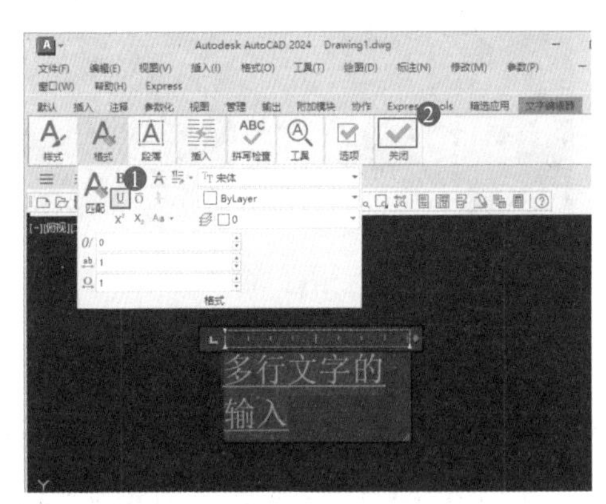

图 2-122

图 2-123

☆ 知识常识

在 AutoCAD 2024 中，“文字编辑器”选项卡由“样式”“格式”“段落”“插入”等选项组组成，在该选项卡中，可以设置多行文字的样式、字体高度、颜色等文字格式，还可以对多行文字的段落属性进行设置。

2.4.7 表格

在AutoCAD 2024中，为提高工作效率，节省存储空间，会创建表格来存放数据。表格是在行和列中包括数据的复合对象，创建的表格还可以对其进行表格样式和表格内容进行操作，用户还可以直接插入设置好样式的表格，而不用由单独的图线重新绘制。

1. 新建表格

在AutoCAD 2024中，可以在绘图区创建一个新的表格，以便用户对创建的图形的数据进行说明。下面介绍新建表格的操作方法。

Step 01 新建一个CAD空白文档，在菜单栏中选择“绘图”→“表格”命令，如图2-124所示。

Step 02 弹出“插入表格”对话框，①在“列和行设置”选项组中，在“列数”下拉列表框中输入列数3，②在“数据行数”下拉列表框中输入行数2，③单击“确定”按钮，如图2-125所示。

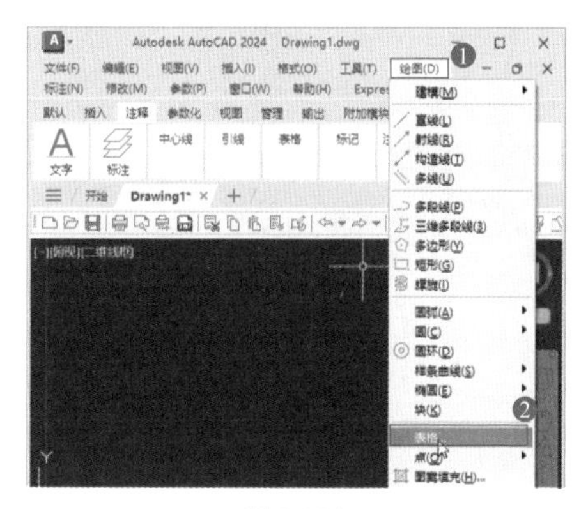

图2-124

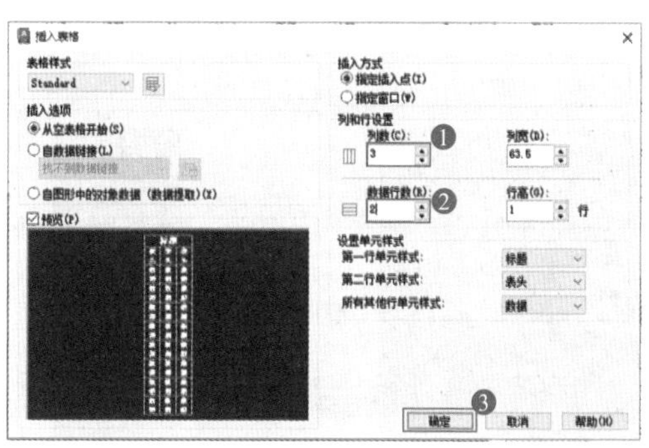

图2-125

Step 03 返回到绘图区，根据命令行提示“TABLE指定插入点”，在空白处单击鼠标指定插入点，如图2-126所示。

Step 04 在“关闭”选项组中单击“关闭文字编辑器”按钮✓，如图2-127所示。

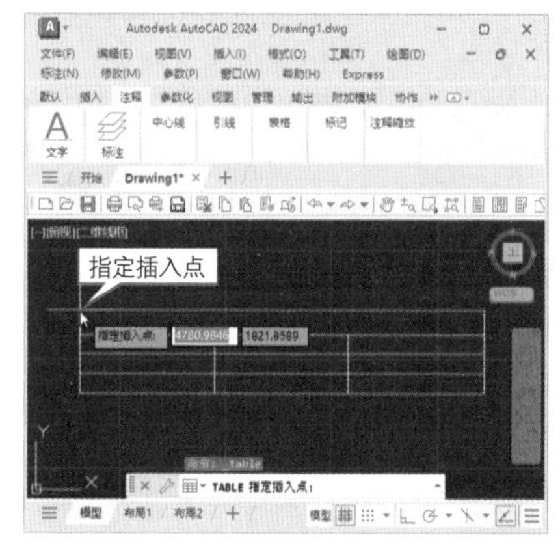

图2-126

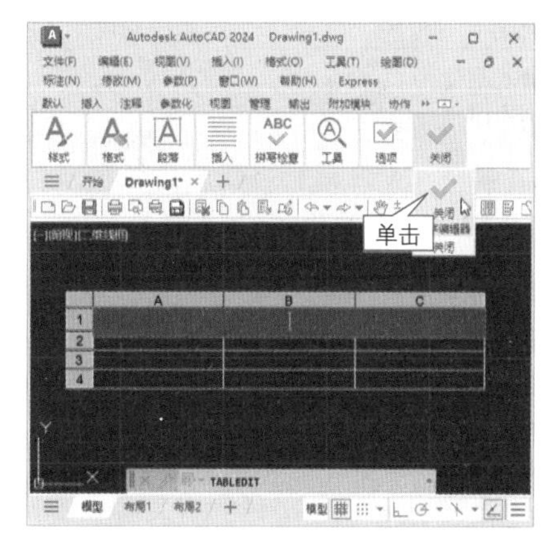

图2-127

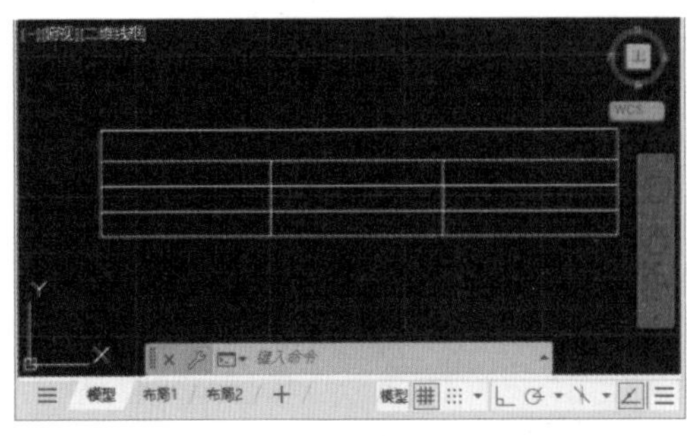

图 2-128

Step 05 通过以上步骤即可完成插入表格的操作，如图 2-128 所示。

2. 设置表格的样式

表格样式是用来控制表格基本形状和间距的一组设置。和文字样式一样，所有 AutoCAD 图形中的表格都有和其相对应的表格样式。下面介绍创建表格样式的操作方法。

Step 01 新建一个 CAD 空白文档，在菜单栏中选择“格式”→“表格样式”命令，如图 2-129 所示。

Step 02 弹出“表格样式”对话框，单击“新建”按钮 新建(N)... ，如图 2-130 所示。

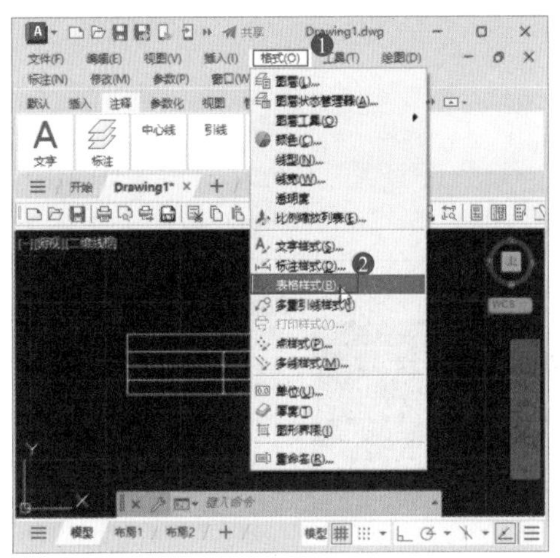

图 2-129

图 2-130

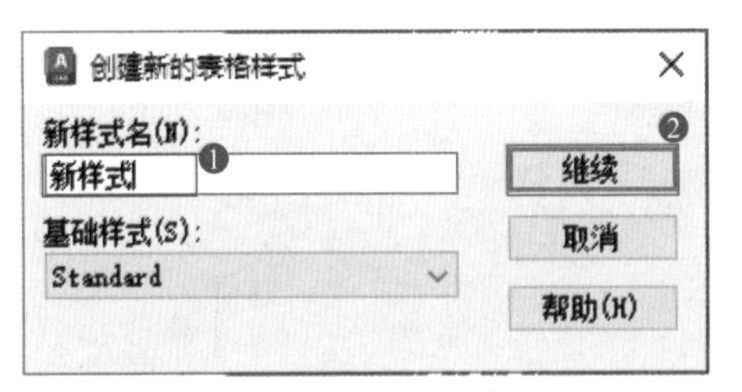

图 2-131

Step 03 弹出“创建新的表格样式”对话框，①在“新样式名”文本框中输入表格样式名称，②单击“继续”按钮 继续 ，如图 2-131 所示。

Step 04 弹出“新建表格样式：新样式”对话框，①在“单元样式”选项组中选择“常规”选项卡，②在“特性”区域的“对齐”下拉列表框中选择对齐方式，③在“页边距”区域中，设置“水平”与“垂直”页边距为 1，④单击“确定”按钮，如图 2-132 所示。

Step 05 返回到“表格样式”对话框，单击“关闭”按钮 关闭 ，即可完成设置表格样式的操作，如图 2-133 所示。

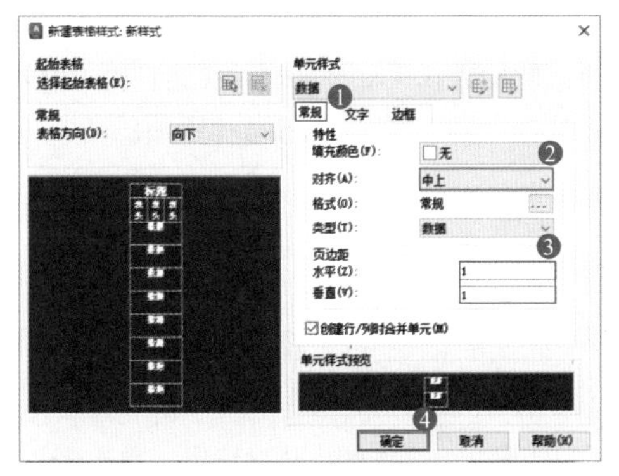

图 2-132

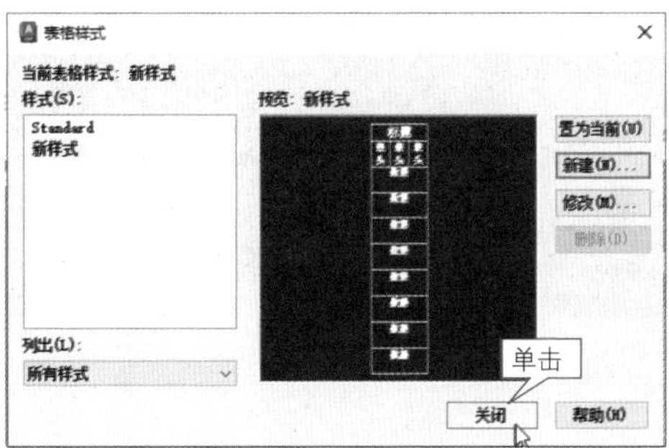

图 2-133

☆ 经验技巧

在 AutoCAD 2024 中，若表格样式为当前系统样式时是无法删除的，只有将当前样式设置为其他表格式时，才可以右击“表格样式”对话框中表格样式的名称，在弹出的快捷菜单中选择“删除”命令删除该表格样式。

3. 向表格中输入文本内容

在 AutoCAD 2024 中，新建表格后，用户可以在表格中输入文字等信息。下面介绍向表格中输入文本内容的操作方法。

Step 01 新建一个 CAD 空白文档并插入表格，鼠标双击准备输入内容的单元格，如图 2-134 所示。

Step 02 该单元格变为输入编辑状态，将光标定位在文本框中，输入文本内容，如图 2-135 所示。

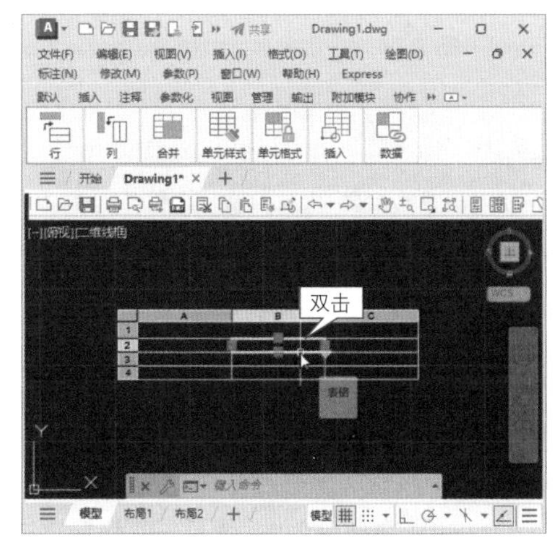

图 2-134

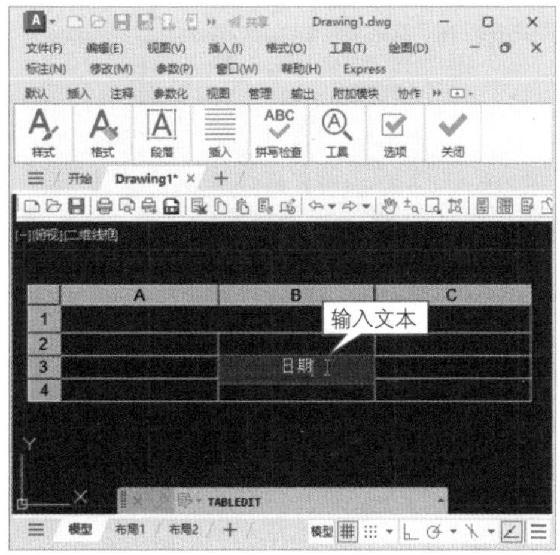

图 2-135

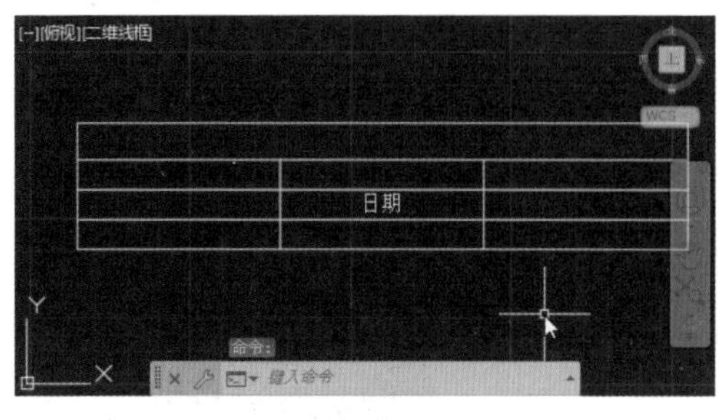

图 2-136

Step 03 将鼠标移至表格外单击，退出表格文本输入框，即可完成向表格中输入文本内容的操作，如图 2-136 所示。

☆ 经验技巧

在 AutoCAD 2024 中，双击任意单元格，可以弹出“文字编辑器”选项卡，在该选项卡中可以对表格中的文字格式进行设置，如文字的大小、粗细、下画线和段落等，以及表格背景颜色的设置。

2.4.8 图案填充

图案填充一般是用来区分工程的部件或用来表现组成对象的材质。在 AutoCAD 2024 中，用户可以使用图案或者选定的颜色等来填充指定的区域。

1. 定义填充图案的边界

图案边界由封闭区域的图形对象组成，在 AutoCAD 中，在填充图案之前需要先定义图案的边界。定义填充图案边界方式分为选择定义和拾取点定义。下面介绍使用选择方式定义填充图案的边界。

Step 01 新建一个 CAD 空白文档并绘制图形，在菜单栏中选择“绘图”→“图案填充”命令，如图 2-137 所示。

Step 02 弹出“图案填充创建”选项卡，在“边界”选项组中单击“选择”按钮 选择，如图 2-138 所示。

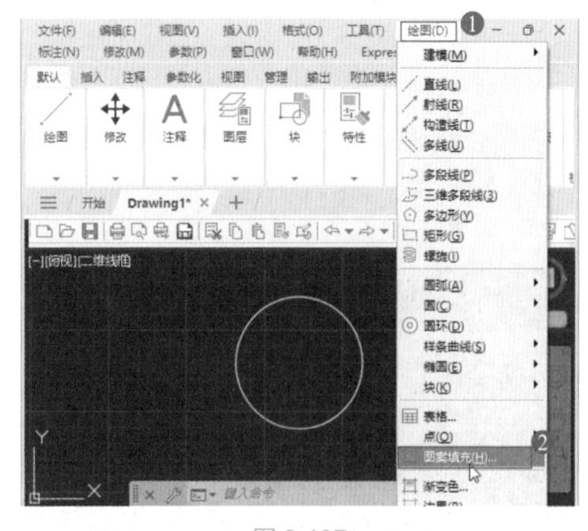

图 2-137

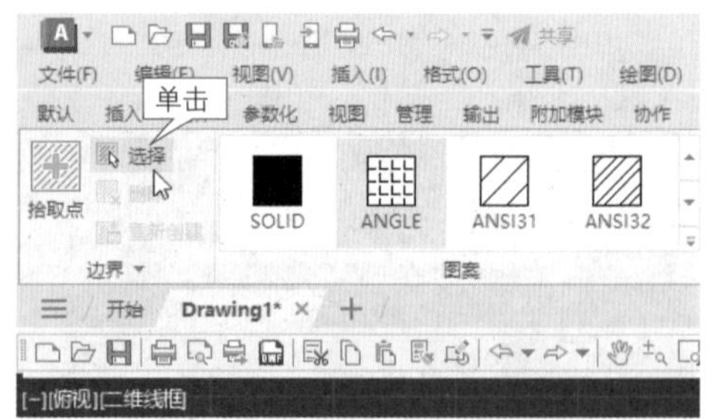

图 2-138

Step 03 返回到绘图区，①根据命令行提示“HATCH 选择对象”，②单击鼠标左键选择图形对象，如图 2-139 所示。

Step 04 此时可以看到选中的区域作为图案边界被填充了图案，按 Enter 键，退出“图案填充创建”选项卡，即可完成使用选择方式定义填充图案边界的操作，如图 2-140 所示。

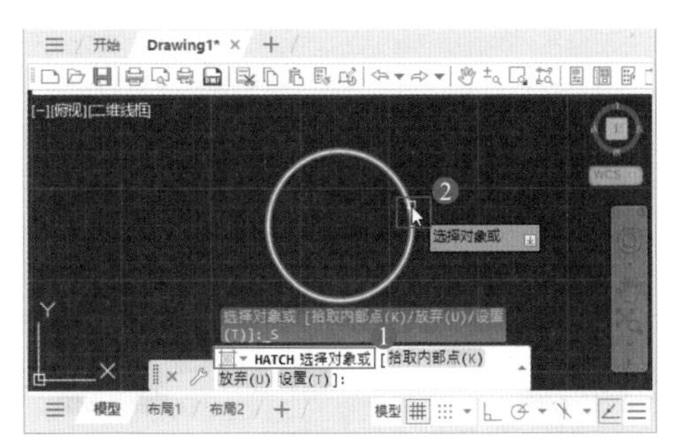

图 2-139

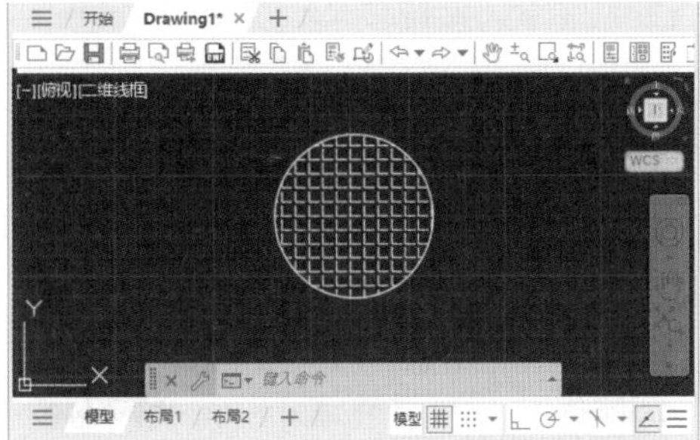

图 2-140

☆ 经验技巧

在 AutoCAD 2024 中，对定义的填充图案边界不满意或不需要时，可以选中该边界，在弹出的“图案填充编辑器”选项卡中单击“删除边界对象”按钮，然后单击选中要删除的边界对象，按 Enter 键即可完成删除边界的操作。

2. 图案填充

图案填充是指使用填充图案对封闭区域或选定的对象进行填充的操作。在 AutoCAD 2024 中，图案填充的种类有很多，用户可以根据需要自行选择填充图案。下面介绍图案填充的操作方法。

Step 01 新建一个 CAD 空白文档并绘制图形，①在“功能区”中选择“默认”选项卡，②在“绘图”选项组中单击“边界”下拉按钮，③在弹出的下拉列表中选择“图案填充”选项，如图 2-141 所示。

Step 02 弹出“图案填充创建”选项卡，在“图案”选项组中选择要填充的图案，如图 2-142 所示。

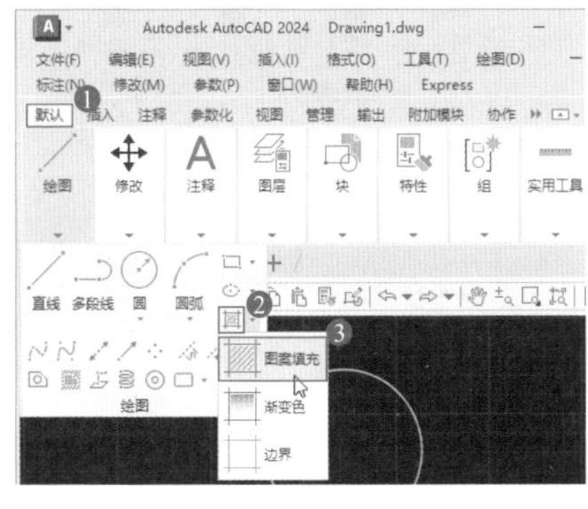

图 2-141

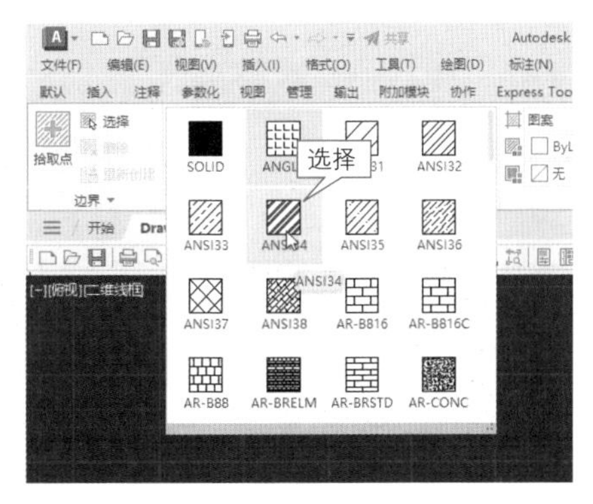

图 2-142

Step03 返回到绘图区，①根据命令行提示“HATCH 选择对象”，②单击鼠标左键选择图形对象，如图 2-143 所示。

Step04 按 Enter 键退出“图案填充创建”选项卡，即可完成图案填充的操作，如图 2-144 所示。

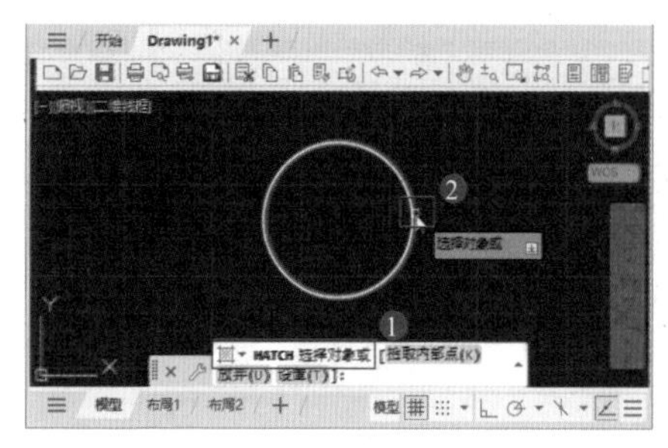

图 2-143

图 2-144

☆ 经验技巧

在 AutoCAD 2024 中，在菜单栏中选择“绘图”→“图案填充”命令，或者在命令行中输入 BHATCH 或 BH，按 Enter 键，都可以调用图案填充命令来打开“图案填充创建”选项卡，在“图案”选项组中选择要应用的图案即可。

3. 编辑填充的图案

在 AutoCAD 2024 中，使用图案填充图形后，如果填充的效果达不到工作要求，用户可以对已经填充的图案进行编辑和修改。下面介绍编辑填充图案的操作方法。

Step01 新建一个 CAD 空白文档并创建图案填充，用鼠标右键单击已填充的图形，在弹出的快捷菜单中选择“图案填充编辑”命令，如图 2-145 所示。

Step02 弹出“图案填充编辑”对话框，①选择“图案填充”选项卡，②在“类型和图案”选项组中单击“填充图案选项板”按钮，如图 2-146 所示。

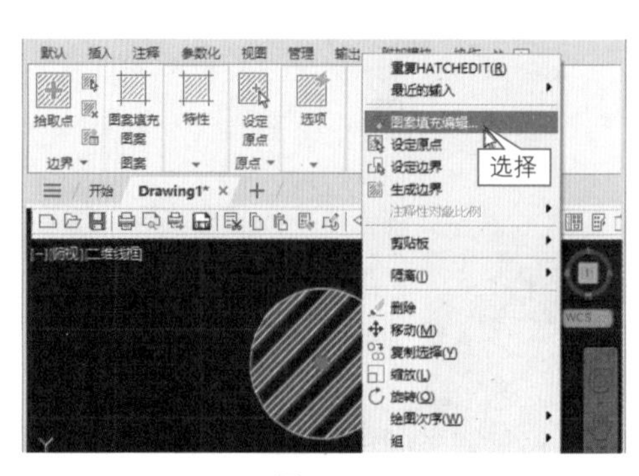

图 2-145

图 2-146

Step03 弹出“填充图案选项板”对话框，①选择“ANSI”选项卡，②在“ANSI”列表框中选择要应用的图案类型，③单击“确定”按钮，如图 2-147 所示。

Step04 返回到“图案填充编辑”对话框，①在“类型和图案”选项组中的“颜色”下拉列表框中选择图案的颜色，②单击“确定”按钮，即可完成编辑填充图案的操作，如图 2-148 所示。

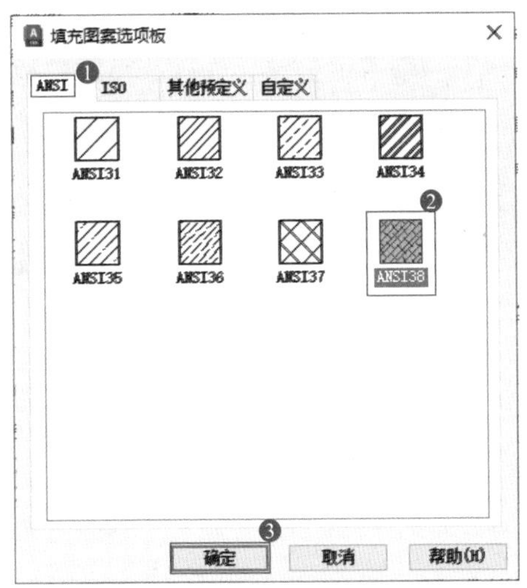

图 2-147

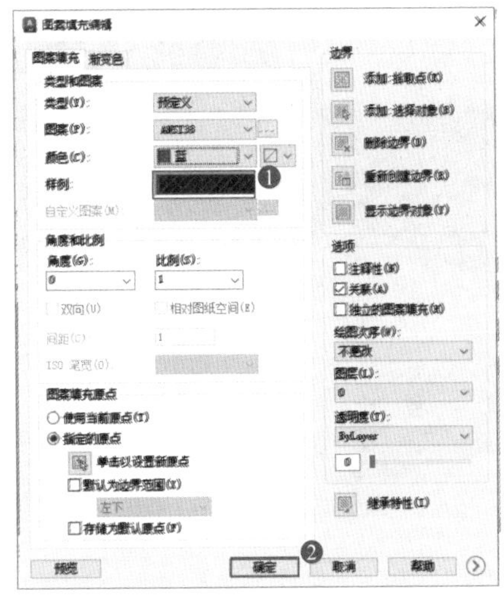

图 2-148

2.5 课堂实训——绘制二维图形实例

在本节的学习过程中，将侧重介绍和讲解本章知识点有关的实例操作，主要内容包括绘制抽屉、绘制座椅、绘制草坪、为花朵着色、创建单人床文字等方面的知识与操作技巧。

微视频

2.5.1 绘制抽屉

通过使用 AutoCAD 2024 命令功能，用户可以很方便地绘制出很多图形，本例通过使用重复调用命令绘制抽屉，下面详细介绍操作方法。

Step01 启动 AutoCAD 2024 软件，新建一个空白文档，①在“功能区”选项组中选择“默认”选项卡，②在“绘图”选项组中单击“矩形”下拉按钮，③在弹出的下拉列表中选择“矩形”选项，如图 2-149 所示。

Step02 返回到绘图区，在空白处绘制一个大矩形，按 Enter 键，再次调用矩形命令，绘制一个小矩形，如图 2-150 所示。

Step03 在“绘图”选项组中单击“圆”按钮，如图 2-151 所示。

Step04 在小矩形中绘制一个圆作为抽屉的把手，抽屉绘制完成，通过以上步骤即可完成绘制抽屉的操作，如图 2-152 所示。

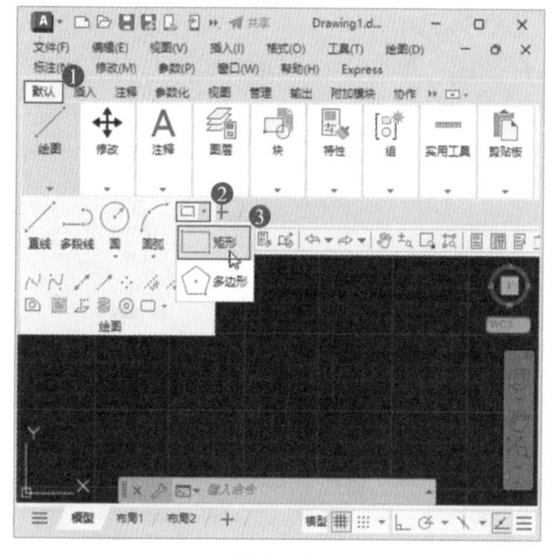

图 2-149

图 2-150

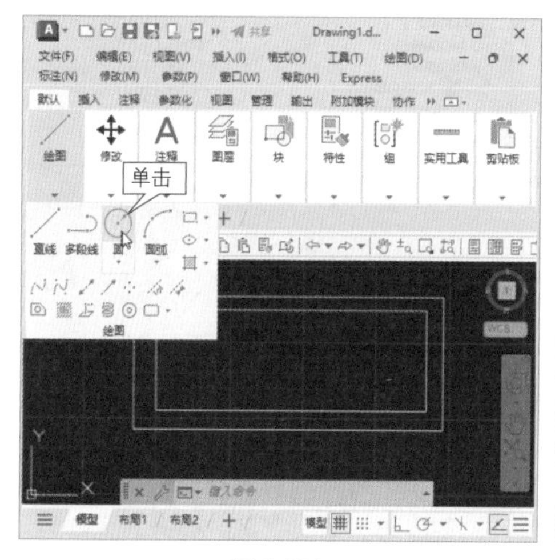

图 2-151

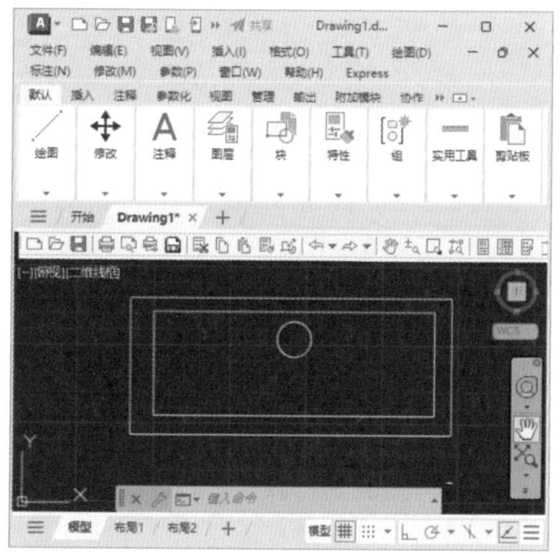

图 2-152

2.5.2 绘制座椅

微视频

通过本章所学的绘制二维图形方面的知识，可以灵活运用绘图工具进行简单的图形绘制。下面介绍运用圆、直线和圆弧命令绘制圆形座椅的操作方法。

Step 01 新建一个 CAD 空白文档，在菜单栏中选择“绘图”→“圆”→“圆心、半径”命令，如图 2-153 所示。

Step 02 返回到绘图区，在空白处位置绘制一个圆，如图 2-154 所示。

Step 03 在“功能区”中，①选择“默认”选项卡，②在“绘图”选项组中单击“圆弧”下拉按钮，③在弹出的下拉列表中选择“三点”选项，如图 2-155 所示。

Step 04 返回到绘图区，在绘制的圆的外部绘制一条圆弧，作为座椅的靠背，如图 2-156 所示。

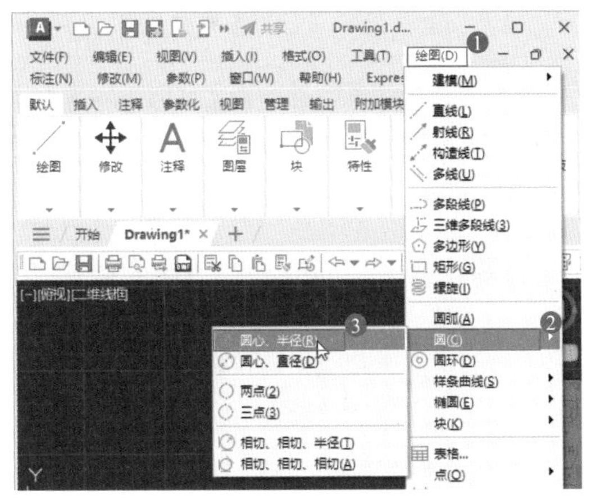

图 2-153

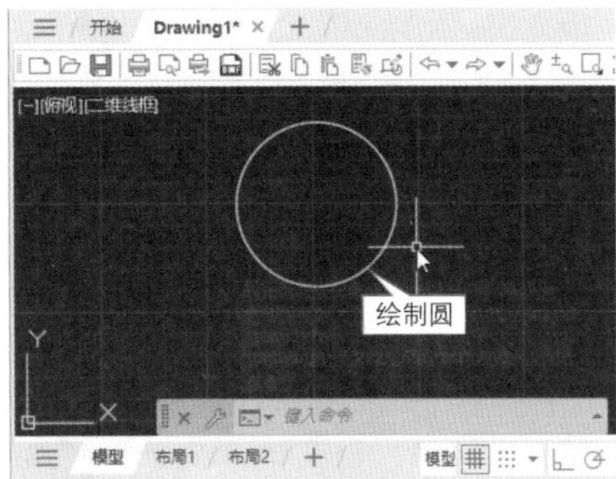

图 2-154

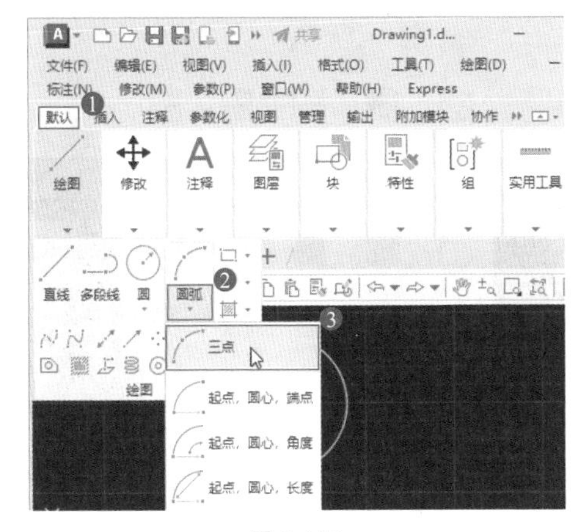

图 2-155

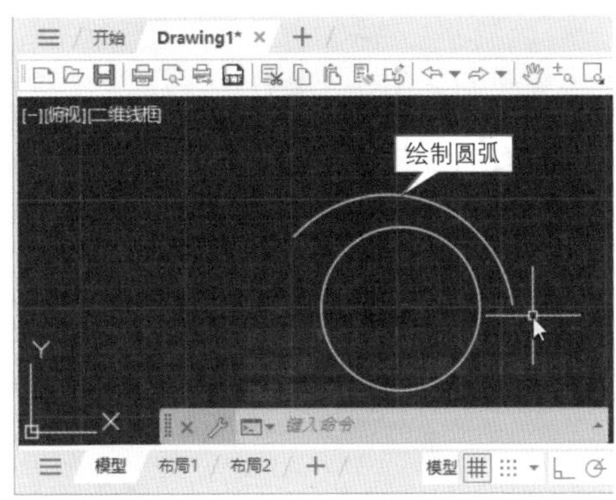

图 2-156

Step 05 在命令行中输入 LINE，按 Enter 键，如图 2-157 所示。

Step 06 在圆弧的两个端点分别绘制一条直线，即可完成绘制座椅的操作，如图 2-158 所示。

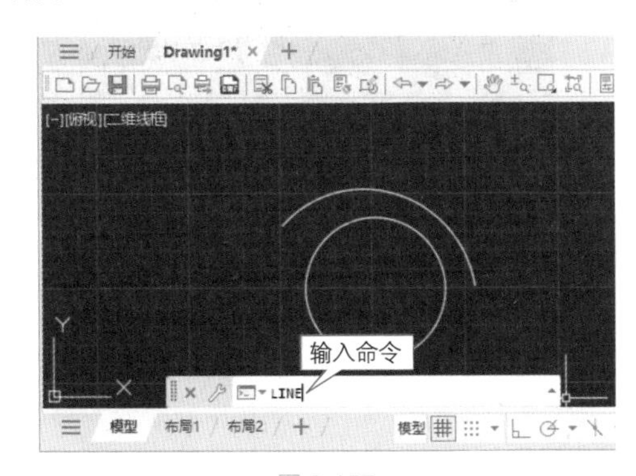

图 2-157

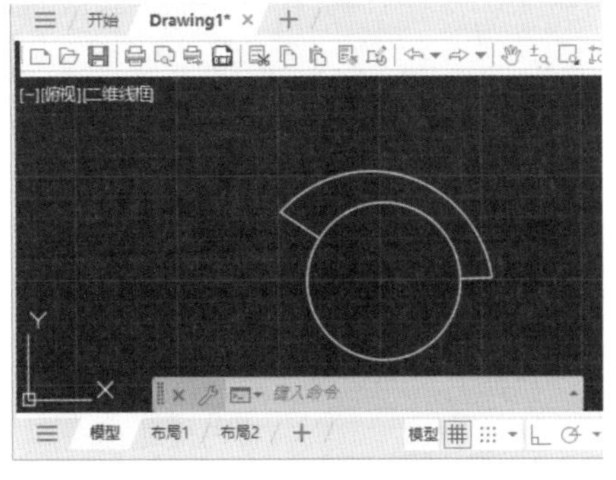

图 2-158

2.5.3 绘制草坪

微视频

在 AutoCAD 2024 中，在绘制图形时会经常用到各种各样的图案，此时可以使用图案填充来达到绘制的效果。下面介绍绘制草坪的操作方法。

实例文件保存路径：配套素材\第 2 章\草坪 .dwg

实例效果文件名称：草坪效果 .dwg

Step01 打开“草坪 .dwg”素材文件，在菜单栏中选择“绘图”→“图案填充”命令，如图 2-159 所示。

Step02 弹出“图案填充创建”选项卡，在“图案”选项组中选择要填充的草坪图案 CROSS，如图 2-160 所示。

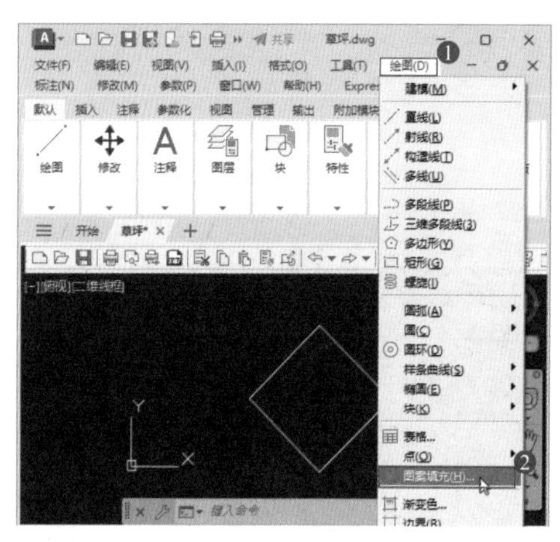

图 2-159

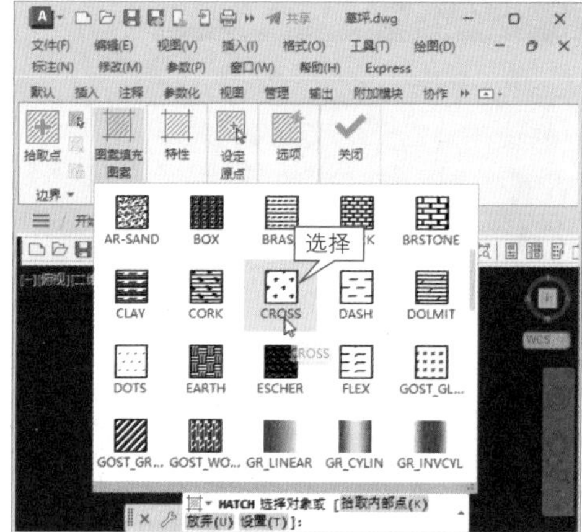

图 2-160

Step03 在“特性”选项组的“图案填充比例”列表框中，设置比例值为 5，如图 2-161 所示。

Step04 返回到绘图区，单击鼠标左键选择草坪图形，如图 2-162 所示。

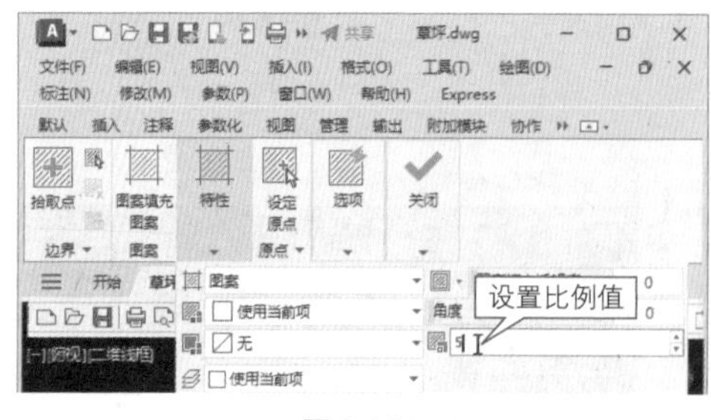

图 2-161

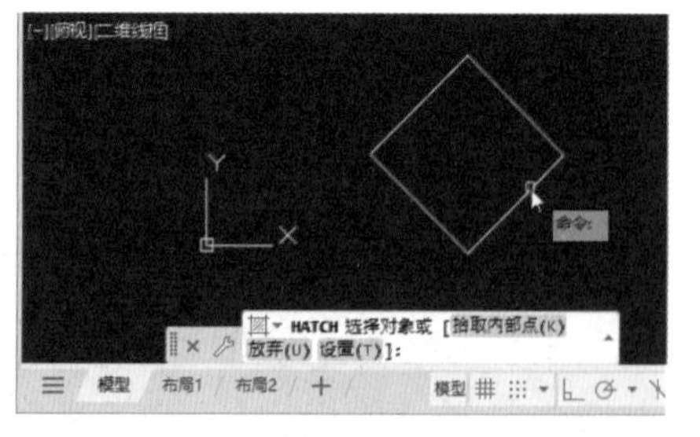

图 2-162

Step05 此时图案被填充到图形上，在“图案填充创建”选项卡中单击“关闭图案填充创建”按钮，如图 2-163 所示。

Step06 “图案填充创建”选项卡关闭，通过以上步即可完成绘制草坪的操作，如图 2-164 所示。

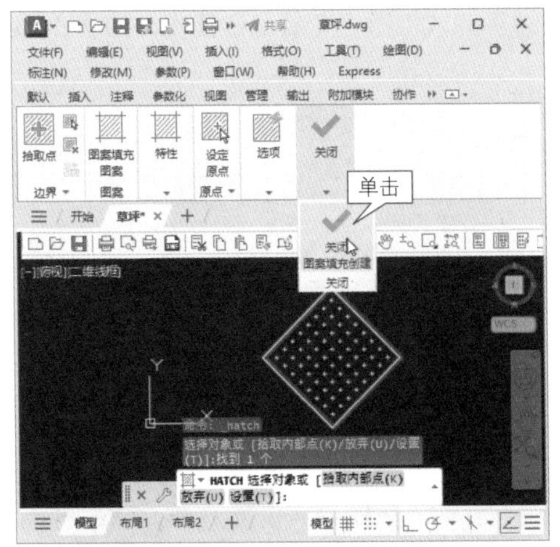

图 2-163

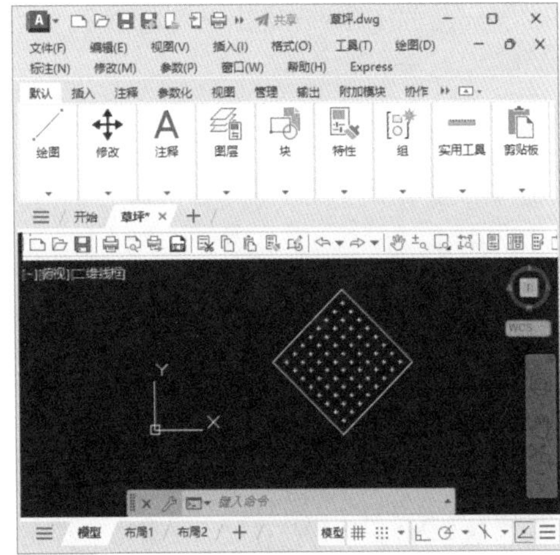

图 2-164

2.5.4 为花朵着色

在 AutoCAD 2024 中，绘制好的图形若填充上图案和颜色，可以更加形象地体现所绘制的图形。下面详细介绍为百合花着色的操作方法。

微视频

实例文件保存路径：配套素材 \ 第 2 章 \ 百合花 .dwg

实例效果文件名称：花朵着色 .dwg

Step 01 打开“百合花 .dwg”素材文件，在命令行中输入 GRADIENT，按 Enter 键，如图 2-165 所示。

Step 02 弹出“图案填充创建”选项卡，在“图案”选项组中选择要填充的颜色类型，如图 2-166 所示。

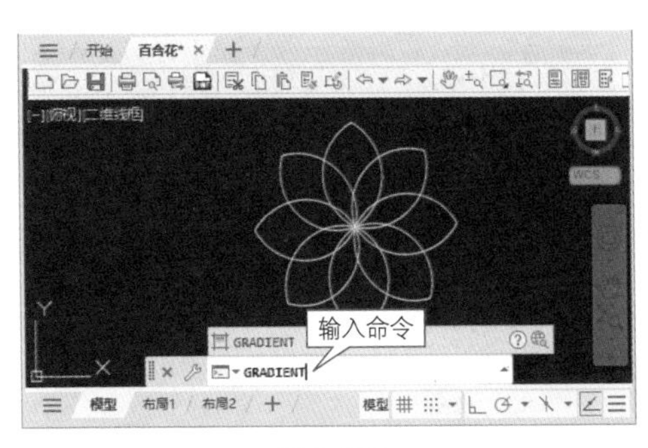

图 2-165

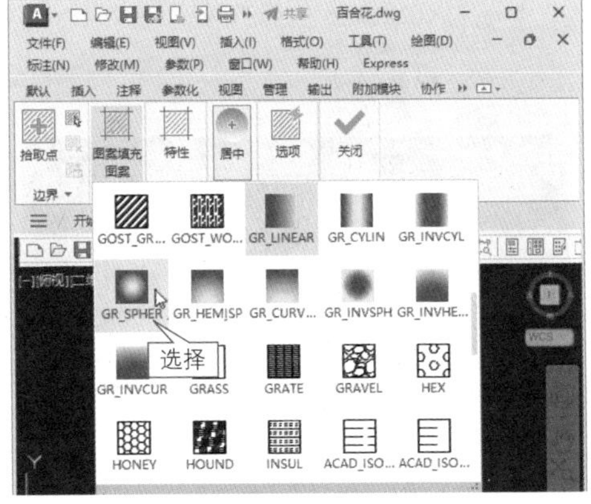

图 2-166

Step 03 返回到绘图区，单击鼠标左键选择百合花图形，如图 2-167 所示。

Step 04 按 Enter 键退出渐变色命令，这样即可完成为百合花着色的操作，如图 2-168 所示。

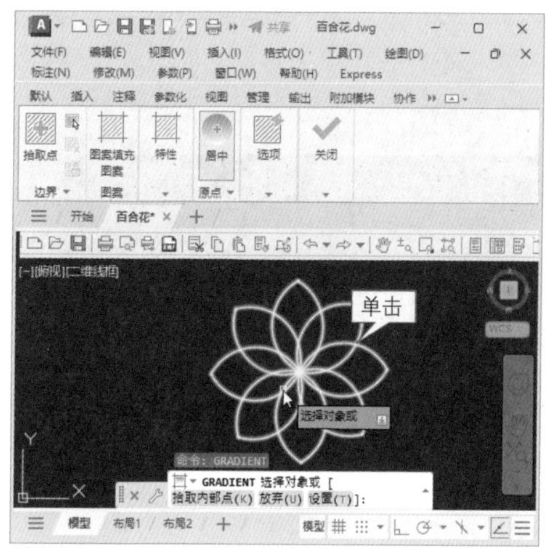

图 2-167

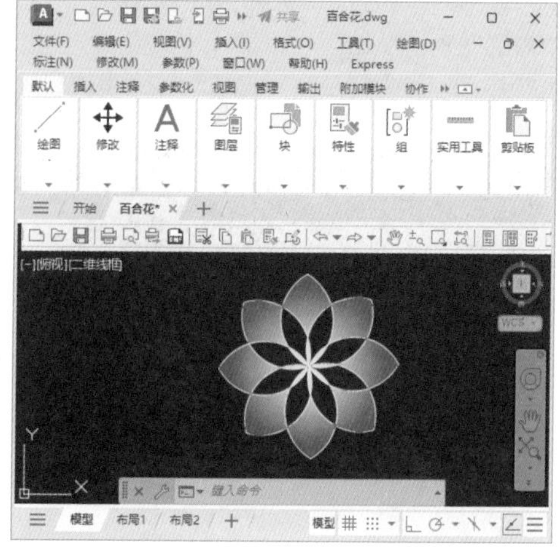

图 2-168

2.5.5 创建单人床文字

微视频

在 AutoCAD 2024 中，系统配置了多种字体，用户可以根据需要在图形中创建合适的文字字体对象。下面详细介绍创建单人床文字的操作方法。

实例文件保存路径：配套素材 \ 第 2 章 \ 单人床 .dwg

实例效果文件名称：单人床文字 .dwg

Step 01 打开“单人床 .dwg”素材文件，在命令行中输入 T，按 Enter 键，如图 2-169 所示。

Step 02 在绘图区单击并拖曳绘制出一个文本框，如图 2-170 所示。

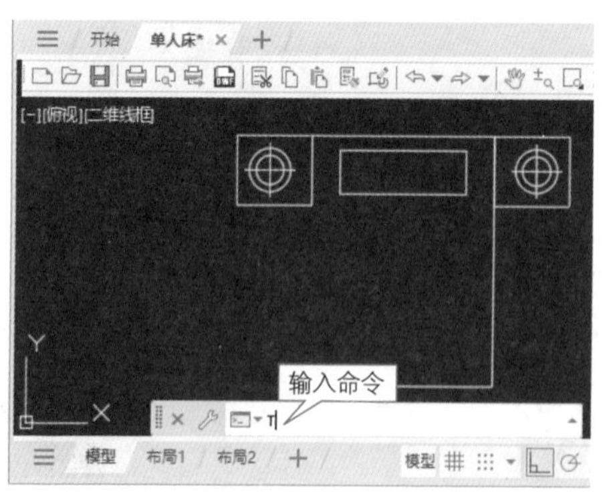

图 2-169

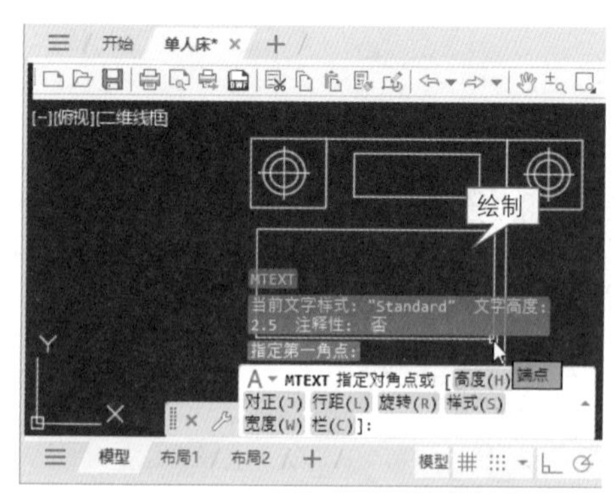

图 2-170

Step 03 在文本框中输入文字“单人床”，并确认，如图 2-171 所示。

Step 04 从当前来看，输入的文字字号太小，此时可以调整文字的大小和字体样式。

在已经输入的文字上双击，进入文字编辑区域，拖曳选择需要设置的文字内容，如图 2-172 所示。

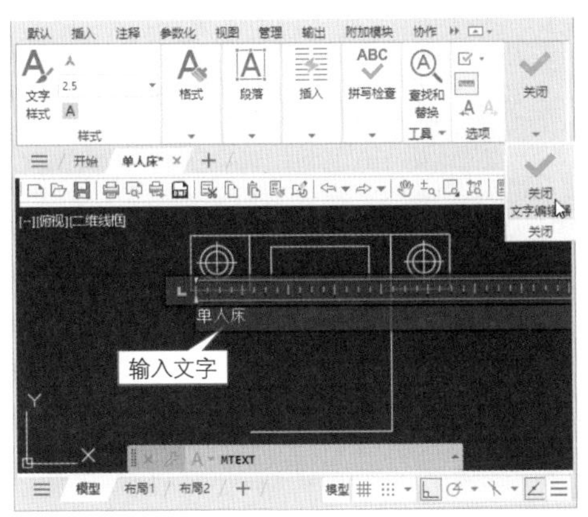

图 2-171

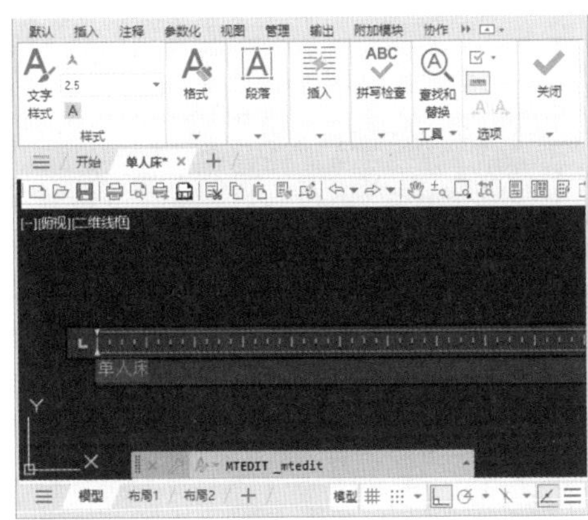

图 2-172

Step 05 在“文字编辑器”选项卡中设置“文字高度”为 250、“字体”为黑体，更改字体的大小和样式，如图 2-173 所示。

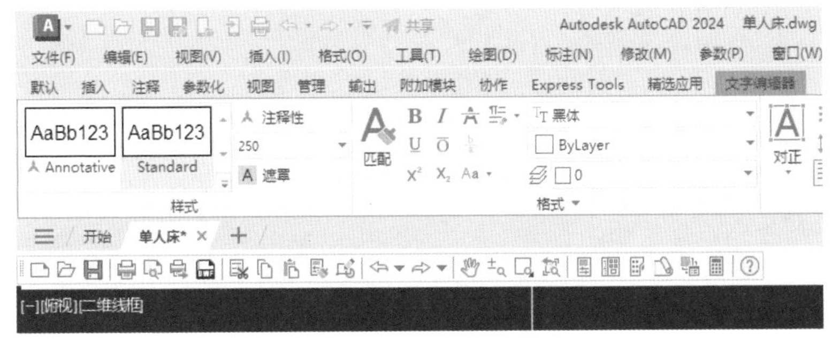

图 2-173

Step 06 设置完成后，预览设置后的文字效果，如图 2-174 所示。

Step 07 选择文字后拖曳调整文字的位置，并在文字之间按 Space 键，调整文字间距，如图 2-175 所示。

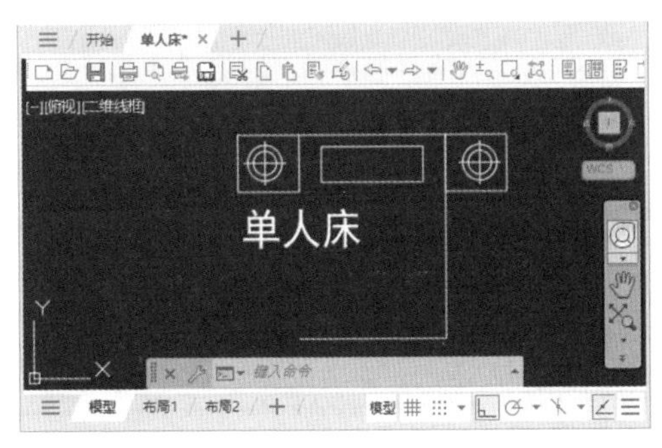

图 2-174

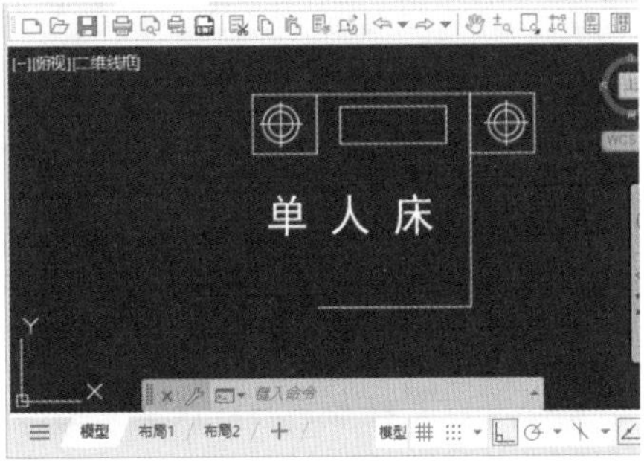

图 2-175

第3章
编辑与修改室内图形

本章要点

- 选择与改变位置
- 复制对象
- 修整对象
- 打断、合并和分解
- 圆角与倒角
- 对象编辑
- 课堂实训——室内家居设计

本章主要内容

本章主要介绍了选择与改变位置，复制对象，修整对象，打断、合并和分解，圆角与倒角方面的知识与技巧，同时还讲解了如何进行对象编辑，在本章的最后还针对实际的工作需求，讲解了室内家居设计相关案例的操作方法。通过本章的学习，读者可以掌握编辑与修改室内图形方面的知识，为深入学习室内装潢知识奠定基础。

3.1 选择与改变位置

二维图形的编辑操作配合绘图命令的使用可以进一步完成复杂图形对象的绘制工作，对编辑命令的熟练掌握和使用有助于提高设计和绘图的效率。对于绘制好的二维图形，用户可以通过选择图形对象进行编辑和修改操作。

3.1.1 选择对象

选择对象包括选择单个对象、选择多个对象、套索选择和快速选择等操作，下面将详细介绍相关知识及操作方法。

1. 选择单个对象

在 AutoCAD 2024 中，对单个图形对象进行修改或编辑时，可以将鼠标指针移动到要选择的图形对象上，然后单击鼠标选中该图形对象。步骤如下。

Step01 绘制好二维图形后，在绘图区将鼠标指针移到要选择的图形上，单击鼠标左键，如图 3-1 所示。

Step02 在绘图区可以看到图形已经被选中，这样即可完成选择单个对象的操作，如图 3-2 所示。

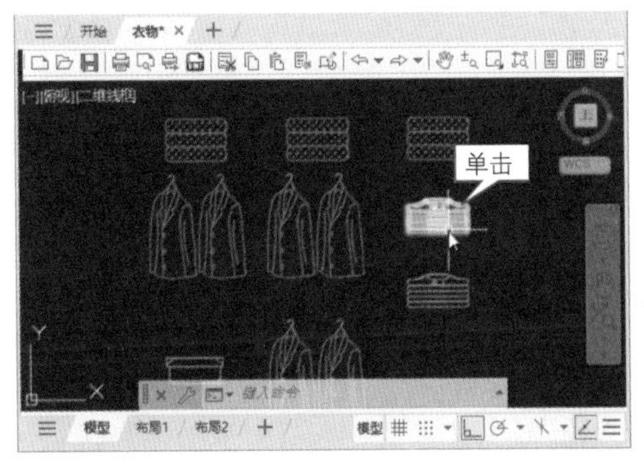

图 3-1

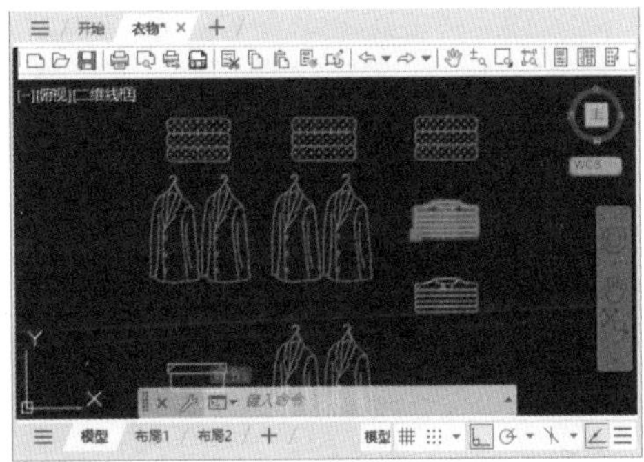

图 3-2

☆ 经验技巧

在 AutoCAD 2024 中，按 Shift 键同时单击已选中的单个对象，可以取消当前选择的对象。按 Esc 键，则可以取消当前选定的全部对象。

2. 选择多个对象

在编辑和修改多个对象之前，需要先选择这些对象。在 AutoCAD 2024 中选择多个对象的方式包括窗选、叉选等，下面介绍操作方法。

（1）窗选。

在 AutoCAD 2024 中，窗选即窗口选择，指窗口从左向右定义矩形来选择图形对象，只有全部位于矩形窗口中的图形对象才能被选中，与窗口相交或位于窗口外部的对象则不被选中。下面介绍窗选多个对象的操作方法。

Step01 在绘图区从左上角单击鼠标左键并拖动至准备选择图形的右下角，如图 3-3 所示。

Step02 释放鼠标左键，在绘图区可以看到图形已经被选中，这样即可完成窗选多个对象的操作，如图 3-4 所示。

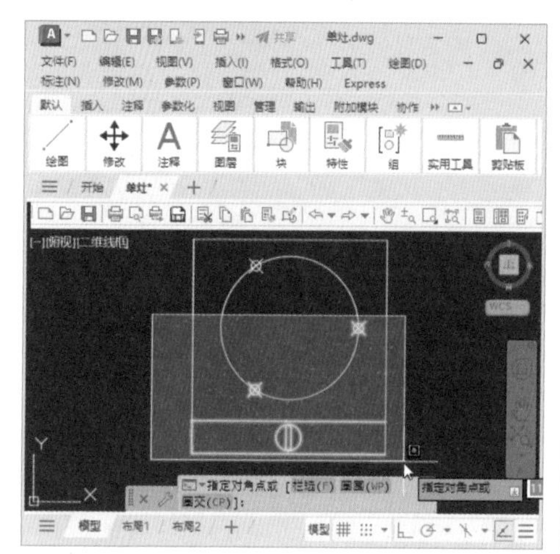

图 3-3

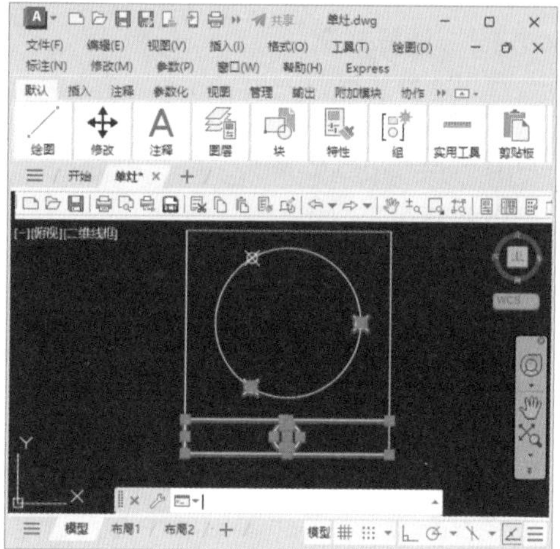

图 3-4

（2）叉选。

在 AutoCAD 2024 中，叉选即交叉窗口选择，与窗交方式相反，是指窗口从右向左定义矩形来选择图形对象，无论与窗口相交还是全部位于窗口的对象都会被选择。下面介绍叉选多个对象的操作方法。

Step01 在绘图区从右下角单击鼠标左键并拖动至准备选择图形的左上角，如图 3-5 所示。

Step02 释放鼠标左键，在绘图区可以看到图形已经被选中，通过以上方法即可完成叉选多个对象的操作，如图 3-6 所示。

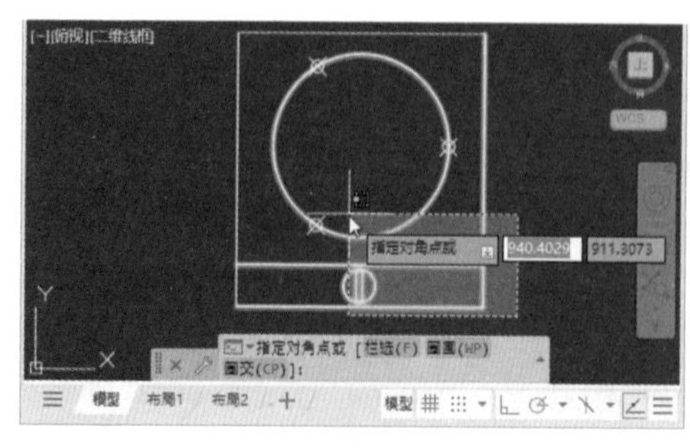

图 3-5

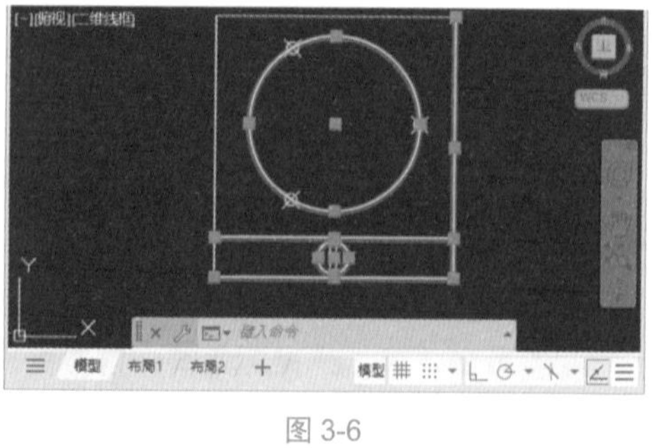

图 3-6

☆ 知识常识

在 AutoCAD 2024 中，窗选对象拉出的选择窗口为蓝色的实线框，叉选对象拉出的选择窗口为绿色的虚线框。对于选择少量多个对象时，可以连续单击要选择的对象，来选择多个对象。

3. 套索选择

套索选择是 CAD 软件新增加的功能，按住鼠标选择图形对象时，可以生成一个不规则的套索区域。根据拖动方向的不同，套索选择分为窗口套索选择和窗交套索选择。下面介绍这两种套索选择对象的操作方法。

（1）窗口套索。

在 AutoCAD 2024 中，将鼠标指针按顺时针方向拖动，即为窗口套索选择方式。下面介绍使用窗口套索选择对象的操作方法。

Step01 在绘图区的空白处，围绕对象单击鼠标左键并按顺时针拖动，生成套索选区，如图 3-7 所示。

Step02 释放鼠标左键，在绘图区可以看到图形已经被选中，通过以上方法即可完成使用窗口套索选择对象的操作，如图 3-8 所示。

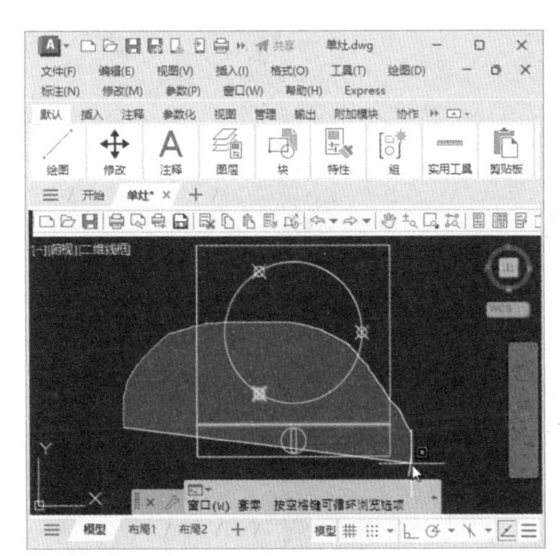

图 3-7

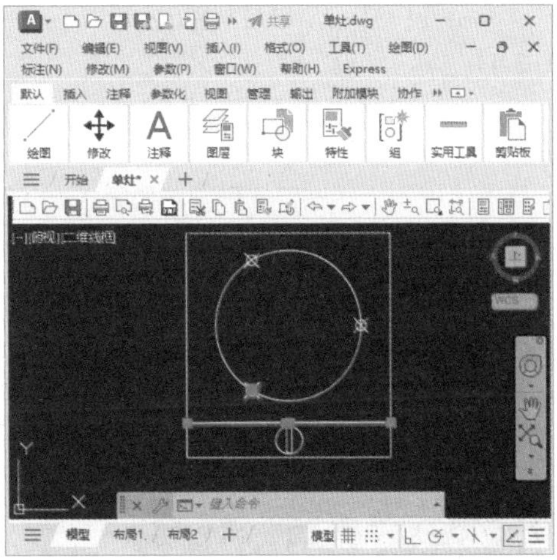

图 3-8

（2）窗交套索。

在 AutoCAD 2024 中，将鼠标指针按逆时针方向拖动，即为窗交套索选择方式。下面介绍使用窗交套索选择对象的操作方法。

Step01 在绘图区的空白处，围绕对象单击鼠标左键并按逆时针拖动，生成套索选区，如图 3-9 所示。

Step02 释放鼠标左键，在绘图区可以看到图形已经被选中，通过以上方法即可完成使用窗交套索选择对象的操作，如图 3-10 所示。

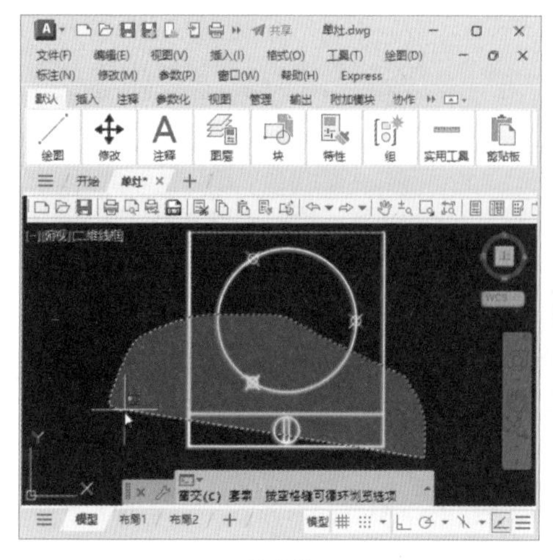

图 3-9

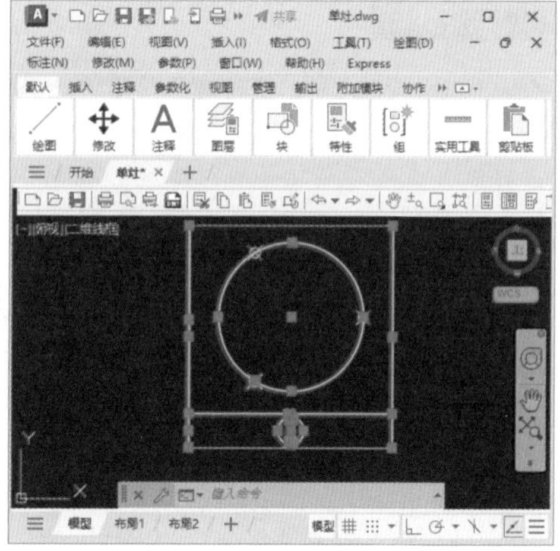

图 3-10

4. 快速选择图形对象

在 AutoCAD 2024 中，快速选择是根据对象的特性，如颜色、图层、线型和线宽等，快速选择一个或多个对象的功能。下面介绍快速选择对象的使用方法。

Step 01 打开一个 CAD 图形文件，在菜单栏中选择“工具”→“快速选择”命令，如图 3-11 所示。

Step 02 弹出“快速选择”对话框，①在“对象类型”下拉列表框中选择“直线”选项，②在“特性”列表框中选择“颜色”选项，③在“值”下拉列表框中选择黄色，④单击“确定”按钮，如图 3-12 所示。

图 3-11

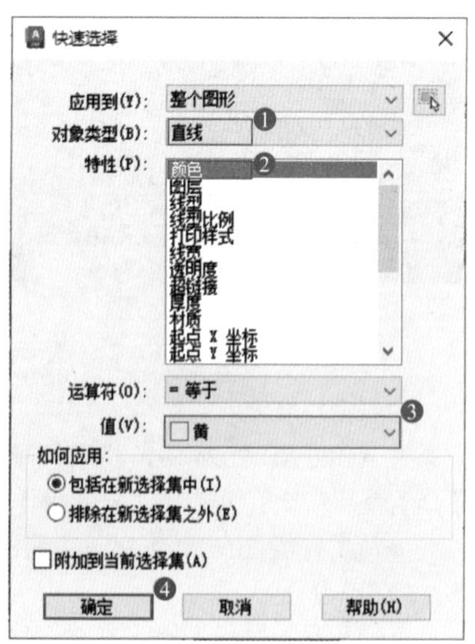

图 3-12

Step 03 返回到绘图区，满足快速选择设置条件的对象被选中，通过以上步骤即可完成快速选择对象的操作，如图 3-13 所示。

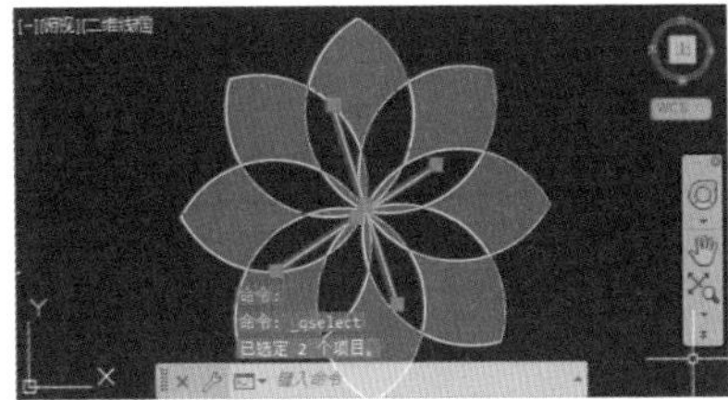

图 3-13

☆ 经验技巧

在 AutoCAD 2024 中，在命令行中输入 QSELECT，按 Enter 键，同样可以打开“快速选择”对话框。

3.1.2　删除和恢复

这一类命令主要用于删除图形的某部分或对已被删除的部分进行恢复，包括“删除”“放弃”“重做”等命令。

1. 删除命令

如果所绘制的图形不符合要求或绘错了图形，则可以使用 ERASE 命令把它删除。删除命令的执行方式有以下几种。

- 命令行：ERASE。
- 菜单：“修改”→“删除”。
- 快捷菜单：选择要删除的对象，在绘图区右击，从弹出的快捷菜单中选择“删除”命令。
- 工具栏：“修改”→“删除”。
- 功能区：单击“默认”选项卡“修改”选项组中的“删除”按钮。

可以先选择对象，然后调用“删除”命令；也可以先调用“删除”命令，然后再选择对象。选择对象时，可以使用前面介绍的各种对象选择的方法。

当选择多个对象时，多个对象都被删除；若选择的对象属于某个对象组，则该对象组的所有对象都被删除。

2. 恢复命令

若误删除了图形，则可以使用 OOPS 或 U 命令恢复误删除的对象。恢复命令的执行方式有以下几种。

- 命令行：OOPS 或 U。
- 工具栏：“快速访问”→“放弃”。
- 快捷键：Ctrl+Z。

在命令行中输入 OOPS 或 U，按 Enter 键，即可完成恢复操作。

3.1.3　移动对象

在 AutoCAD 2024 中，若绘制的图形位置错误，可以对图形进行移动操作，可以将图形对象按照指定的角度和方向进行移动，在移动的过程中图形对象大小保持不变。下面详细介绍移动对象的操作方法。

微视频

Step 01 新建空白文档并绘制两个图形，①在“功能区”中选择“默认”选项卡，②在“修改”选项组中单击“移动”按钮，如图 3-14 所示。

Step02 返回到绘图区，①根据命令行提示“MOVE 选择对象”，②单击鼠标左键选中要移动的图形对象，如图 3-15 所示。

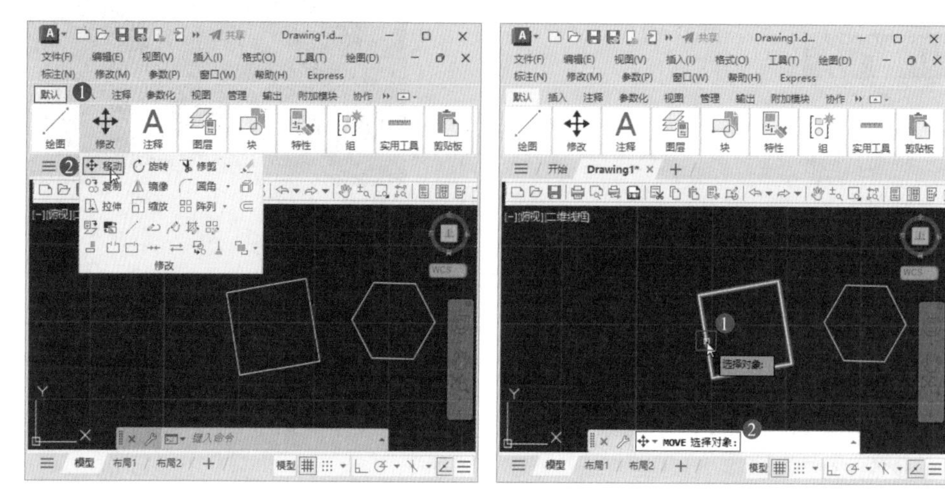

图 3-14　　　　图 3-15

Step03 按 Enter 键结束选择对象操作，①根据命令行提示“MOVE 指定基点”，②在合适位置单击鼠标左键，确定基点，如图 3-16 所示。

Step04 移动鼠标指针，①根据命令行提示“MOVE 指定第二个点”，②移至合适位置释放鼠标左键，即可完成移动对象的操作，如图 3-17 所示。

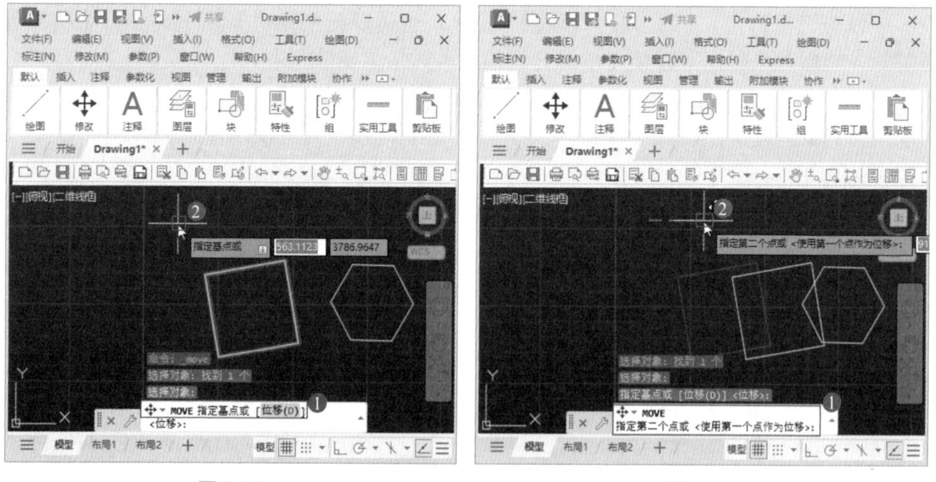

图 3-16　　　　图 3-17

Step05 图形已经移动到指定位置，通过以上步骤即可完成移动对象的操作，如图 3-18 所示。

☆ 经验技巧

在“修改”菜单下选择“移动”命令，或是在命令行中输入 MOVE 或 M，都可以启动移动命令。

图 3-18

3.1.4 旋转对象

在 AutoCAD 2024 中，旋转对象是指以图形对象上某点为基点，将图形进行一定角度的旋转。下面详细介绍旋转对象的操作方法。

微视频

Step 01 新建 CAD 空白文档并绘制一个矩形，①在“功能区”中选择“默认”选项卡，②在“修改”选项组中单击“旋转”按钮，如图 3-19 所示。

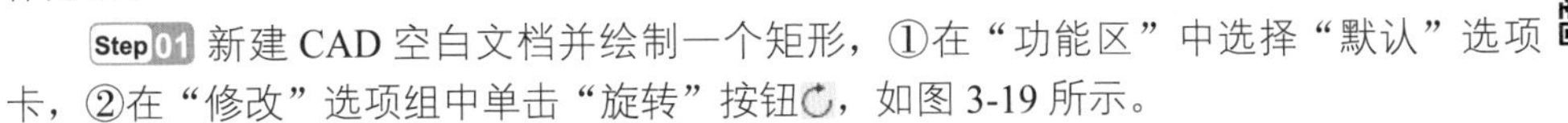

Step 02 返回到绘图区，①根据命令行提示“ROTATE 选择对象”，②单击鼠标左键选择要旋转的图形对象，如图 3-20 所示。

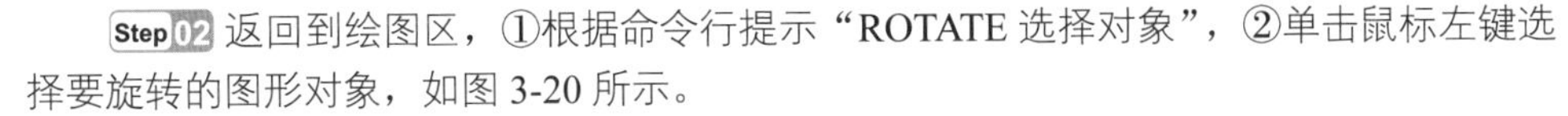

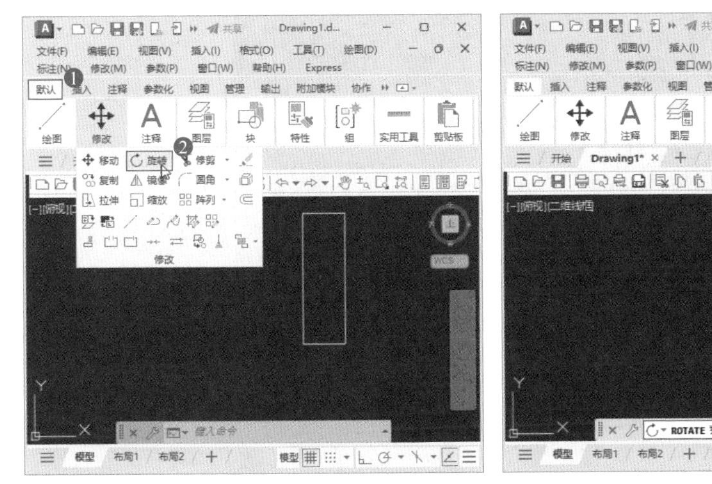

图 3-19

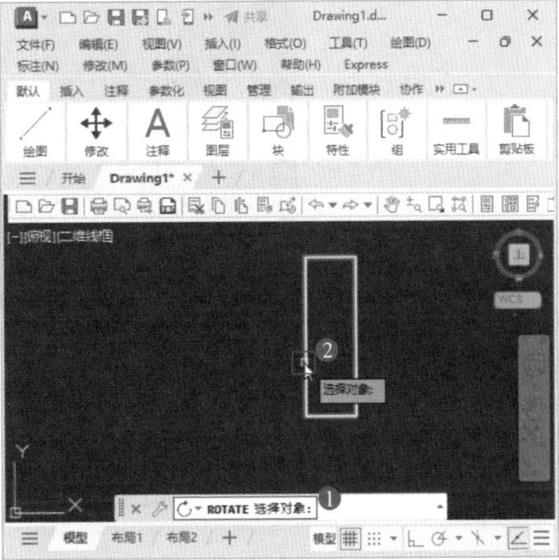

图 3-20

Step 03 按 Enter 键结束选择对象操作，①根据命令行提示“ROTATE 指定基点”，②在图形上单击鼠标左键，确定旋转基点，如图 3-21 所示。

Step 04 移动鼠标指针，①根据命令行提示“ROTATE 指定旋转角度”，②移至合适位置释放鼠标左键，如图 3-22 所示。

Step 05 选择的图形被旋转，通过以上步骤即可完成缩放对象的操作，如图 3-23 所示。

☆ 知识常识

旋转对象时也可以在命令行输入旋转角度，当输入为正数时，图形按逆时针旋转，为负数时，则按顺时针旋转。

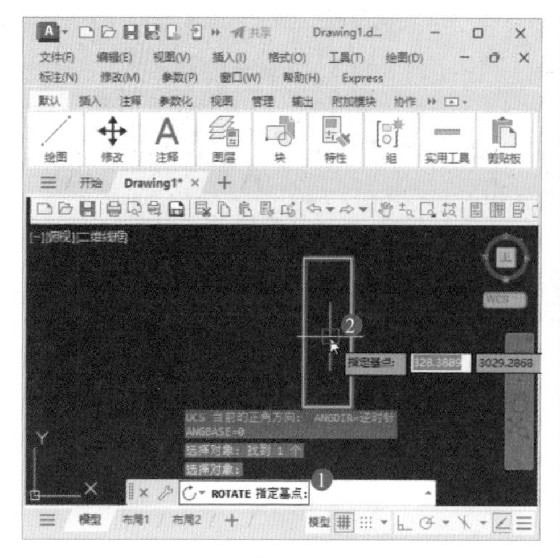

图 3-21

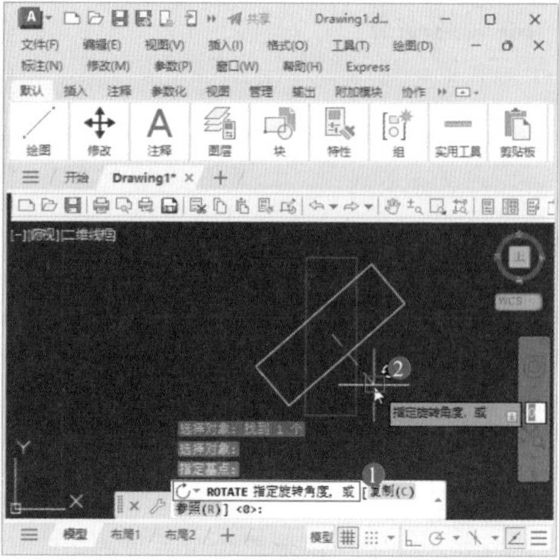

图 3-22

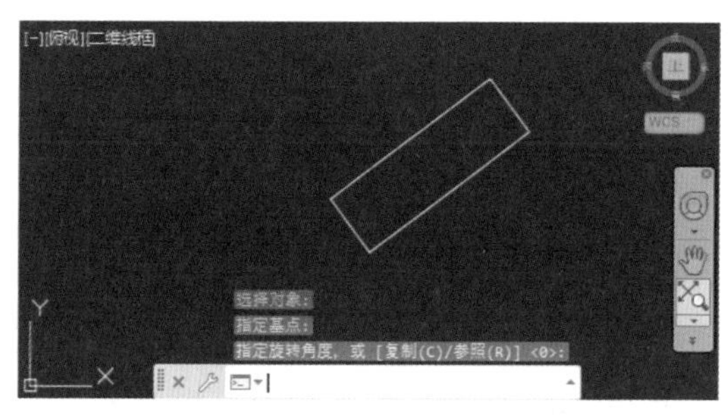

图 3-23

3.2 复制对象

微视频

在 AutoCAD 2024 中，用户可以根据需要为图形对象创建一个相同的副本，复制图形是指将对象复制到指定方向的指定距离处。本节详细介绍 AutoCAD 2024 的复制类命令，利用这些复制类命令，可以方便地编辑绘制图形。

3.2.1 复制图形对象

在实际绘图过程中，用户可以复制已创建的图形对象，来提高绘图速度与准确性。下面介绍在 AutoCAD 2024 中复制图形的操作方法。

实例文件保存路径：配套素材\第 3 章\电话 .dwg

实例效果文件名称：复制图形对象 .dwg

Step01 打开“电话 .dwg”素材文件，①在“功能区”中选择“默认”选项卡，②在“修改”选项组中单击“复制”按钮，如图 3-24 所示。

Step02 返回到绘图区，①根据命令行提示“COPY 选择对象”，②单击鼠标左键选择准备复制的对象，如图 3-25 所示。

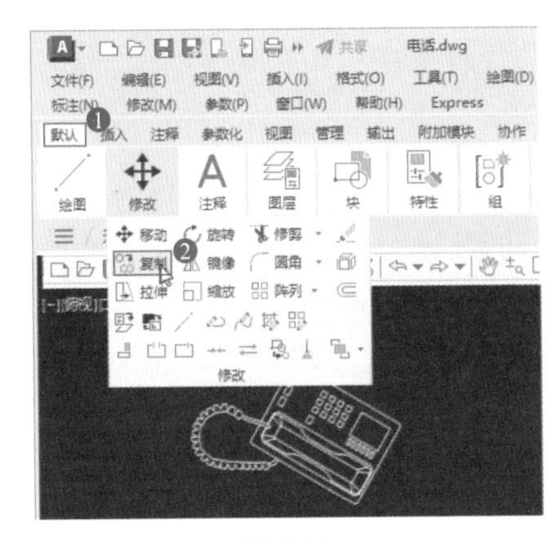

图 3-24

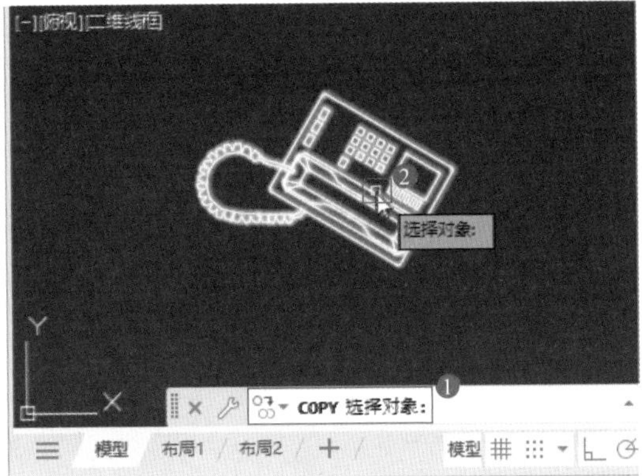

图 3-25

Step03 按 Enter 键结束选择对象操作，①根据命令行提示“COPY 指定基点”，②在指定的基点位置，单击鼠标左键，如图 3-26 所示。

Step04 移动鼠标指针，①根据命令行提示“COPY 指定第二个点”，②在合适位置释放鼠标左键，指定第二点，如图 3-27 所示。

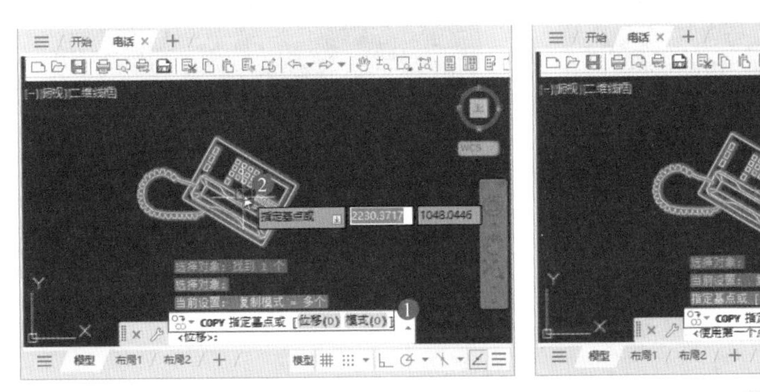

图 3-26

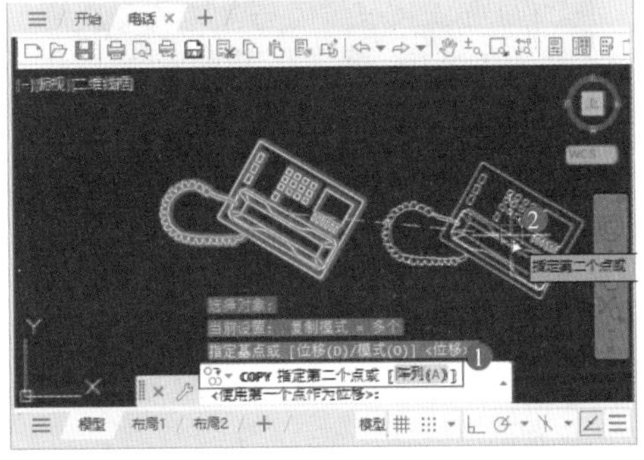

图 3-27

Step05 按 Esc 键退出复制命令，即可完成复制图形对象的操作，如图 3-28 所示。

☆ 经验技巧

在 AutoCAD 2024 中，用户可以在菜单栏中选择“修改”→“复制”命令，或者在命令行中输入 COPY 或 CO，按 Enter 键，来调用复制命令进行复制图形的操作。

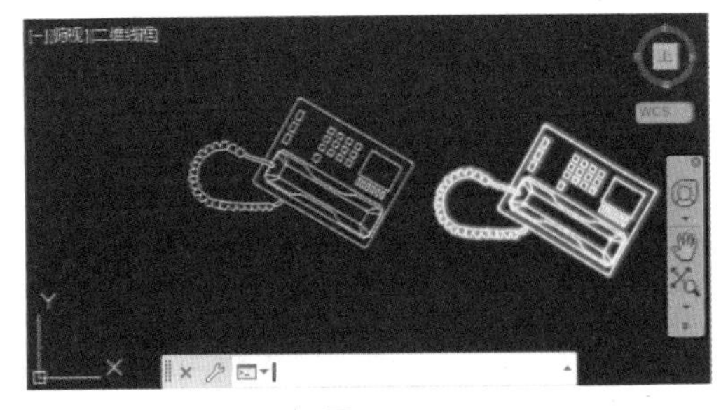

图 3-28

3.2.2 镜像图形对象

微视频

在 AutoCAD 2024 中，镜像图形对象是以图形上的某个点为基点，通过镜像功能生成一个与源图形相对称的图形副本，并且在生成图形副本后，可以选择是否保留源图形。下面介绍镜像图形对象的操作方法。

实例文件保存路径：配套素材 \ 第 3 章 \ 雕花 .dwg

实例效果文件名称：镜像图形对象 .dwg

Step 01 打开“雕花 .dwg”素材文件，①在“功能区”中选择“默认”选项卡，②在“修改”选项组中单击“镜像”按钮，如图 3-29 所示。

Step 02 返回到绘图区，①根据命令行提示“MIRROR 选择对象”，②单击鼠标左键选择准备镜像的对象，如图 3-30 所示。

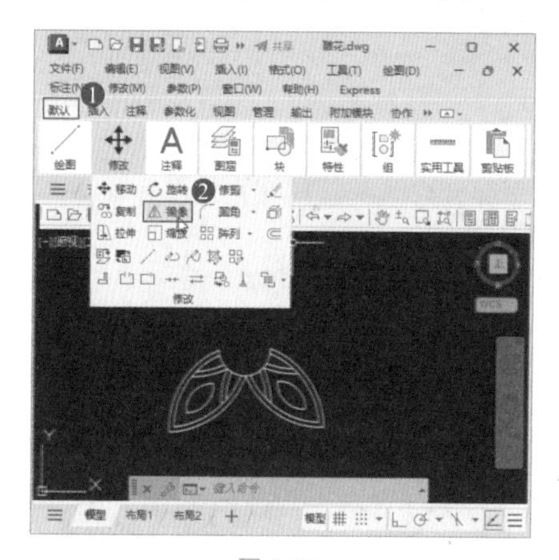

图 3-29

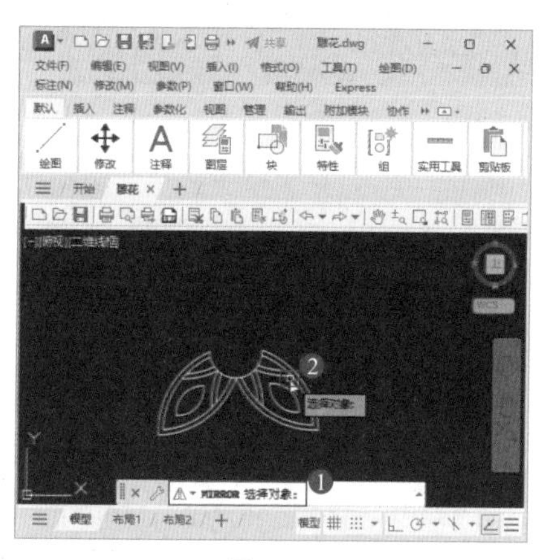

图 3-30

Step 03 按 Enter 键结束选择对象操作，①根据命令行提示“MIRROR 指定镜像线的第一点”，②在指定的位置单击鼠标左键，确定第一点，如图 3-31 所示。

Step 04 移动鼠标指针，①根据命令行提示“MIRROR 指定镜像线的第二点”，②在合适位置释放鼠标左键，指定第二点，如图 3-32 所示。

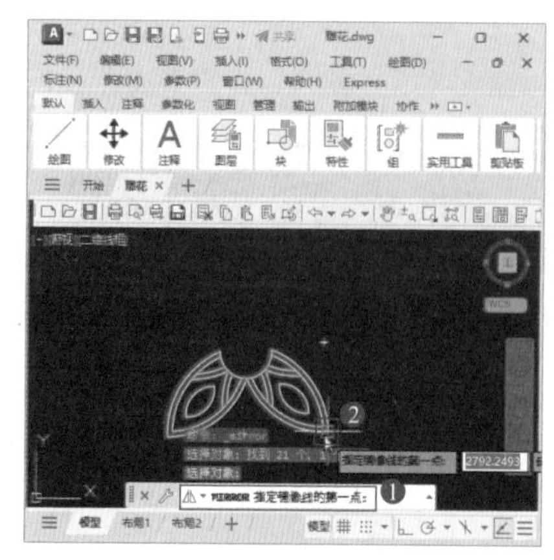

图 3-31

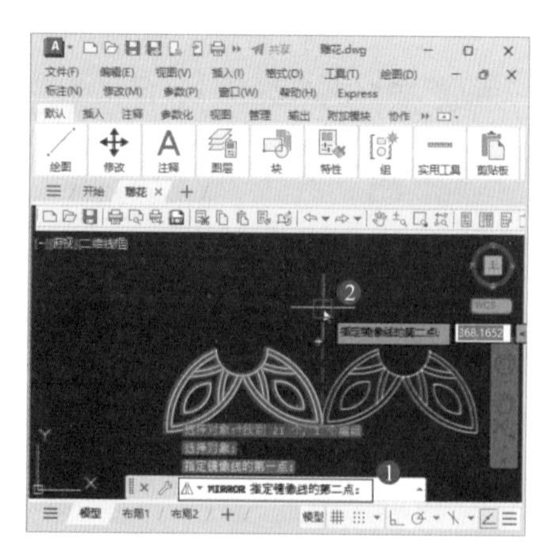

图 3-32

Step05 根据命令行提示“MIRROR 要删除源对象吗？”，按 Enter 键，选择系统默认选项“否”，如图 3-33 所示。

Step06 镜像图形完成，通过以上步骤即可完成镜像图形对象的操作，如图 3-34 所示。

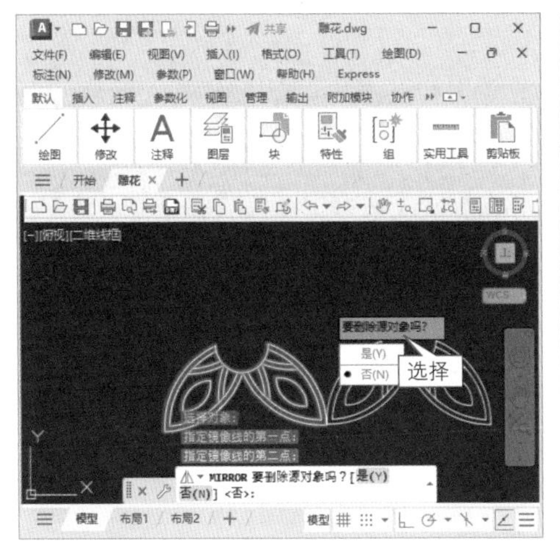

图 3-33

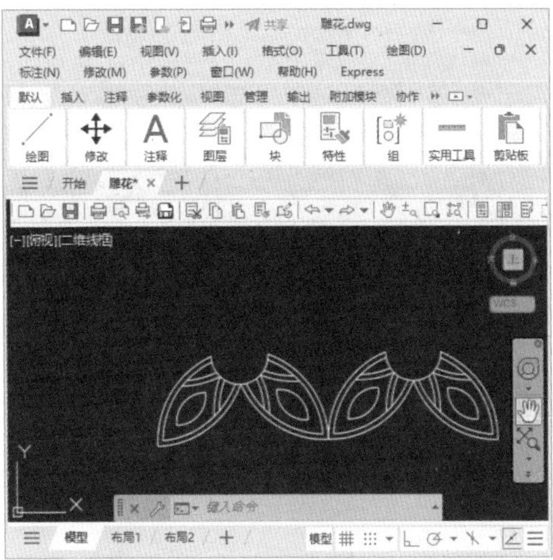

图 3-34

3.2.3 偏移图形对象

在 AutoCAD 2024 中，偏移对象是指按照一定距离，在源对象附近创建一个副本对象，偏移的对象包括圆、矩形、直线、圆弧等。下面以矩形为例，介绍偏移对象的操作方法。

微视频

Step01 新建一个 CAD 空白文档并绘制矩形，在命令行中输入 OFFSET，按 Enter 键，如图 3-35 所示。

Step02 根据命令行提示“OFFSET 指定偏移距离”，在命令行中输入 200，按 Enter 键，如图 3-36 所示。

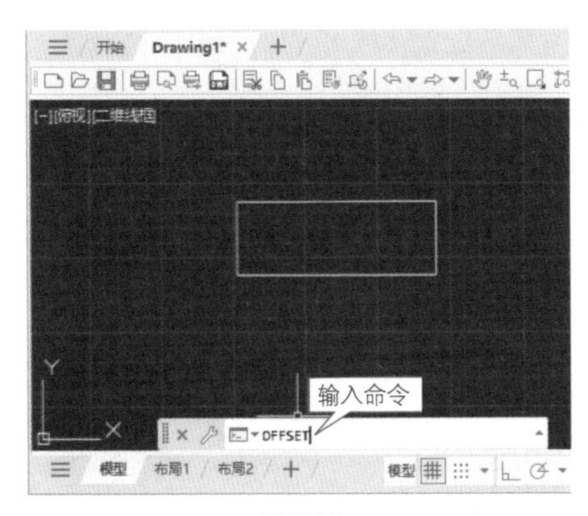

图 3-35

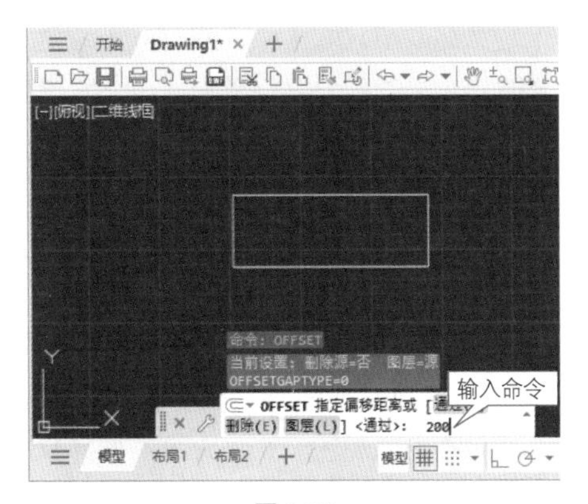

图 3-36

Step03 返回到绘图区，①根据命令行提示“OFFSET 选择要偏移的对象”，②在图形上单击鼠标左键选择对象，如图 3-37 所示。

Step 04 移动鼠标指针，①根据命令行提示“OFFSET 指定要偏移的那一侧上的点”，②在合适位置单击鼠标左键，如图 3-38 所示。

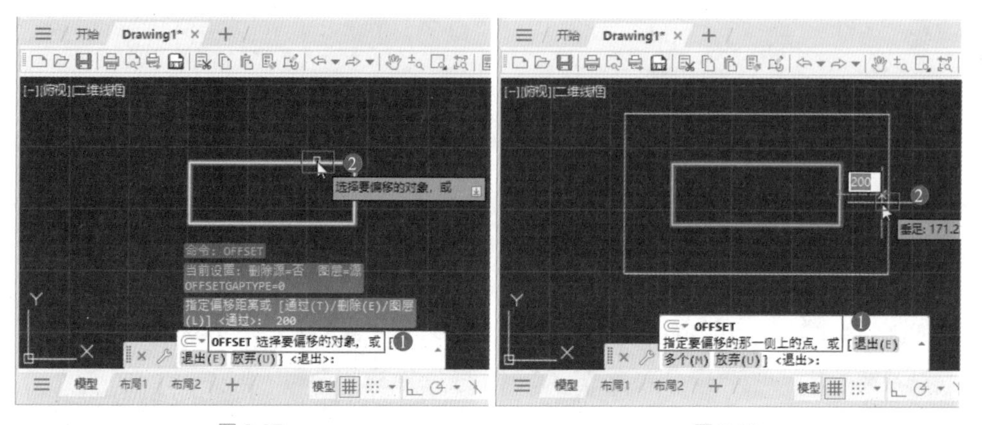

图 3-37　　图 3-38

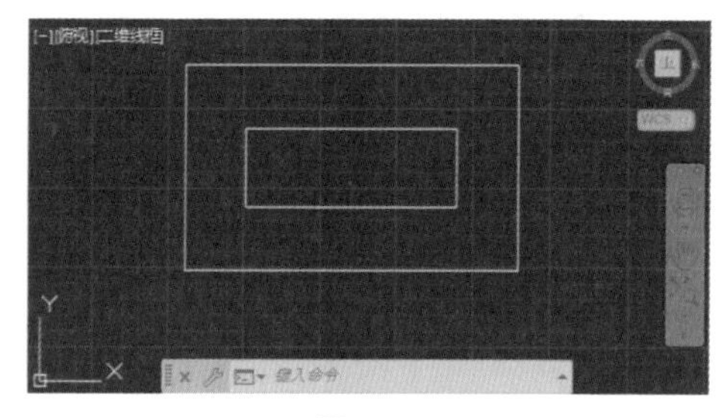

图 3-39

Step 05 按 Enter 键退出偏移命令，通过以上步骤即可完成偏移对象的操作，如图 3-39 所示。

☆ 经验技巧

除了在命令行输入偏移距离外，用户还可以在绘图区，使用鼠标任意单击两点，系统会将该两点之间的距离作为偏移的距离。

3.2.4 阵列复制图形

微视频

在 AutoCAD 2024 中，根据绘图需要，有时需要绘制多个相同的图形，这时可以使用复制功能中的阵列选项来实现。下面将介绍阵列复制图形的操作方法。

实例文件保存路径：配套素材\第 3 章\路灯 .dwg

实例效果文件名称：阵列复制图形 .dwg

Step 01 打开“路灯 .dwg”素材文件，在命令行中输入 ARRAY，按 Enter 键，如图 3-40 所示。

Step 02 根据命令行提示“ARRAY 选择对象”，单击鼠标左键选择准备阵列复制的对象，按 Enter 键，如图 3-41 所示。

Step 03 返回到绘图区，①根据命令行提示“ARRAY 输入阵列类型”，②在命令行中输入 R（阵列类型为矩形），按 Enter 键，如图 3-42 所示。

Step 04 按 Esc 键退出阵列复制命令，即可完成阵列复制图形对象的操作，如图 3-43 所示。

☆ 经验技巧

在 AutoCAD 2024 中，在使用阵列命令阵列图形时，用户还可以控制行和列的数量以及对象副本之间的距离。

图 3-40

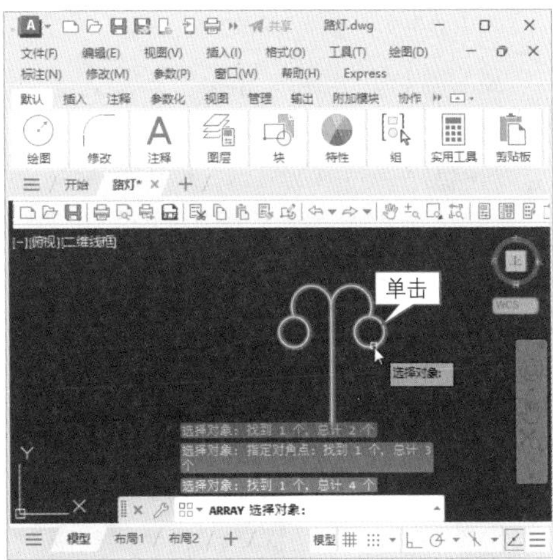

图 3-41

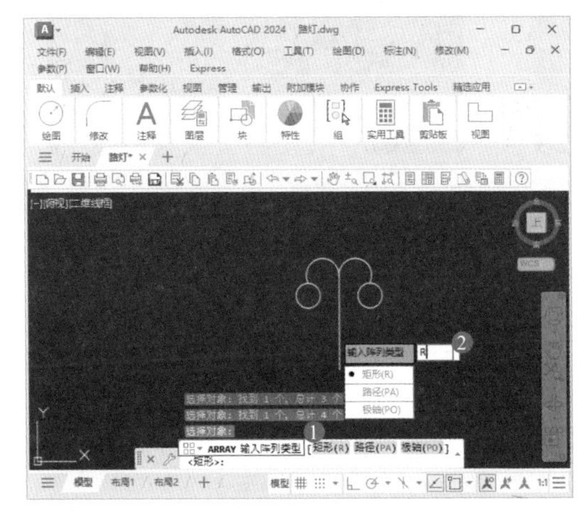

图 3-42

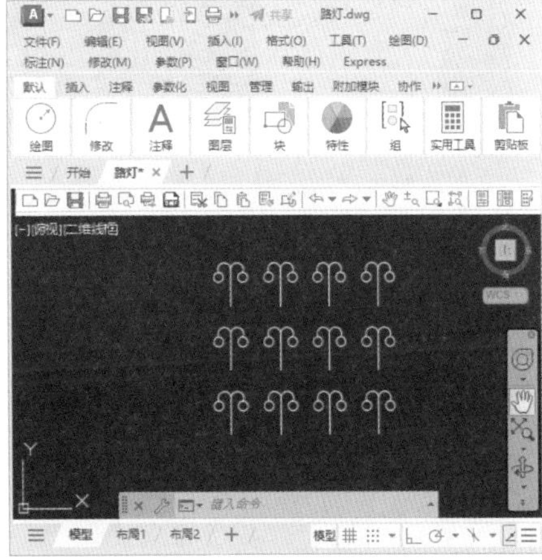

图 3-43

3.3 修整对象

在 AutoCAD 2024 中，用户还可以对已创建的图形对象进行设置，包括拉伸对象、缩放对象、修剪对象和延伸对象等。本节将重点介绍在 AutoCAD 2024 中，修整图形对象方面的知识与操作技巧。

3.3.1 缩放对象

微视频

在 AutoCAD 2024 中，缩放对象是指将图形对象按照比例进行放大或缩小操作，使缩放后的图形大小保持不变。下面以放大图形对象为例，介绍缩放图形对象的操作方法。

实例文件保存路径：配套素材 \ 第 3 章 \ 球场 .dwg

实例效果文件名称：缩放对象 .dwg

Step 01 打开“球场 .dwg”素材文件，在菜单栏中选择“修改”→“缩放”命令，如图 3-44 所示。

Step 02 返回到绘图区，①根据命令行提示“SCALE 选择对象”，②使用叉选方式选择要缩放的图形对象，如图 3-45 所示。

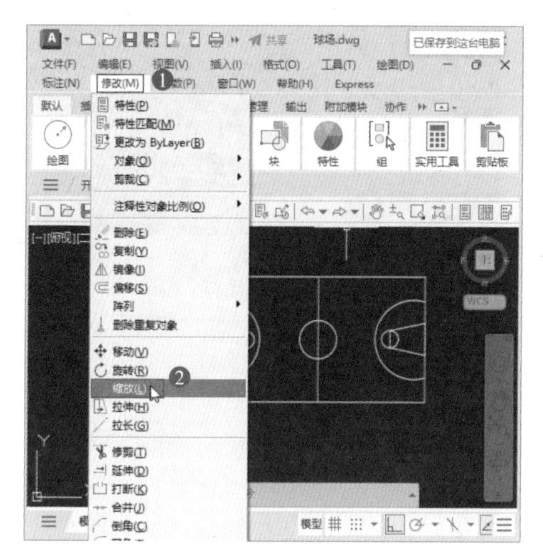

图 3-44

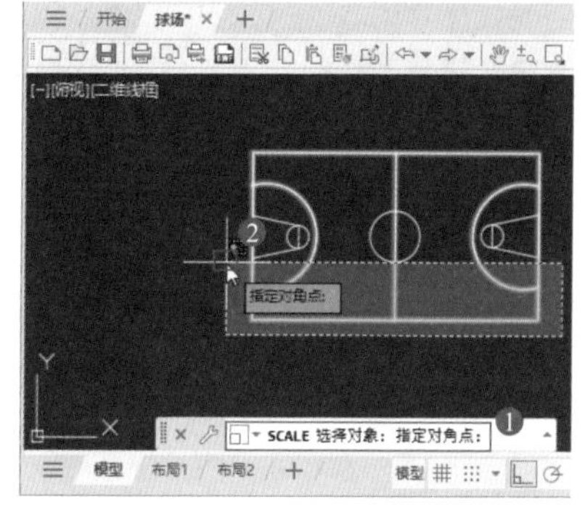

图 3-45

Step 03 按 Enter 键结束选择对象操作，①根据命令行提示“SCALE 指定基点”，②在合适位置单击鼠标左键，确定基点，如图 3-46 所示。

Step 04 移动鼠标指针，①根据命令行提示“SCALE 指定比例因子”，②移至合适位置释放鼠标左键，如图 3-47 所示。

图 3-46

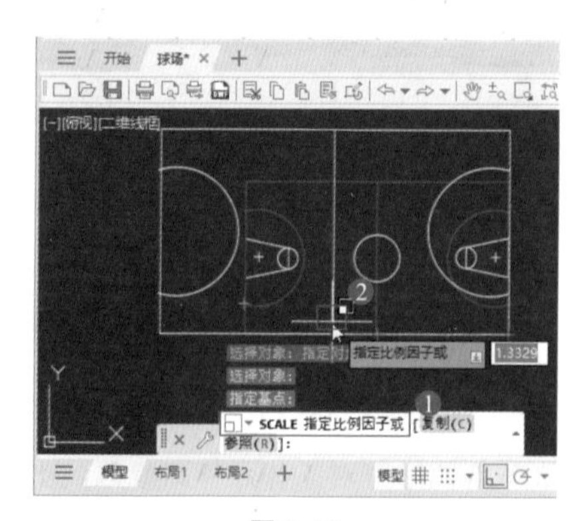

图 3-47

Step05 选择的图形被放大，通过以上步骤即可完成缩放对象的操作，如图 3-48 所示。

☆ 经验技巧

在缩放图形对象时，指定的比例因子大于1时为放大图形，小于1时为缩小图形。在 AutoCAD 2024 中，在命令行中输入 SCALE 或 SC，按 Enter 键，或者在“功能区”中选择“默认”选项卡，在“修改”选项组中单击“缩放”按钮，都可以调用缩放命令对图形进行缩放操作。

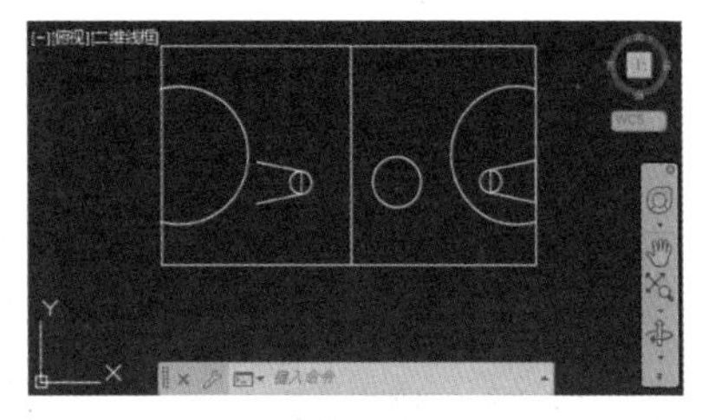
图 3-48

3.3.2 拉伸对象

在 AutoCAD 2024 中，拉伸对象操作指的是对以交叉窗口或交叉多边形选择的对象进行的操作，但圆、椭圆和块这类图形是无法进行拉伸的。下面介绍拉伸对象的操作方法。

微视频

Step01 新建一个空白文档并绘制多边形，①在“功能区”中选择“默认”选项卡，②在“修改”选项组中单击“拉伸”按钮，如图 3-49 所示。

Step02 返回到绘图区，①根据命令行提示“STRETCH 选择对象”，②使用叉选方式选择要拉伸的图形对象，如图 3-50 所示。

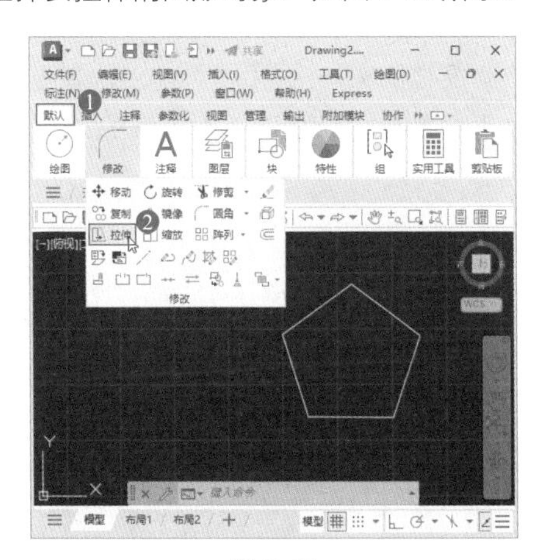
图 3-49

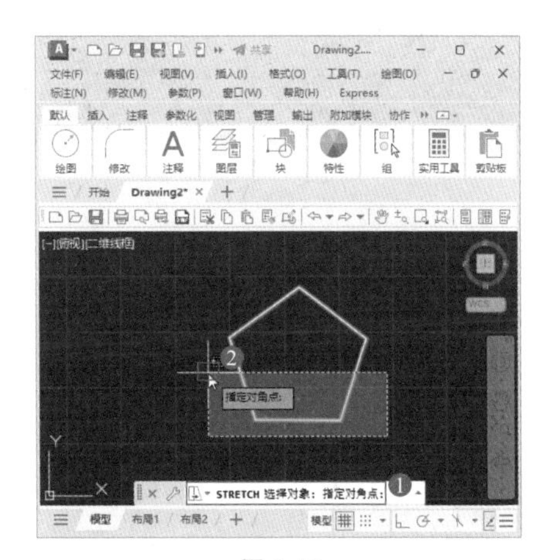

图 3-50

Step03 按 Enter 键结束选择对象操作，①根据命令行提示“STRETCH 指定基点”，②在图形上单击鼠标左键，确定基点位置，如图 3-51 所示。

Step04 移动鼠标指针，①根据命令行提示“STRETCH 指定第二个点”，②移至合适位置释放鼠标左键，指定第二个点，如图 3-52 所示。

Step05 选中的图形对象已被拉伸，这样即可完成拉伸对象的操作，如图 3-53 所示。

☆ 知识常识

对图形进行拉伸操作时，只有通过“窗选”和“叉选”选择的对象才能进行拉伸操作，通过单击和窗口选择的图形只能进行平移操作。

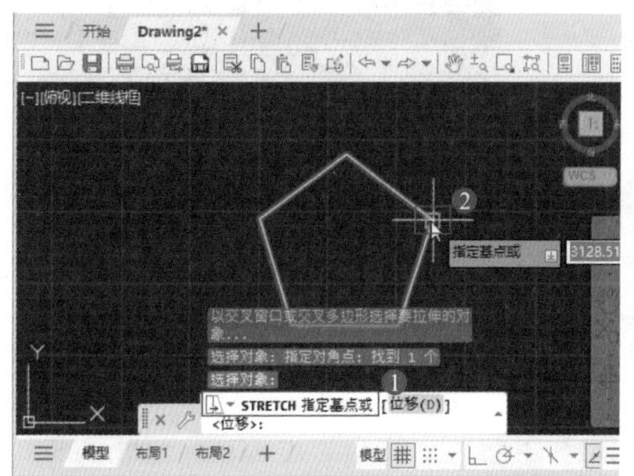

图 3-51

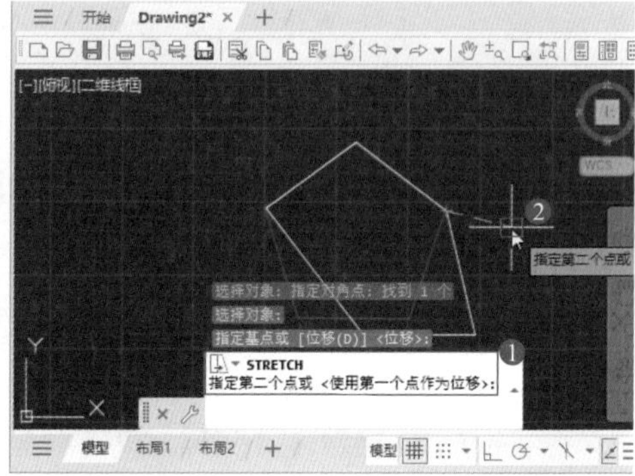

图 3-52

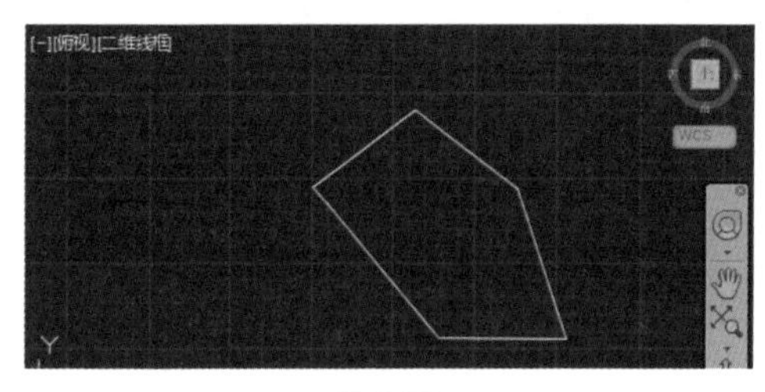

图 3-53

☆ 经验技巧

在 AutoCAD 2024 中，在命令行中输入 STRECTH 或 S，按 Enter 键，或者在菜单栏中选择“修改”→“拉伸”命令，都可以调用拉伸命令对图形进行拉伸操作。

3.3.3 修剪对象

微视频

修剪命令是指修剪对象的边以匹配合适其他的边。在 AutoCAD 2024 中，使用修剪命令可以将图形对象上多余的线段删除掉。下面介绍使用修剪命令修剪对象的操作方法。

Step 01 新建一个空白文档并绘制图形，在绘图区单击鼠标左键选择要修剪的图形，如图 3-54 所示。

Step 02 在菜单栏中选择“修改”→“修剪”命令，如图 3-55 所示。

Step 03 返回到绘图区，单击鼠标左键选中要修剪的对象，如图 3-56 所示。

Step 04 按 Esc 键退出修剪命令，即可完成修剪对象的操作，如图 3-57 所示。

☆ 经验技巧

在 AutoCAD 2024 中，可以在命令行中输入 TRIM 或 TR，按 Enter 键，或者选择“默认”选项卡，在“修改”选项组中单击“修剪”下拉按钮，在弹出的下拉列表中选择“修剪”选项，来调用修剪命令。

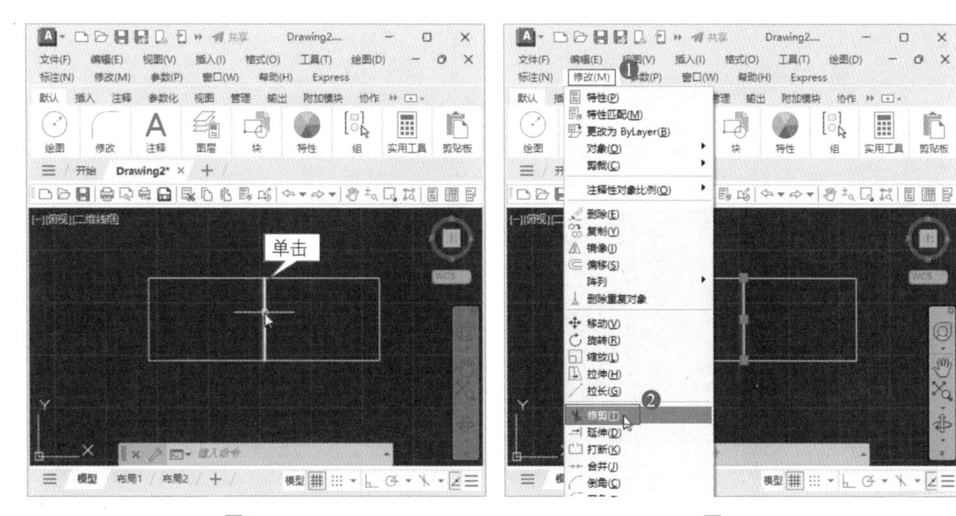

图 3-54　　图 3-55

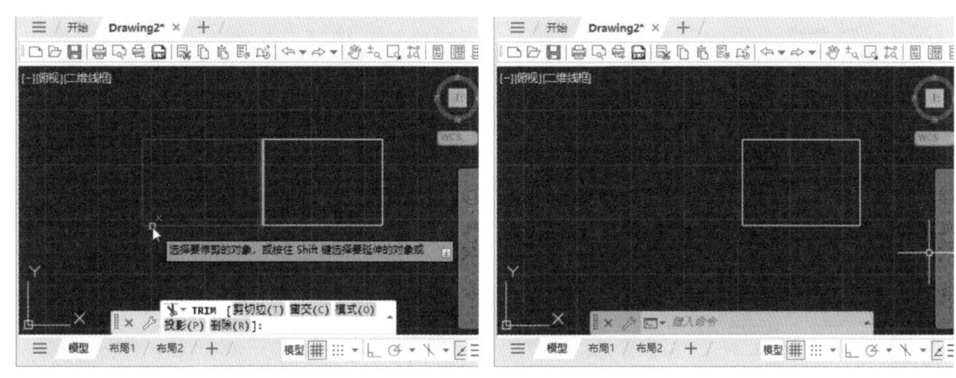

图 3-56　　图 3-57

3.3.4　延伸对象

微视频

在 AutoCAD 2024 中，可以延伸的对象包括圆弧、椭圆弧、直线、射线、开放的二维多段线以及三维多段线等。延伸对象是指选择图形作为边界，延伸线段至图形边界。下面介绍延伸对象的操作方法。

Step 01 在菜单栏中选择“修改”→“延伸”命令，如图 3-58 所示。

Step 02 返回到绘图区，在命令行中选择“边界边（B）”命令，如图 3-59 所示。

Step 03 ①根据命令行提示“EXTEND 选择对象”，②单击鼠标左键选择对象，如图 3-60 所示。

Step 04 按 Enter 键结束选择对象操作，①根据命令行提示“选择要延伸的对象”，②单击鼠标左键选择图形，如图 3-61 所示。

Step 05 按 Esc 键退出延伸命令，通过以上步骤即可完成延伸对象的操作，如图 3-62 所示。

图 3-58

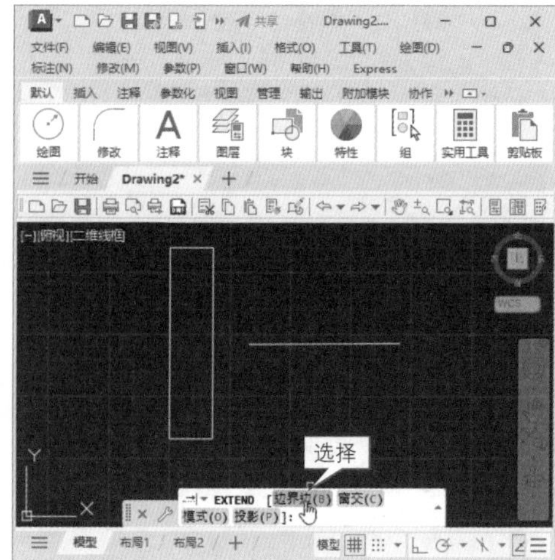

图 3-59

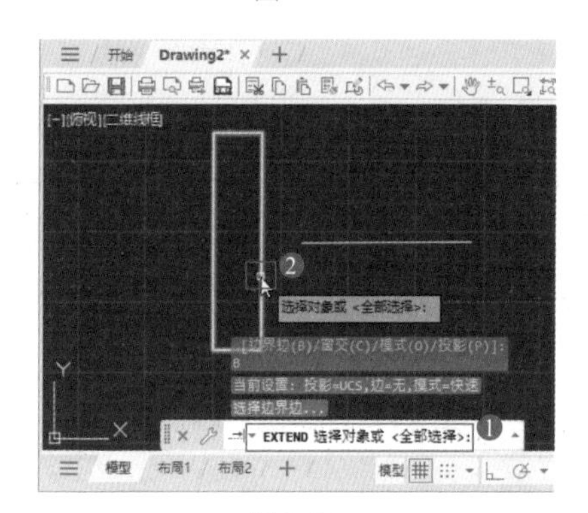

图 3-60

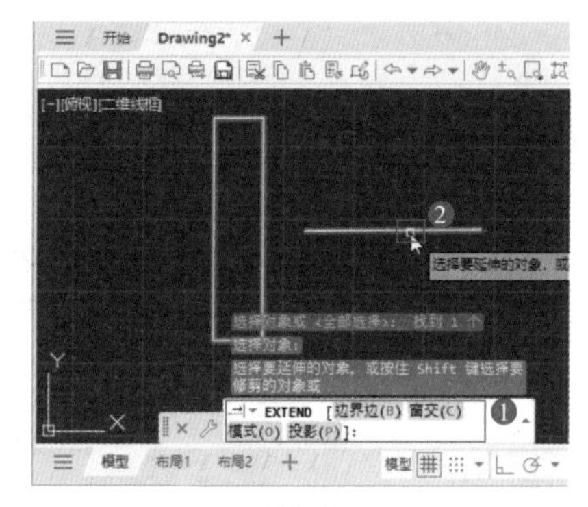

图 3-61

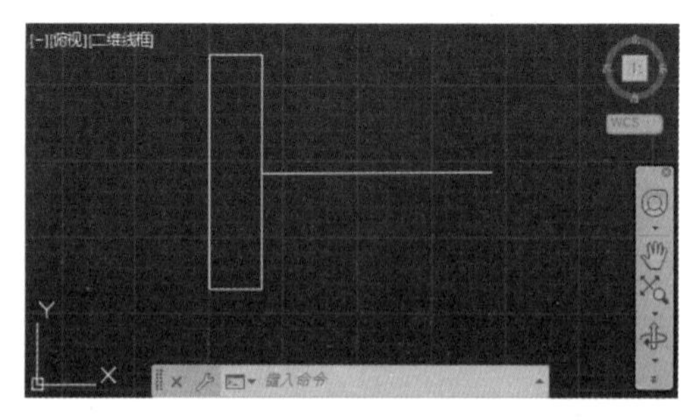

图 3-62

3.4 打断、合并和分解

在 AutoCAD 2024 中，为了方便编辑图形对象，可以使用打断、合并和分解功能对图形进行操作。对于块、多线段和面域等对象要先进行分解才能编辑，而打断功能可以将直线或线段分解成多个部分。为了方便绘图需要，还可以将两个相似的图形对象合并成一个图形对象。

3.4.1 打断对象

在 AutoCAD 2024 中，打断对象是指在图形对象上的两个指定点之间创建间隔，将对象打断为两个对象。打断的对象可是块、文字或直线等。下面介绍打断对象的操作方法。

微视频

实例文件保存路径：配套素材 \ 第 3 章 \ 盆景立面图 .dwg

实例效果文件名称：打断对象 .dwg

Step01 打开“盆景立面图 .dwg”素材文件，①在“功能区”中选择“默认”选项卡，②在“修改”选项组中单击“打断”按钮，如图 3-63 所示。

Step02 返回到绘图区，①根据命令行提示“BREAK 选择对象”，②单击鼠标左键选择准备打断的图形对象，如图 3-64 所示。

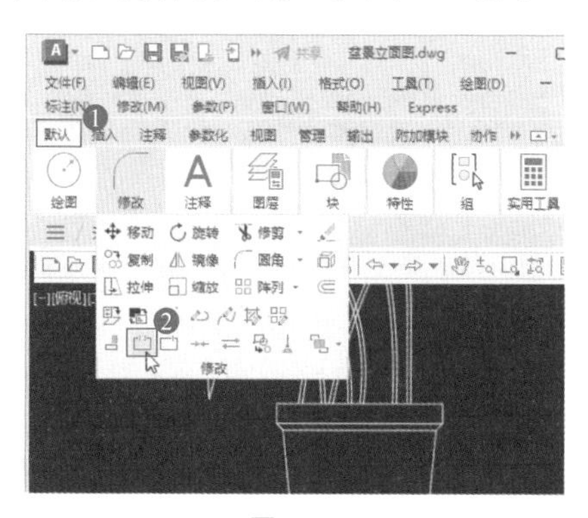

图 3-63

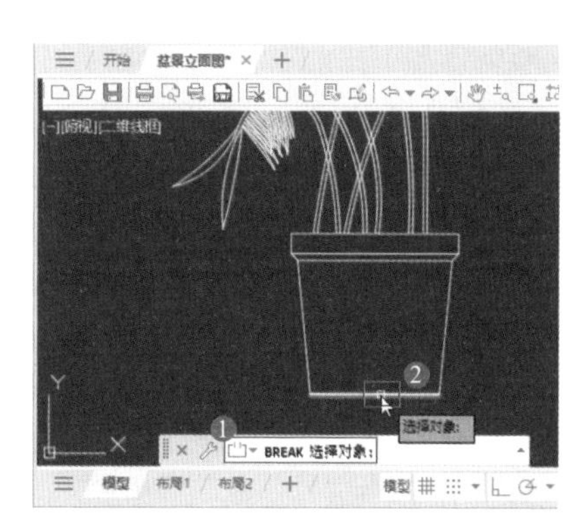

图 3-64

Step03 根据命令行提示“BREAK 指定第二个打断点或‘第一点（F）’”，在命令行中输入 F，按 Enter 键，如图 3-65 所示。

Step04 返回到绘图区，①根据命令行提示“BREAK 指定第一个打断点”，②单击鼠标左键选择打断点，如图 3-66 所示。

图 3-65

图 3-66

Step05 移动鼠标指针，①根据命令行提示“BREAK 指定第二个打断点”，②单击鼠标左键选择打断点，如图 3-67 所示。

Step06 选中的图形被打断，通过以上步骤即可完成打断对象的操作，如图 3-68 所示。

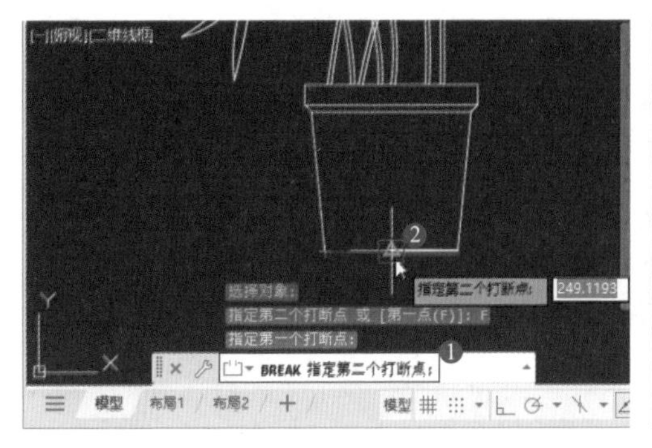

图 3-67

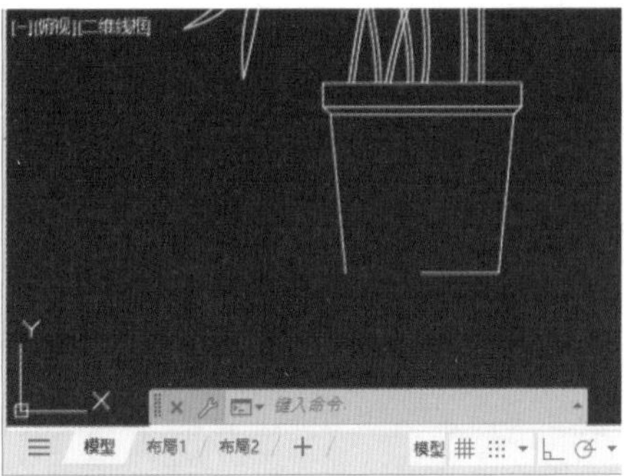

图 3-68

☆ 经验技巧

在 AutoCAD 2024 中，用户可以在菜单栏中选择“修改”→“打断”命令，或者在命令行中输入 BREAK 或 BR，按 Enter 键，来调用打断命令进行打断对象的操作。

3.4.2 合并对象

微视频

合并的对象可以是直线、圆、圆弧、椭圆、椭圆弧和多段线等。要合并的对象必须在同一平面上，如果是直线对象，则该两条直线需保持共线。下面具体介绍将两条在同一平面上的直线合并成一条直线的操作方法。

实例文件保存路径：配套素材 \ 第 3 章 \ 两条直线 .dwg

实例效果文件名称：合并对象 .dwg

Step01 打开“两条直线 .dwg”素材文件，①在“功能区”中选择“默认”选项卡，②在“修改”选项组中单击“合并”按钮，如图 3-69 所示。

Step02 返回到绘图区，①根据命令行提示“JOIN 选择源对象或要一次合并的多个对象”，②单击鼠标左键选中图形对象，如图 3-70 所示。

Step03 移动鼠标指针，①根据命令行提示“JOIN 选择要合并的对象”，②单击鼠标左键选中要合并的图形对象，如图 3-71 所示。

Step04 按 Enter 键，可以看到两条直线已被合并，通过以上步骤即可完成合并直线的操作，如图 3-72 所示。

☆ 经验技巧

在 AutoCAD 2024 中，可以在命令行中输入 JOIN，按 Enter 键，或者在菜单栏中选择“修改”→“合并”命令，来调用合并命令。

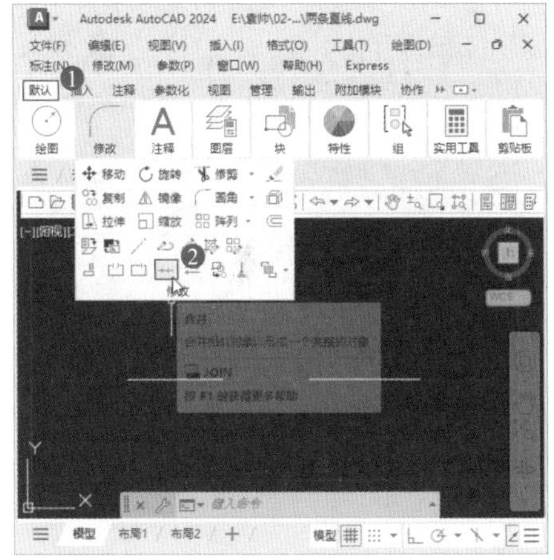

图 3-69

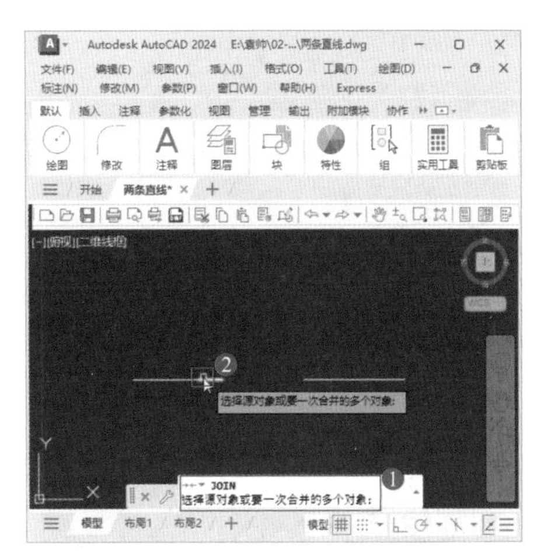

图 3-70

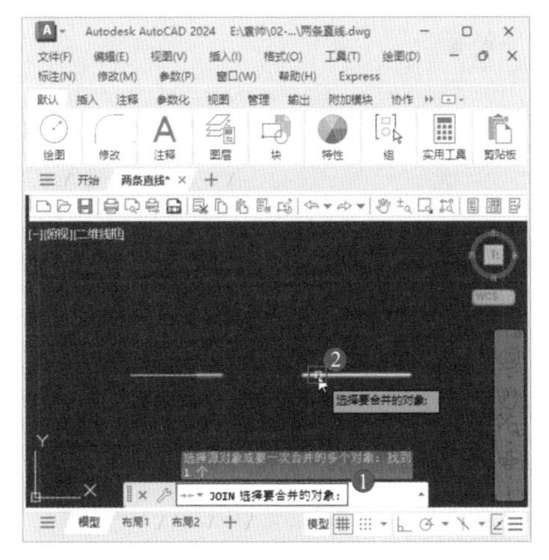

图 3-71

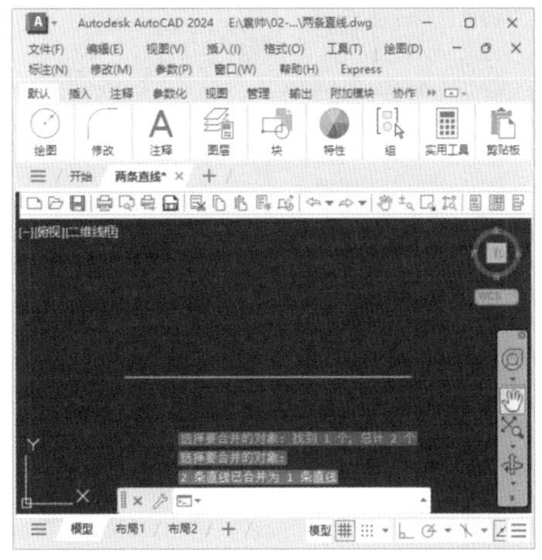

图 3-72

3.4.3 分解对象

在 AutoCAD 2024 中，对于需要单独进行编辑的图形，要先将对象分解再进行操作。利用分解命令可以将由多个对象组合的图形（如多段线、矩形、多边形和图块等）进行分解。下面介绍分解对象的操作方法。

微视频

Step 01 新建 CAD 空白文档并绘制图形，①在“功能区”中选择“默认”选项卡，②在“修改”选项组中单击“分解”按钮，如图 3-73 所示。

Step 02 返回到绘图区，①根据命令行提示“EXPLODE 选择对象”，②单击鼠标左键选择准备分解的图形对象，如图 3-74 所示。

Step 03 按 Enter 键退出分解命令，此时可以看到图形已被分解，分解的线段都可以单独选中，这样即可完成分解对象的操作，如图 3-75 所示。

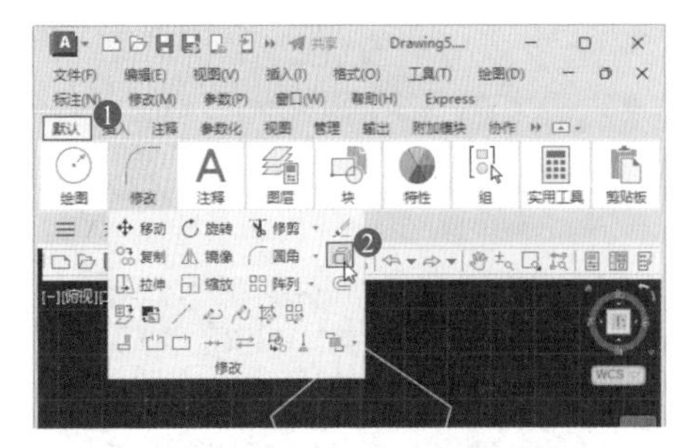

图 3-73

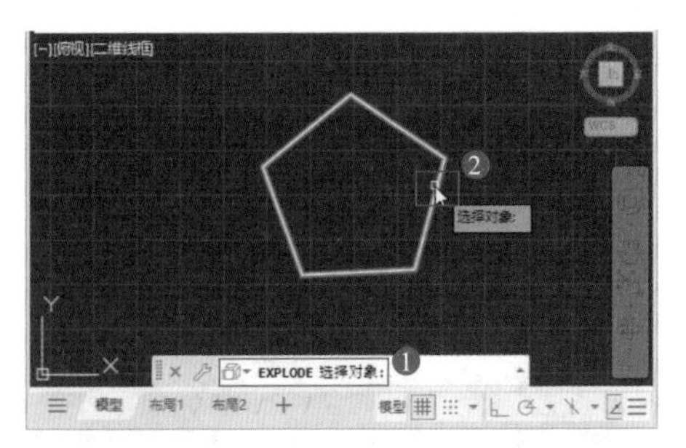

图 3-74

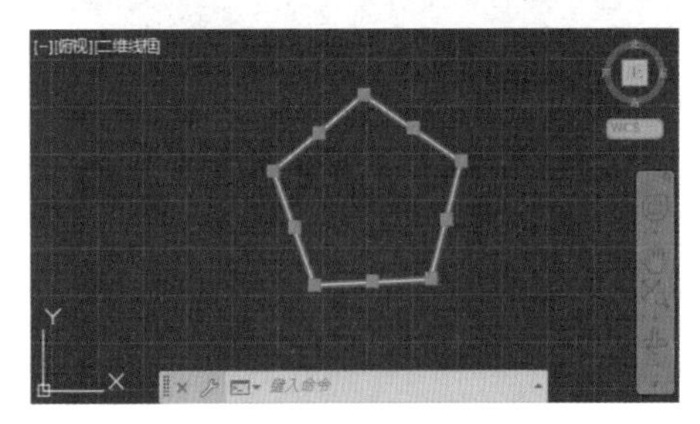

图 3-75

☆ 知识常识

通过分解命令，选择一个对象后，该对象会被分解。系统继续提示该行信息，允许分解多个对象。

3.5 圆角与倒角

圆角是指定一段与角的两边相切的圆弧替换原来的角，圆角的大小用圆弧的半径表示；倒角是指将两条非平行线上的直线或样条曲线，做出有角度的角。本节将介绍圆角与倒角方面的知识与操作方法。

3.5.1 圆角对象

微视频

在 AutoCAD 2024 中，系统规定可以用圆角连接一对直线段、非圆弧的多段线段、样条曲线、双向无限长线、射线、圆、圆弧和椭圆。使用圆角命令可以将两个线性对象之间以圆弧相连，对多个顶点进行一次性倒圆角操作。下面介绍圆角图形的操作方法。

Step01 新建一个 CAD 空白文档并绘制矩形，在命令行中输入 FILLET，按 Enter 键，如图 3-76 所示。

Step02 根据命令行提示，在命令行中输入 R，激活“半径（R）”选项，按 Enter 键，如图 3-77 所示。

Step03 根据命令行提示“FILLET 指定圆角半径”，在命令行中输入半径值，如 200，按 Enter 键，如图 3-78 所示。

Step04 返回到绘图区，①根据命令行提示“FILLET 选择第一个对象”，②在图形上单击鼠标左键选中对象，如图 3-79 所示。

Step05 移动鼠标指针，①根据命令行提示“FILLET 选择第二个对象”，②在图形上单击鼠标左键选中对象，如图 3-80 所示。

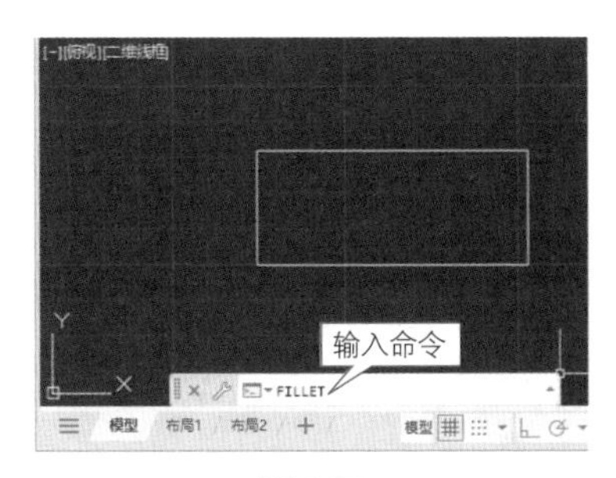

图 3-76

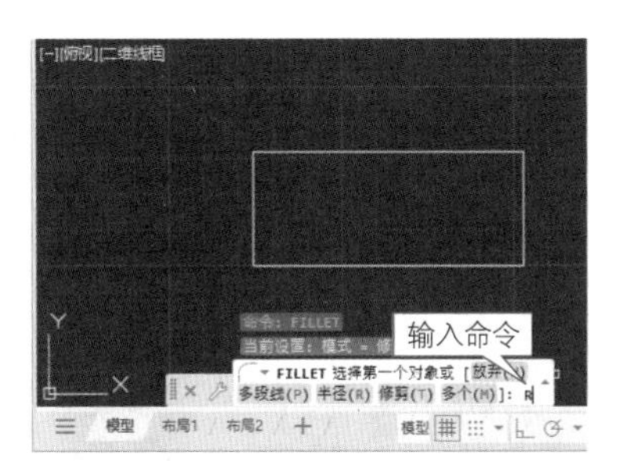

图 3-77

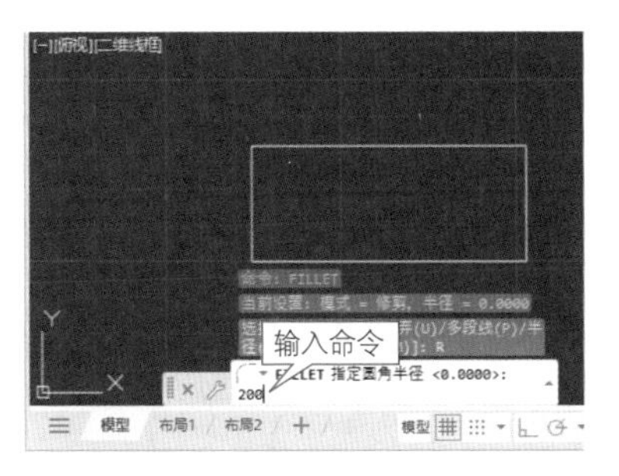

图 3-78

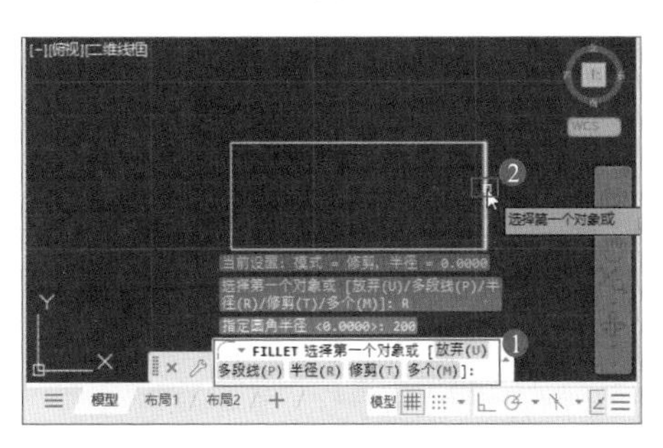

图 3-79

Step 06 此时可以看到圆角后的图形，通过以上步骤即可完成圆角图形的操作，如图 3-81 所示。

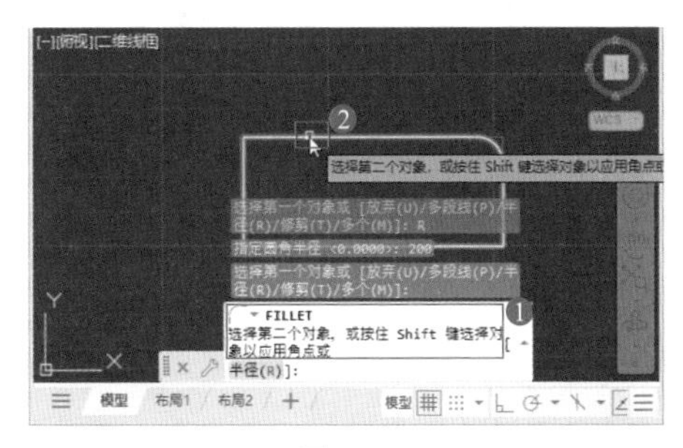

图 3-80

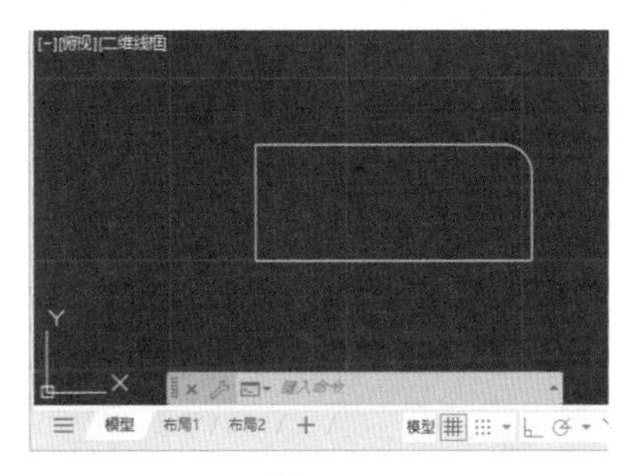

图 3-81

3.5.2 倒角对象

倒角是指用斜线连接两个不平行的线型对象，可以用斜线连接直线段、双向无限长线、射线和多段线。在 AutoCAD 2024 中，使用成角的直线连接两个对象，通常用于表示角点上的倒角边。下面介绍使用倒角的操作方法。

微视频

Step 01 新建一个 CAD 空白文档并绘制矩形，在菜单栏中选择“修改”→“倒角”命令，如图 3-82 所示。

Step 02 根据命令行提示，在命令行中输入 A，激活“角度（A）”选项，按 Enter 键，如图 3-83 所示。

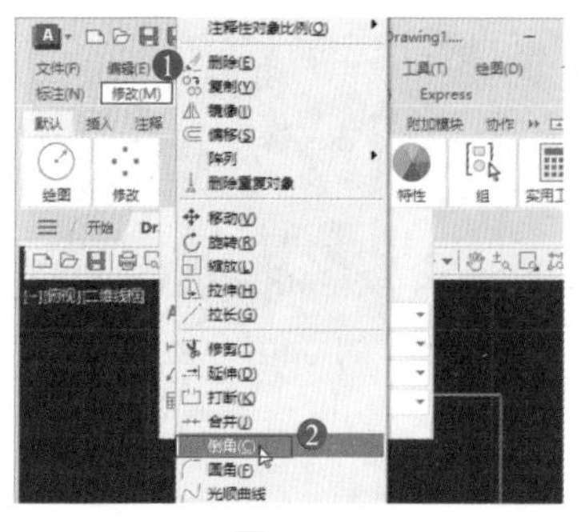

图 3-82

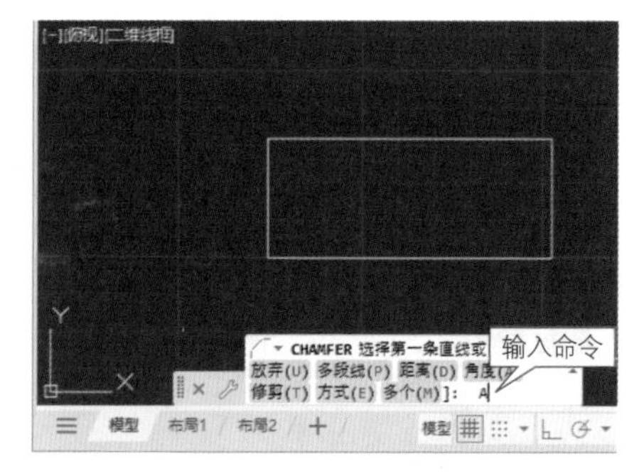

图 3-83

Step03 根据命令行提示“CHAMFER 指定第一条直线的倒角长度”，在命令行中输入 300，按 Enter 键，如图 3-84 所示。

Step04 根据命令行提示“CHAMFER 指定第一条直线的倒角角度”，在命令行中输入 45，按 Enter 键，如图 3-85 所示。

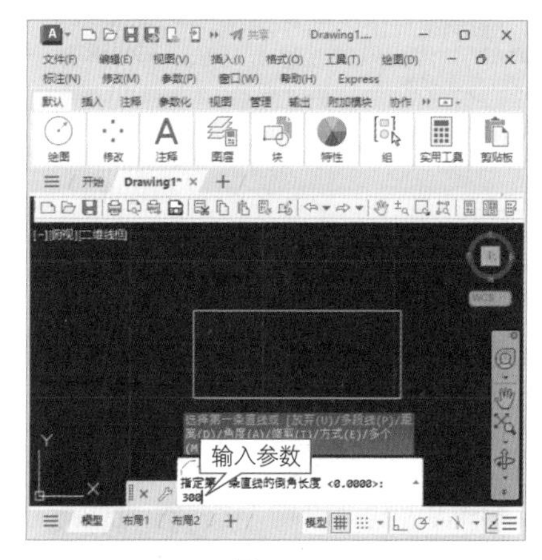

图 3-84

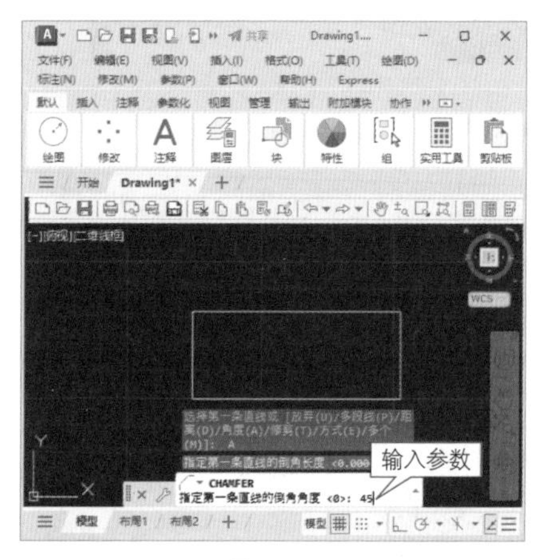

图 3-85

Step05 返回到绘图区，①根据命令行提示“CHAMFER 选择第一条直线”，②在图形上单击鼠标左键选中对象，如图 3-86 所示。

Step06 移动鼠标指针，①根据命令行提示“CHAMFER 选择第二条直线”，②在图形上单击鼠标左键选中对象，如图 3-87 所示。

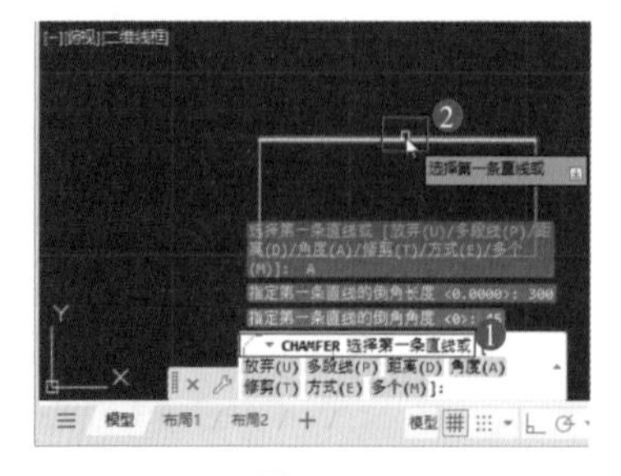

图 3-86

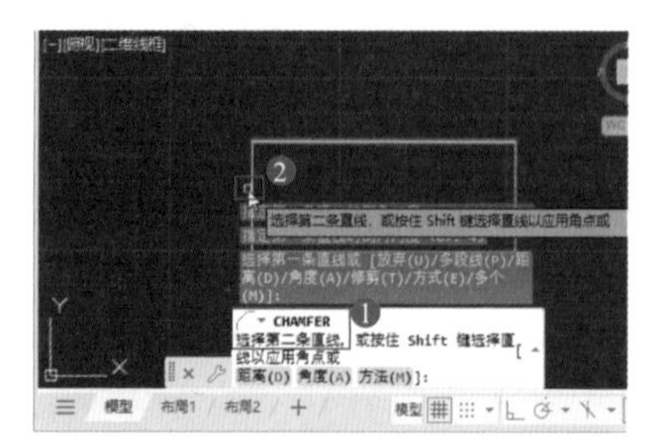

图 3-87

Step07 此时可以看到倒角后的图形，通过以上步骤即可完成倒角图形的操作，如图 3-88 所示。

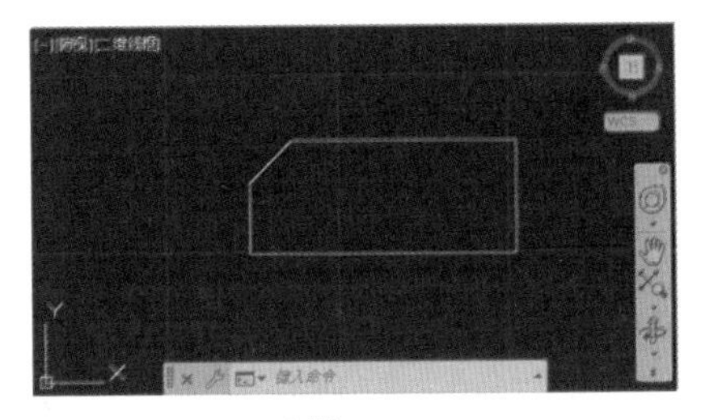

图 3-88

☆ 经验技巧

在 AutoCAD 2024 中，可以在命令行中输入 CHAMFER，按 Enter 键，或者选择“默认”选项卡，在“修改”选项组中单击“圆角”下拉按钮 圆角，在弹出的下拉列表中选择“倒角”选项，来调用倒角命令。

3.6 对象编辑

在对图形进行编辑时，用户还可以对图形对象本身的某些特性进行编辑，从而方便地进行图形绘制。本节将详细介绍对象编辑的相关知识及操作方法。

3.6.1 钳夹功能

用户利用钳夹功能可以快速方便地编辑对象。AutoCAD 在图形对象上定义了一些特殊点，如中心、端点、顶点等被称为夹点，利用夹点可以灵活地控制对象。在 AutoCAD 2024 的绘图区，选中图形将显示夹点，默认情况下为蓝色的小方框，选中状态为红色，同时也可以自定义设置夹点的颜色，如图 3-89 所示。

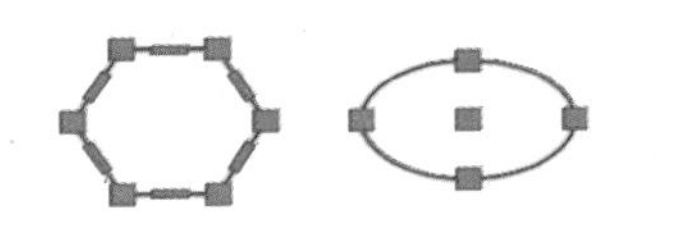

图 3-89

要使用钳夹功能编辑对象，必须先打开钳夹功能，打开方法是：选择菜单栏中的“工具”→“选项”命令，弹出“选项”对话框。在“选择集”选项卡中勾选“显示夹点”复选框，如图 3-90 所示。在该选项卡中，用户还可以设置代表夹点的小方格的尺寸和颜色。

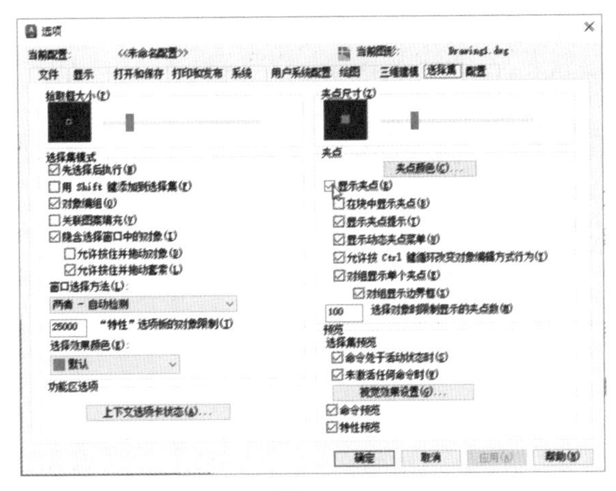

图 3-90

打开了钳夹功能后，用户应该在编辑对象之前先选择对象，夹点表示了对象的控制位置。使用夹点编辑对象，要选择一个夹点作为基点，称为基准夹点。然后，选择一种编辑操作：镜像、移动、旋转、拉伸和缩放。可以用空格键、Enter 键或其他快捷键循环选择这些功能。下面仅以其中的旋转对象操作为例讲述其操作方法。

Step 01 新建一个 CAD 空白文档并绘制矩形，选择矩形，如图 3-91 所示。

Step 02 移动鼠标指针至任意夹点上，①右击该夹点，②在弹出的快捷菜单中选择“旋转”命令，如图 3-92 所示。

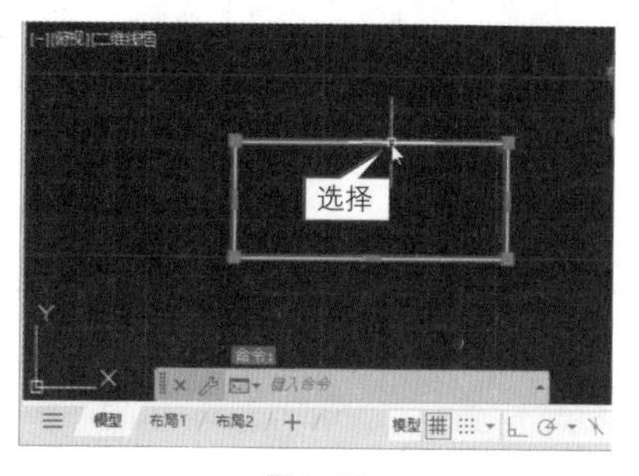

图 3-91

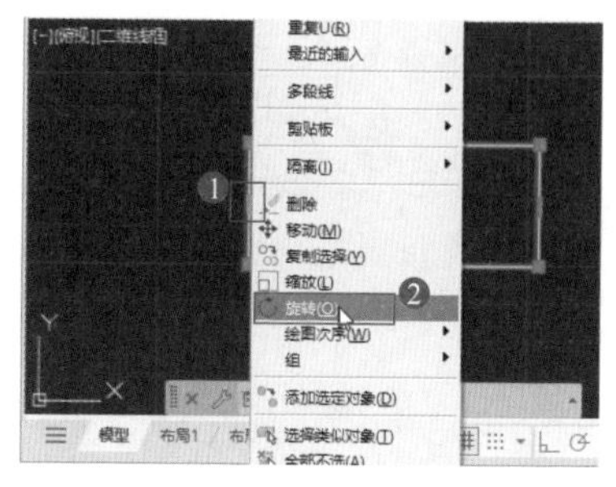

图 3-92

Step 03 返回到绘图区，①根据命令行提示“ROTATE 指定基点”，②在合适位置单击鼠标左键指定基点，如图 3-93 所示。

Step 04 移动鼠标指针，①根据命令行提示“ROTATE 指定旋转角度”，②在合适位置单击鼠标左键，如图 3-94 所示。

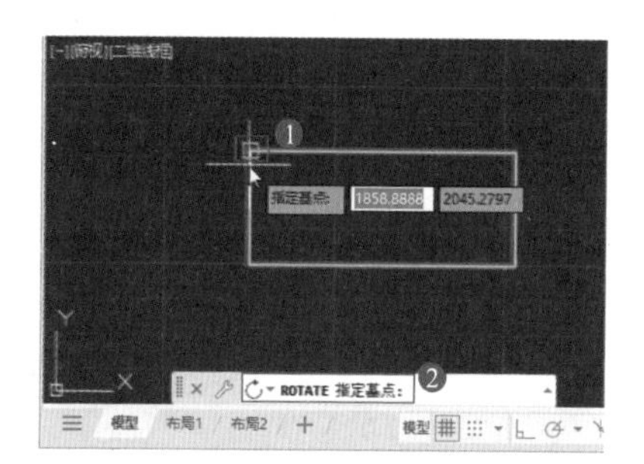

图 3-93

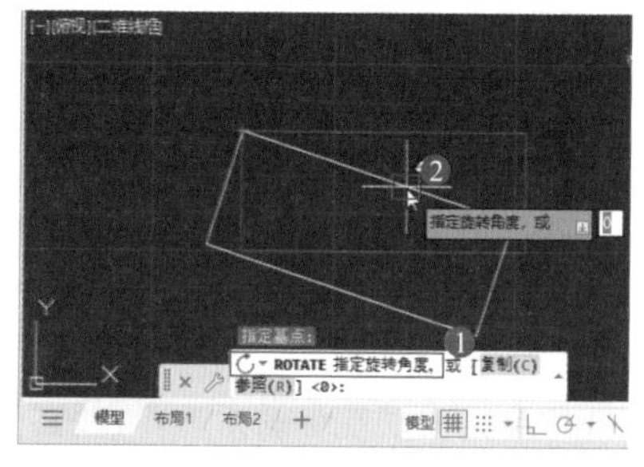

图 3-94

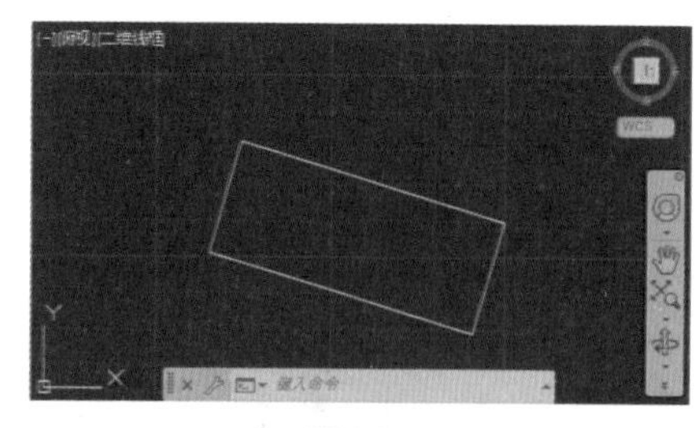

图 3-95

Step 05 即可完成使用夹点缩放对象的操作，如图 3-95 所示。

☆ 经验技巧

使用夹点旋转图形时，可以在命令行直接输入角度值来确定旋转角度。

3.6.2 修改对象属性

修改对象属性主要通过“特性”选项板进行，可以通过以下 4 种方法打开该选项板。

- 在命令行中输入 DDMODIFY 或 PROPERTIES。
- 选择菜单栏中的“修改”→“特性”命令。

- 单击“标准”工具栏中的“特性”按钮。
- 单击“视图”选项卡的“选项板”选项组中的“特性”按钮。

执行上述命令后，AutoCAD 打开“特性”选项板，如图 3-96 所示，利用该选项板可以方便地设置或修改对象的各种属性。

不同的对象属性种类和值不同，修改属性值后，对象的属性即可改变。

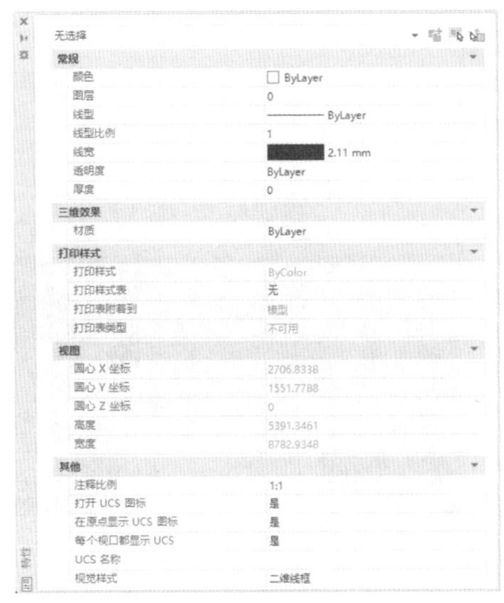

图 3-96

微视频

3.6.3　特性匹配

利用特性匹配功能可以将目标对象的属性与源对象的属性进行匹配，使目标对象的属性与源对象的属性相同。利用特性匹配功能可以方便快捷地修改对象属性，并保持不同对象的属性相同。

实例文件保存路径：配套素材 \ 第 3 章 \ 特性匹配 .dwg

实例效果文件名称：特性匹配效果 .dwg

Step 01 打开“特性匹配 .dwg”素材文件，在菜单项中选择“修改”→“特性匹配”命令，如图 3-97 所示。

Step 02 根据命令行提示“MATCHPROP 选择源对象”，单击鼠标左键选择矩形（源对象），如图 3-98 所示。

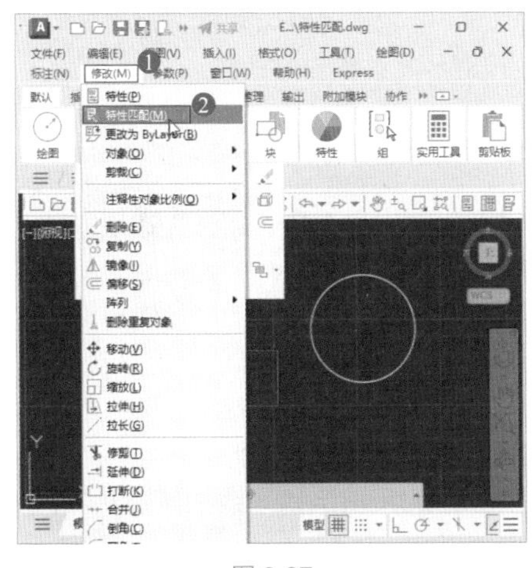

图 3-97

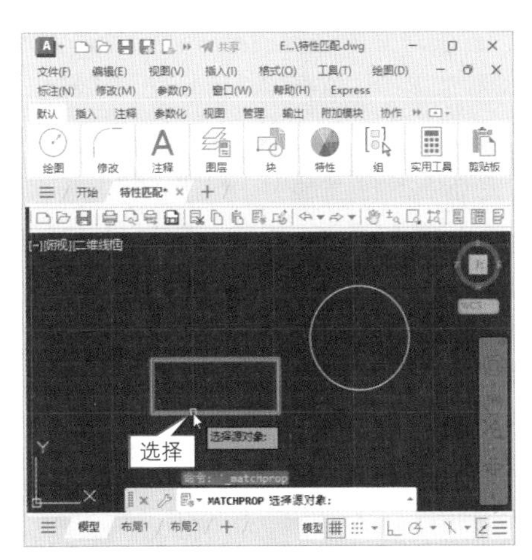

图 3-98

Step 03 根据命令行提示“MATCHPROP 选择目标对象”，单击鼠标左键选择圆形（目标对象），如图 3-99 所示。

Step 04 按 Esc 键退出特性匹配命令，通过以上步骤即可完成特性匹配的操作，如图

3-100 所示。

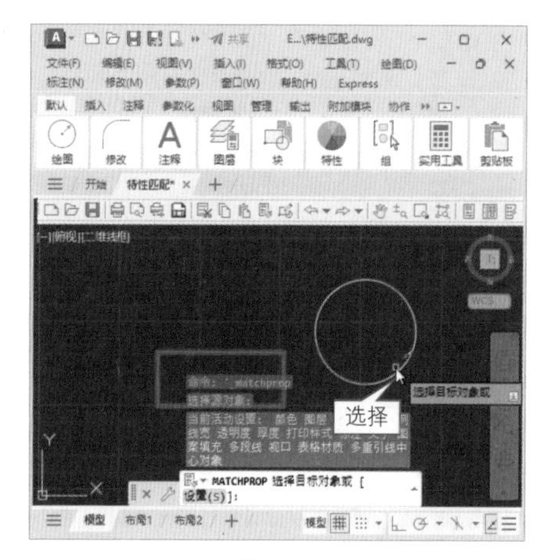

图 3-99

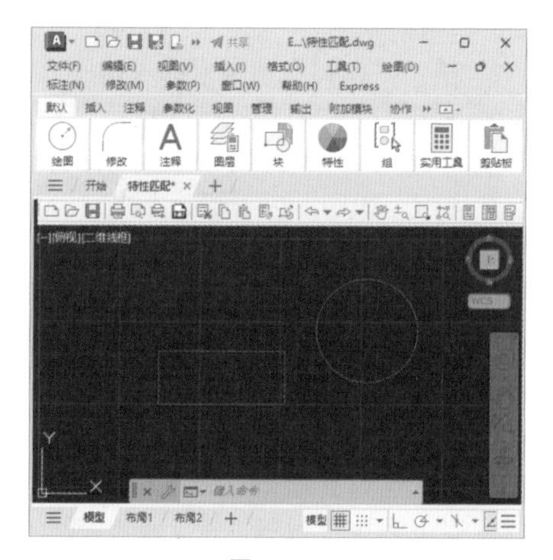
图 3-100

3.7 课堂实训——室内家居设计

微视频

在本节的学习过程中，将侧重介绍和讲解本章知识点有关的实例操作，主要内容包括快速绘制一对沙发、绘制门、绘制底座、绘制办公桌等方面的知识与操作技巧。

3.7.1 快速绘制一对沙发

沙发是室内必备的家具之一，在 AutoCAD 2024 中，使用镜像功能可以快速地绘制出对称的图形。本例详细介绍使用镜像快速绘制一对沙发的操作方法。

实例文件保存路径：配套素材 \ 第 3 章 \ 沙发 .dwg

实例效果文件名称：一对沙发 .dwg

Step 01 打开“沙发 .dwg”素材文件，①在“功能区”中选择“默认”选项卡，②在“修改”选项组中单击“镜像”按钮，如图 3-101 所示。

Step 02 返回到绘图区，①根据命令行提示“MIRROR 选择对象”，②使用叉选方式选择准备镜像的图形对象，如图 3-102 所示。

Step 03 按 Enter 键结束选择对象操作，①根据命令行提示“MIRROR 指定镜像线的第一点”，②在指定的位置单击鼠标左键，确定第一点，如图 3-103 所示。

Step 04 移动鼠标指针，①根据命令行提示“MIRROR 指定镜像线的第二点”，②在合适位置释放鼠标左键，指定第二点，如图 3-104 所示。

Step 05 根据命令行提示“MIRROR 要删除源对象吗？”，按 Enter 键，选择系统默认选项“否”，如图 3-105 所示。

Step 06 此时即可看到一对沙发出现在绘图区，通过以上步骤即可完成快速绘制一对沙发的操作，如图 3-106 所示。

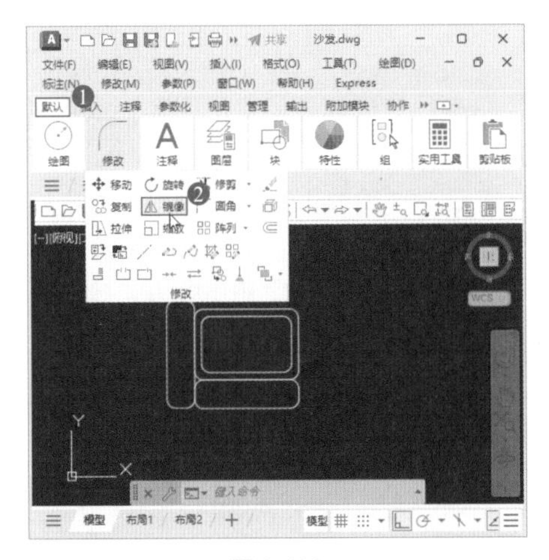

图 3-101

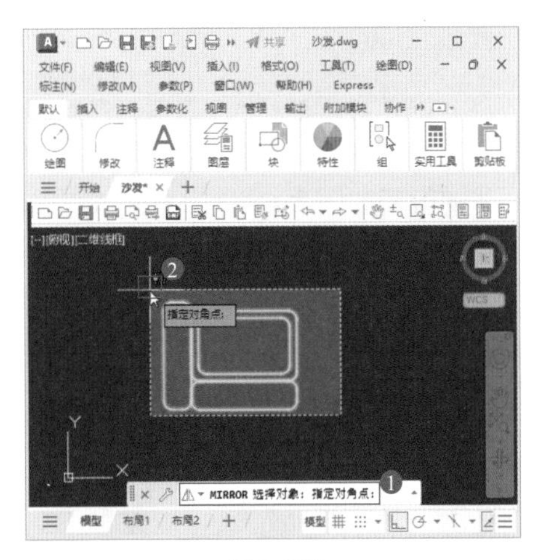

图 3-102

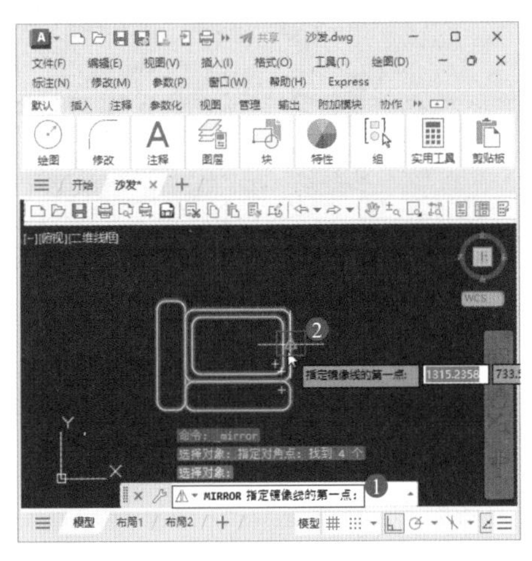

图 3-103

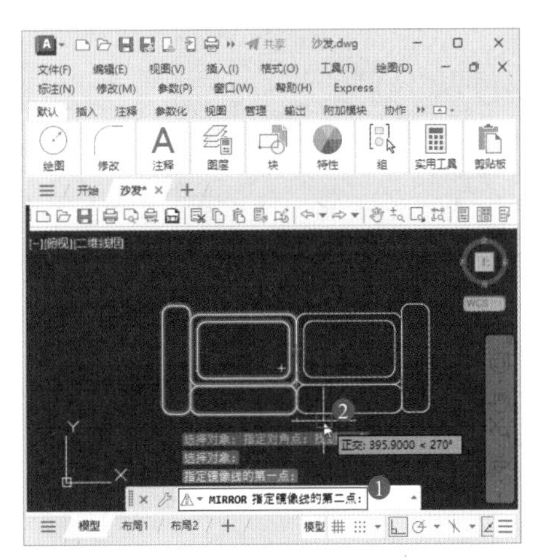

图 3-104

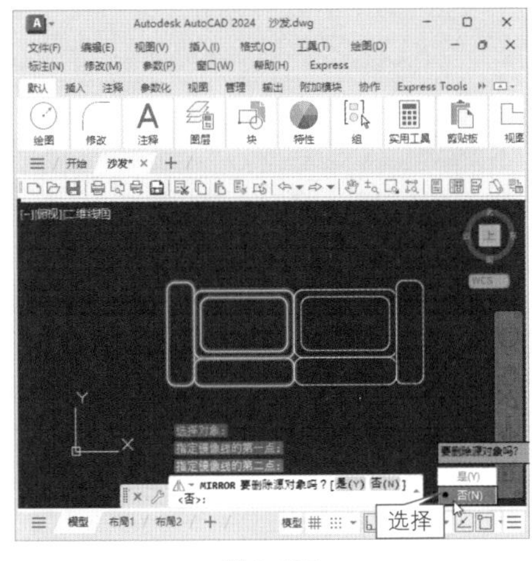

图 3-105

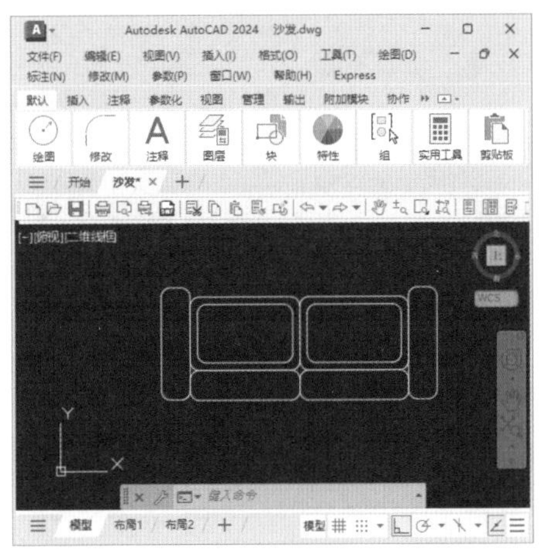

图 3-106

3.7.2 绘制门

微视频

在 AutoCAD 2024 中，使用偏移功能可以很精确地复制固定距离的图形。本例将详细介绍应用矩形、偏移等命令绘制门的操作方法。

Step 01 新建一个 CAD 空白文档，在菜单栏中选择“绘图”→“矩形”命令，如图 3-107 所示。

Step 02 返回到绘图区，在空白处单击鼠标，确定矩形的第一个角点与第二个角点，绘制一个矩形，即门轮廓，如图 3-108 所示。

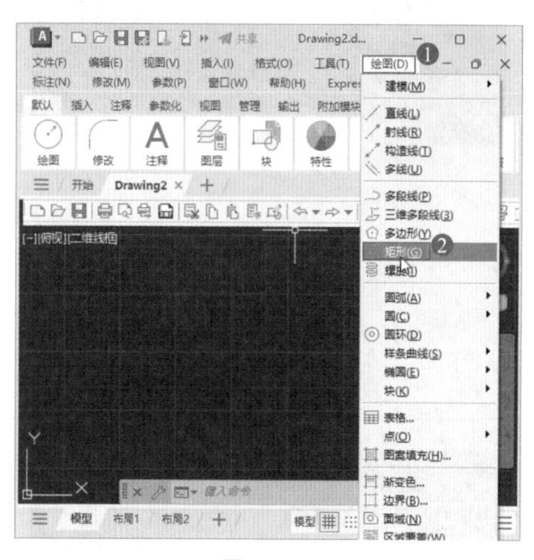

图 3-107

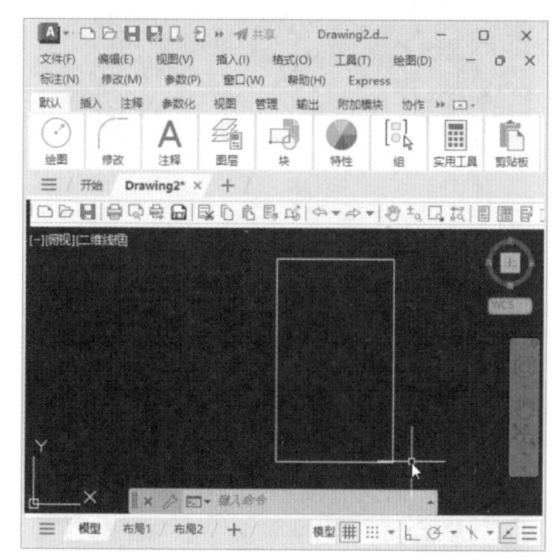

图 3-108

Step 03 在“功能区”中，①选择“默认”选项卡，②在“修改”选项组中单击“偏移”按钮，如图 3-109 所示。

Step 04 根据命令行提示“OFFSET 指定偏移距离”，在命令行中输入距离 0.5，按 Enter 键，如图 3-110 所示。

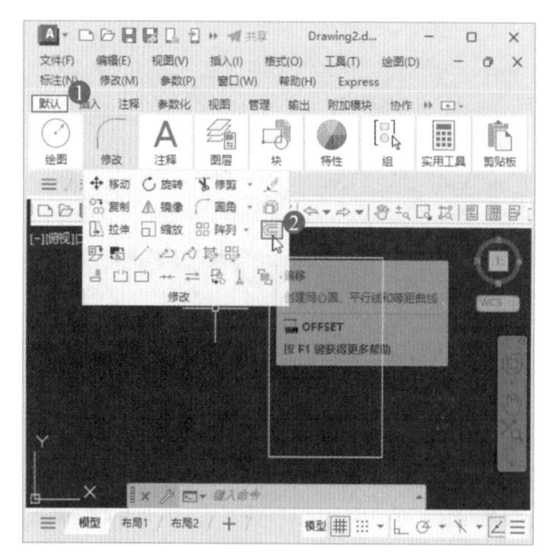

图 3-109

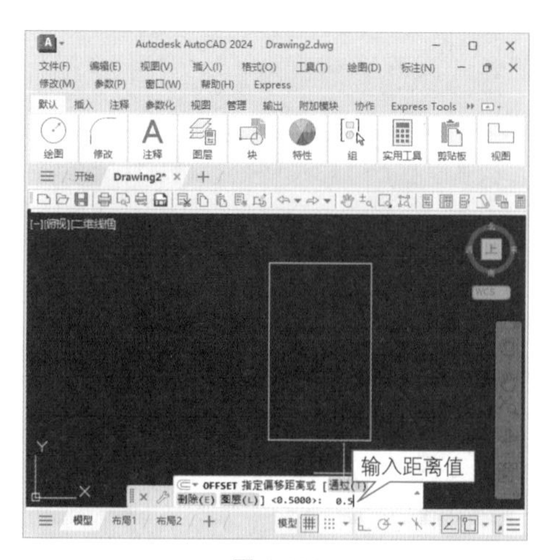

图 3-110

Step 05 返回到绘图区，①根据命令行提示“OFFSET 选择要偏移的对象”，②在图形上单击鼠标左键选择对象，如图 3-111 所示。

Step 06 移动鼠标指针，①根据命令行提示“指定要偏移的那一侧上的点”，②在合适位置单击鼠标左键，如图 3-112 所示。

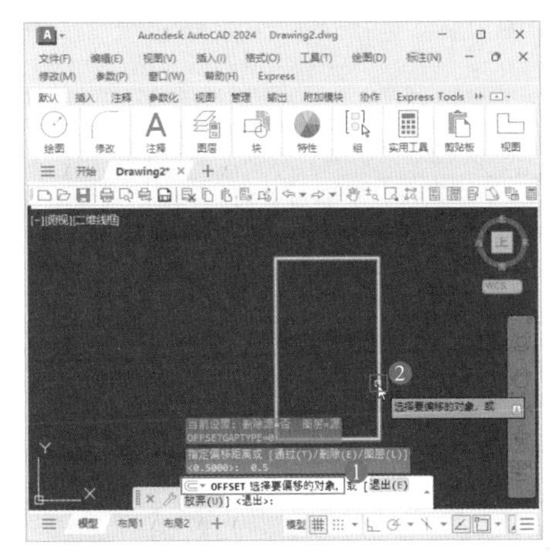

图 3-111

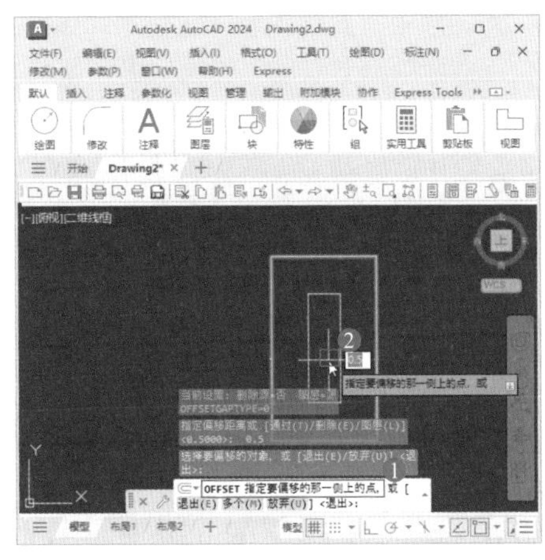

图 3-112

Step 07 按 Esc 键退出偏移命令，再次按 Enter 键，重复调用偏移命令，设置偏移距离为 0.8，偏移图形，如图 3-113 所示。

Step 08 按 Esc 键退出偏移命令，使用偏移绘制门的操作完成，如图 3-114 所示。

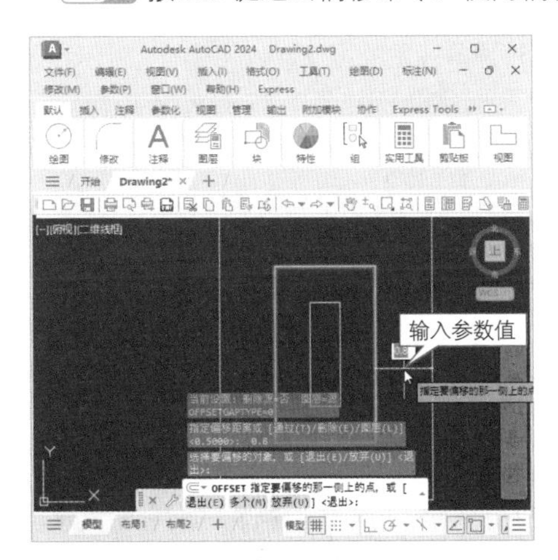

图 3-113

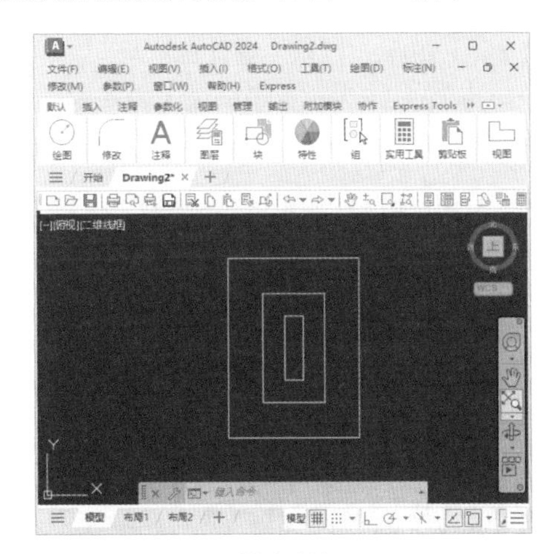

图 3-114

3.7.3 绘制底座

在 AutoCAD 2024 中，如果绘制的图形中有许多多余的线段，可以使用打断功能去掉这些线段。本例详细介绍使用打断命令绘制底座的操作方法。

微视频

实例文件保存路径：配套素材\第3章\底座.dwg

实例效果文件名称：绘制底座.dwg

Step01 打开“底座.dwg”素材文件，①在“功能区”中选择“默认”选项卡，②在“修改”选项组中单击“打断”按钮，如图3-115所示。

Step02 返回到绘图区，①根据命令行提示“BREAK 选择对象”，②单击鼠标左键选择准备打断的图形对象上的第一点，如图3-116所示。

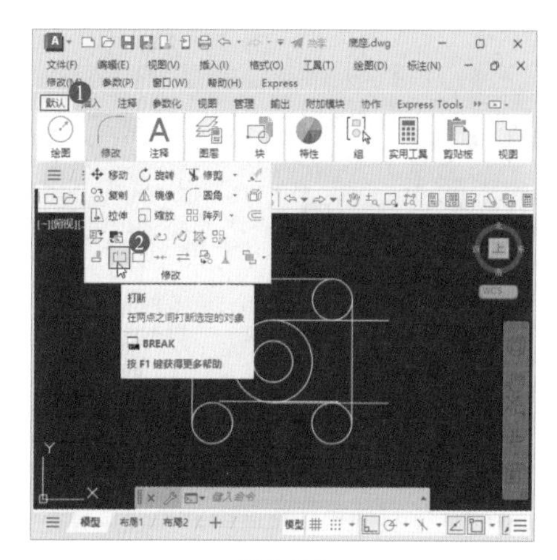

图 3-115

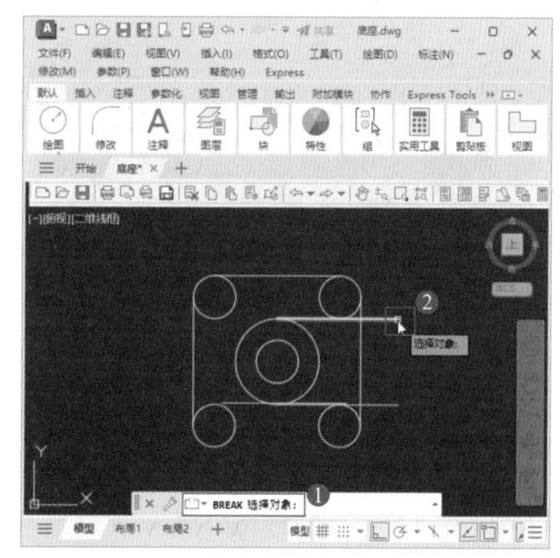

图 3-116

Step03 移动鼠标指针，①根据命令行提示“BREAK 指定第二个打断点或‘第一点（F）’”，②单击鼠标左键选择打断点，完成打断一条线段的操作，如图3-117所示。

Step04 按Enter键再次调用打断命令，①根据命令行提示“BREAK 选择对象”，②单击鼠标左键选择准备打断的图形对象上的第一点，如图3-118所示。

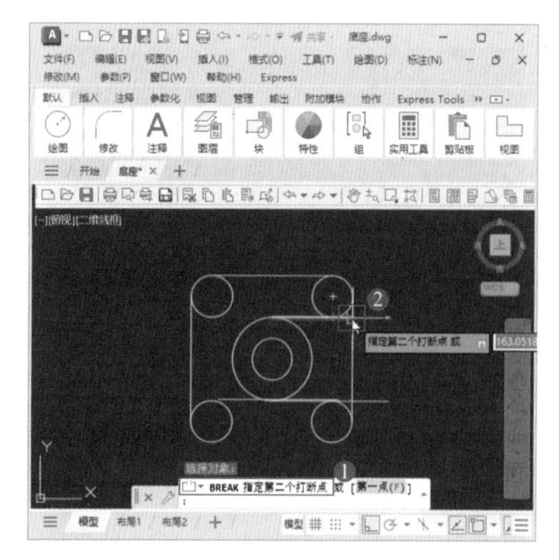

图 3-117

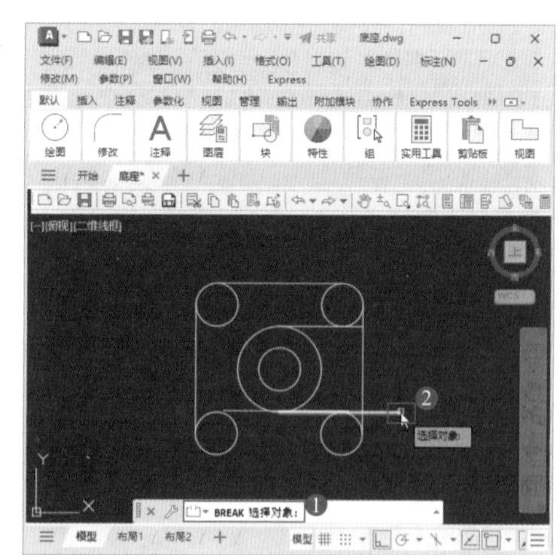

图 3-118

Step05 移动鼠标指针，①根据命令行提示“BREAK 指定第二个打断点”，②单击鼠标左键选择打断点，如图 3-119 所示。

Step06 选中的图形被打断，通过以上步骤即可完成使用打断命令绘制底座的操作，如图 3-120 所示。

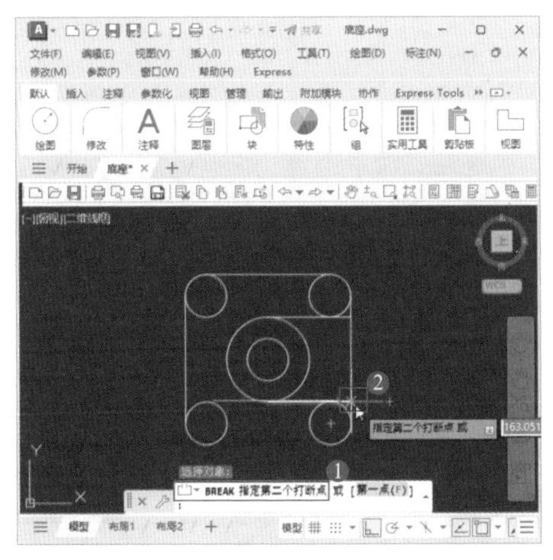

图 3-119

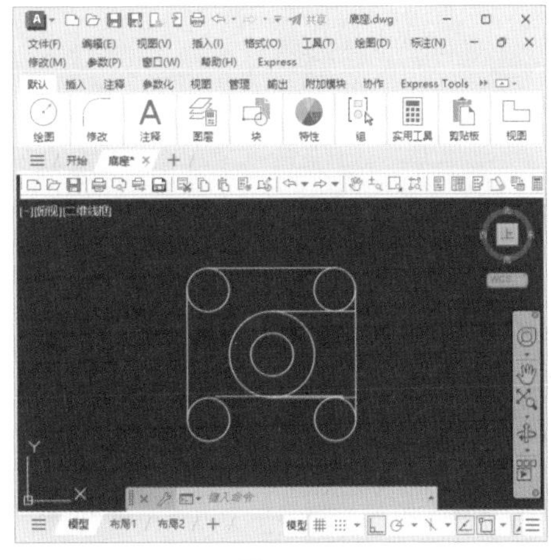

图 3-120

3.7.4 绘制办公桌

本实例绘制的是一个简单的办公家具图形，主要利用矩形命令绘制一侧桌柜及桌面，再利用镜像命令创建另一侧的桌柜。

微视频

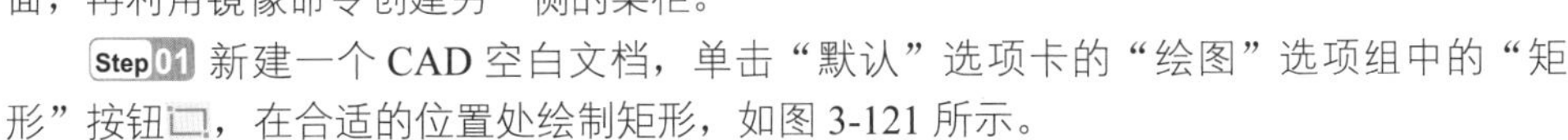

Step01 新建一个 CAD 空白文档，单击“默认”选项卡的“绘图”选项组中的“矩形”按钮，在合适的位置处绘制矩形，如图 3-121 所示。

Step02 单击“默认”选项卡的“绘图”选项组中的“矩形”按钮，在合适的位置处绘制一系列的矩形，效果如图 3-122 所示。

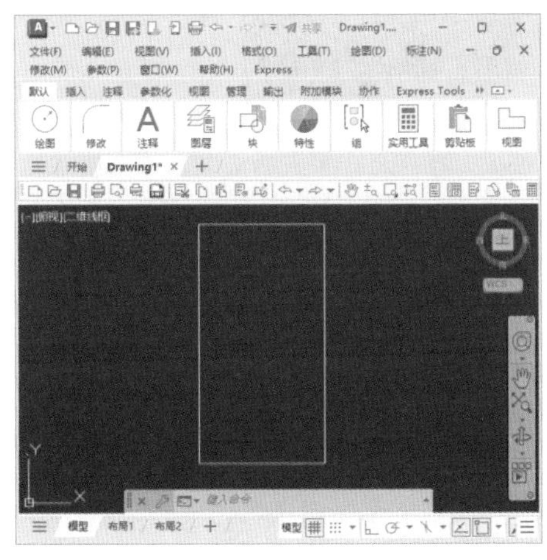

图 3-121

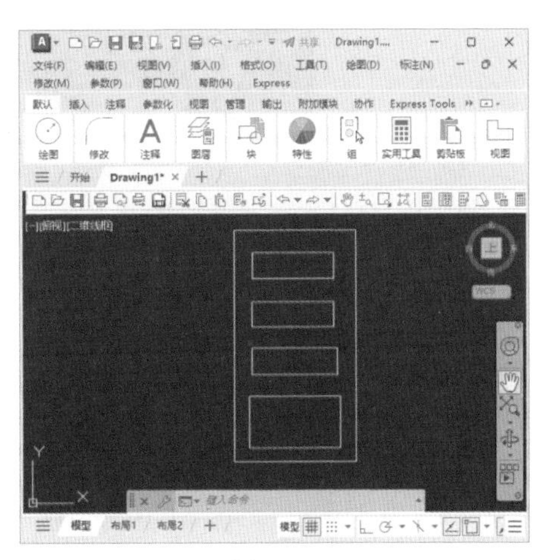

图 3-122

Step03 单击“默认”选项卡的“绘图”选项组中的“矩形”按钮，在合适的位置处绘制一系列的矩形，效果如图 3-123 所示。

Step04 单击“默认”选项卡的“绘图”选项组中的“矩形”按钮，在合适的位置处绘制矩形，作为桌面，效果如图 3-124 所示。

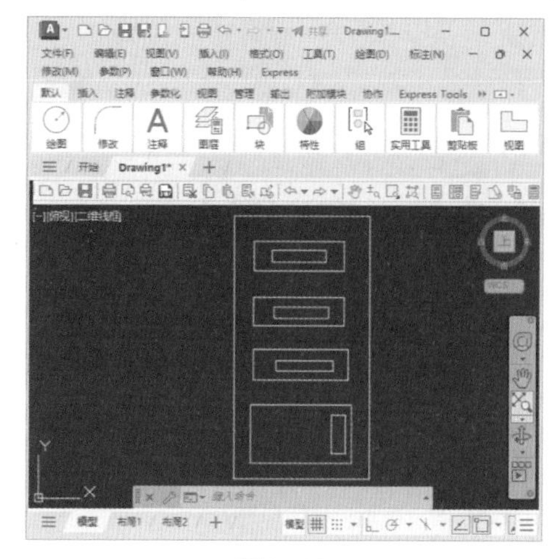

图 3-123

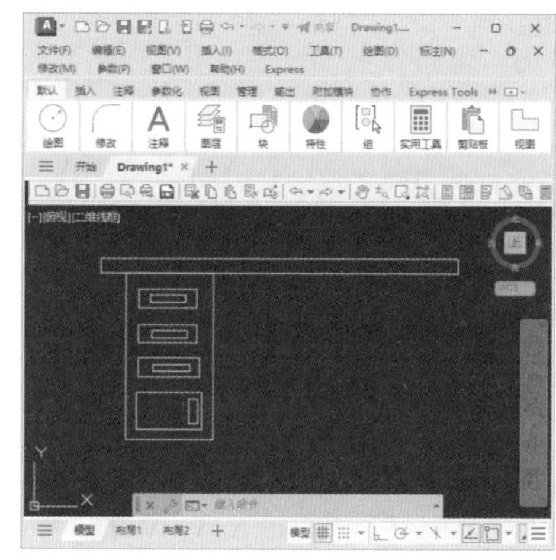

图 3-124

Step05 单击“默认”选项卡的“修改”选项组中的“镜像”按钮，将左边的一系列矩形以及桌面矩形的顶边中点和底边中点的连线为镜像线进行镜像，即可完成绘制办公桌的操作，如图 3-125 所示。

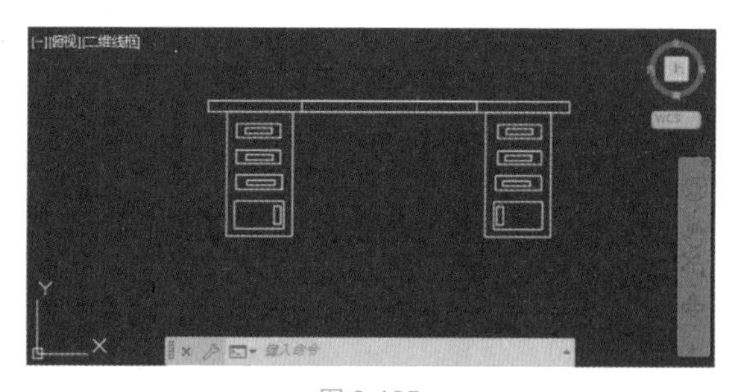
图 3-125

第4章 室内图形尺寸标注

本章要点

设置尺寸标注
编辑尺寸标注
快速标注
课堂实训——室内设计常见的尺寸标注

本章主要内容

本章主要介绍了设置尺寸标注、编辑尺寸标注方面的知识与技巧，同时还讲解了如何快速标注，在本章的最后还针对实际的工作需求，讲解了室内设计常见的尺寸标注的方法。通过本章的学习，读者可以掌握室内图形尺寸标注方面的知识，为深入学习室内装潢知识奠定基础。

4.1 设置尺寸标注

在 AutoCAD 2024 中，尺寸标注是绘图过程中不可缺少的部分，当绘制机械与建筑图纸时，需要对图纸中的元素进行尺寸标注。实际标注一个几何对象的尺寸时，其尺寸标注以什么形态出现，取决于当前所采用的尺寸标注样式。

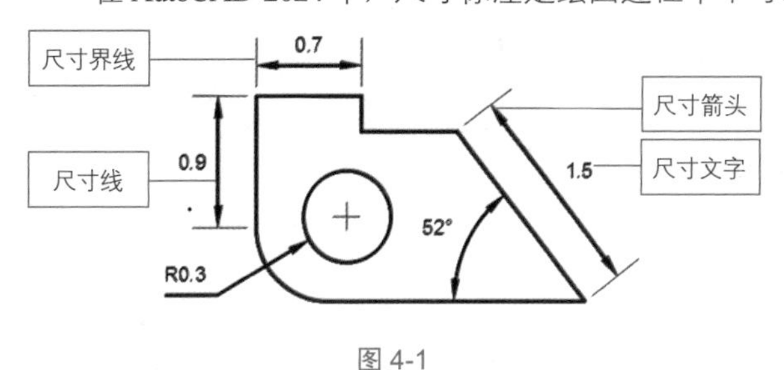

图 4-1

尺寸标注的组成元素包括尺寸线、尺寸箭头、尺寸界线和尺寸文字等组成，如图 4-1 所示。

- 尺寸线：尺寸线是指示尺寸方向和范围的线条。尺寸线通常与被注实体平行。如果是角度标注，尺寸线将显示为一段圆弧。
- 尺寸箭头：尺寸箭头是表示标注的方向和范围的终止符号，显示在尺寸线两端。
- 尺寸界线：尺寸界线是界定量度范围的直线，一般应与被注实体和尺寸线垂直。
- 尺寸文字：尺寸文字是指示实际测量值的字符串，尺寸文字可以包含前缀、后缀和公差。

在 AutoCAD 2024 中，对图形对象做的尺寸标注要准确、完整和清晰，还应该注意如下基本规则。

- 尺寸标注的大小值：物体的真实大小应以图样上所标注的尺寸数值为依据，与图形的大小及绘图的精确度无关。
- 尺寸标注的尺寸：图样中的尺寸以毫米（mm）为单位时，不需要标注计量单位的代号或名称。
- 尺寸标注的说明：图样中所标注的尺寸为该图样所表示的物体的最后完工尺寸，否则应另加说明。
- 尺寸的标注位置：机件上的每一个尺寸，一般在反映该结构最清楚的图形上标注一次。

4.1.1 创建标注样式

微视频

在进行尺寸标注之前，要建立尺寸标注的样式。如果不建立尺寸样式而直接进行标注，系统使用默认名称为 Standard 的样式。如果认为使用的标注样式有某些设置不合适，也可以修改标注样式。下面以设置尺寸线为例，介绍新建标注样式的操作方法。

Step01 新建一个 CAD 空白文档，在菜单栏中选择“格式”→“标注样式”命令，如图 4-2 所示。

Step02 弹出“标注样式管理器”对话框，单击“新建”按钮 新建(N)... ，如图 4-3 所示。

图 4-2

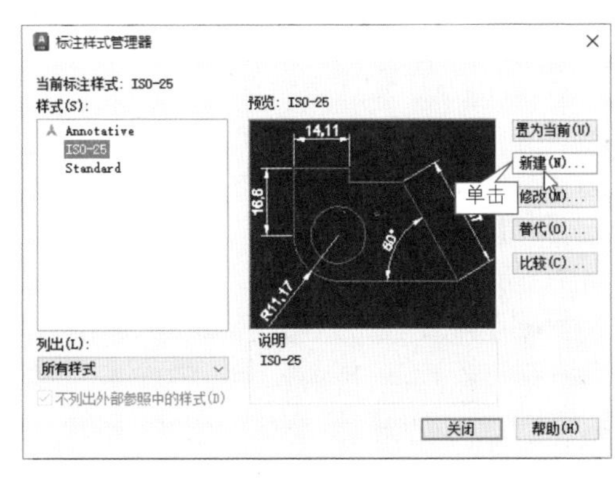

图 4-3

Step03 弹出“创建新标注样式”对话框，①在“新样式名”文本框中输入标注样式名称，②单击“继续”按钮 继续 ，如图 4-4 所示。

Step04 弹出“新建标注样式：新尺寸线样式”对话框，①选择“线”选项卡，②在“颜色”下拉列表框中设置颜色为蓝色，③在“线宽”下拉列表框中设置线宽为 0.3mm，④单击“确定”按钮 确定 ，如图 4-5 所示。

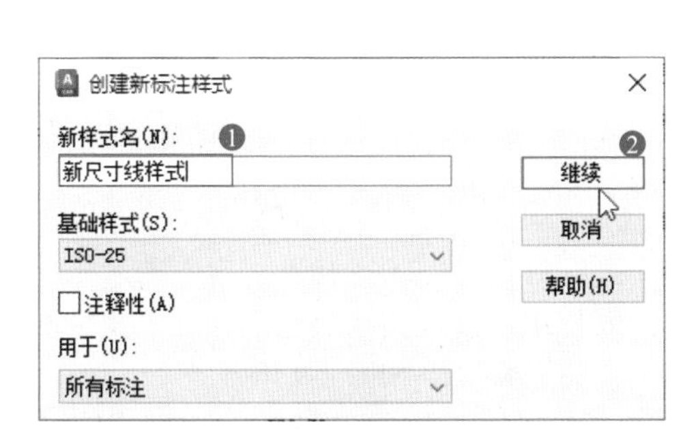

图 4-4

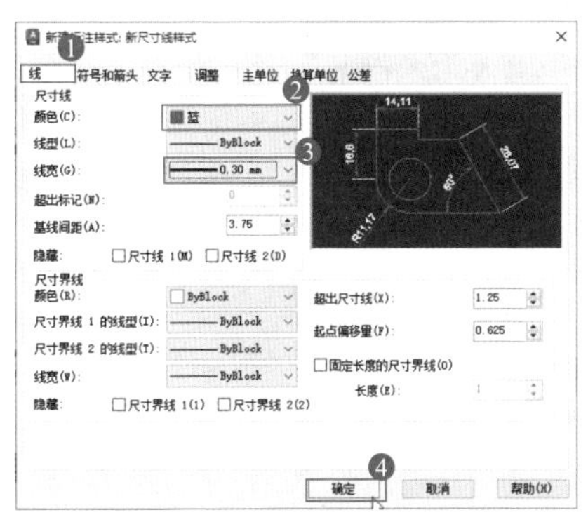

图 4-5

Step05 返回到“标注样式管理器”对话框，单击“关闭”按钮 关闭 ，即可完成创建标注样式的操作，如图 4-6 所示。

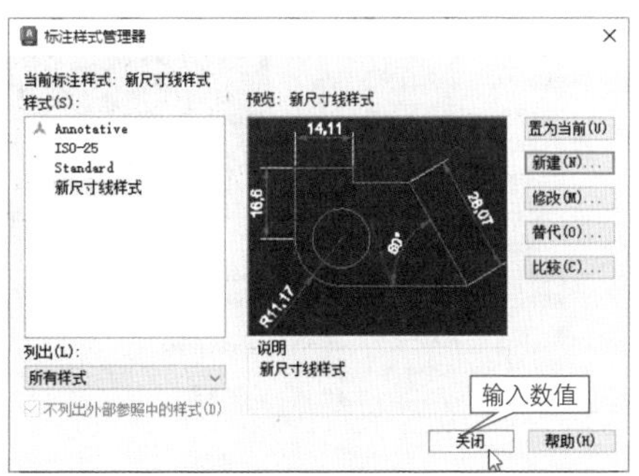

图 4-6

☆ 经验技巧

在 AutoCAD 2024 中，用户还可以在功能区中，单击“注释”选项卡中的“标注”选项组右下角的“标注，标注样式…”按钮 ↘ ，或者在命令行中输入 DIMSTYLE 或 D，按 Enter 键，在弹出的“标注样式管理器”对话框中来新建标注样式。

4.1.2 编辑并修改标注样式

微视频

在 AutoCAD 2024 中，用户可以利用“标注样式管理器”对话框方便地设置自己需要的尺寸标注样式。如果对于已经创建的标注样式觉得达不到绘图效果，可以修改标样式以达到要求。下面以修改标注文字样式为例，介绍修改标注样式的操作方法。

Step 01 新建一个 CAD 空白文档，在菜单栏中选择“格式”→“标注样式”命令，如图 4-7 所示。

Step 02 弹出“标注样式管理器”对话框，①在“样式”列表框中选择“新尺寸线样式”选项，②单击“修改”按钮 修改(M)... ，如图 4-8 所示。

图 4-7

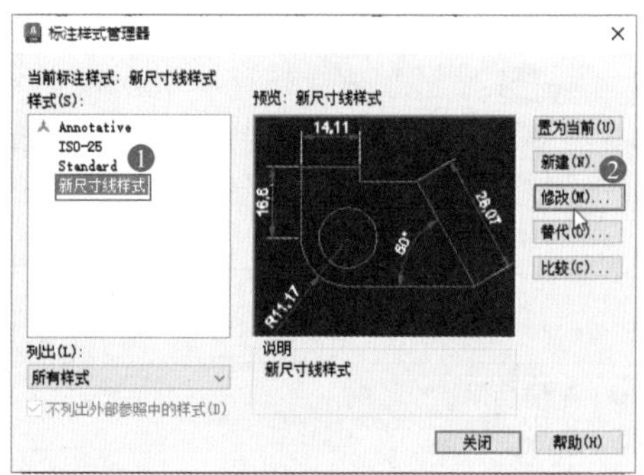

图 4-8

Step 03 弹出“修改标注样式：新尺寸线样式”对话框，①选择“文字”选项卡，②在“文字外观”区域的“文字颜色”下拉列表框中，设置文字颜色，③在“文字高度”文本框中，设置文字大小，④单击“确定”按钮 确定 ，如图 4-9 所示。

Step 04 返回到“标注样式管理器”对话框，单击“关闭”按钮 关闭 ，即可完成修改并修改标注样式的操作，如图 4-10 所示。

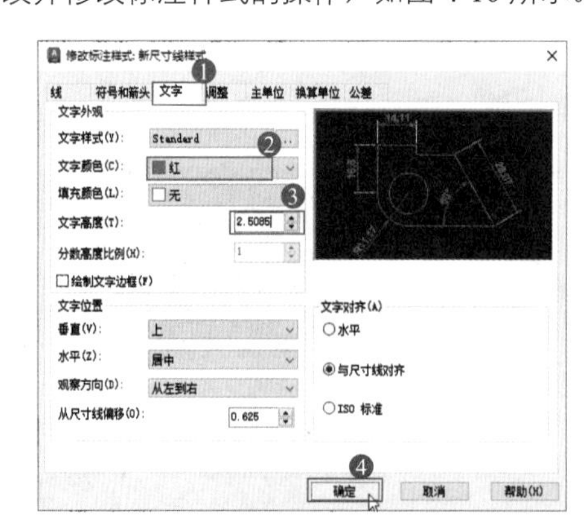

图 4-9

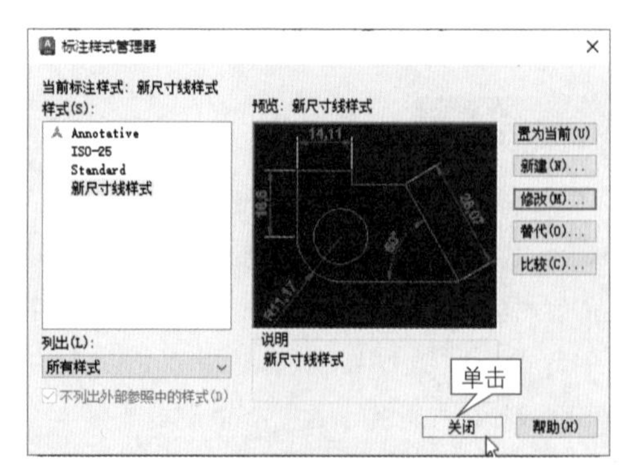

图 4-10

☆ 经验技巧

在“标注样式管理器”对话框中，除了可以设置线样式、符号箭头样式和文字样式外，还可以对标注单位、换算单位、公差和调整样式等进行设置。

4.1.3　尺寸标注类型

在 AutoCAD 中，可以使用线性标注、对齐标注、半径标注、直径标注和角度标注等准确、快速地对不同形状的图形对象进行标注。本小节将介绍基本尺寸标注方面的知识与操作方法。

1. 线性标注

在 AutoCAD 中，线性标注用于标注图形对象的线性距离或长度，包括水平标注和垂直标注。详细步骤如下。

Step01 新建一个 CAD 空白文档并绘制直线，在菜单栏中选择“标注”→“线性”命令，如图 4-11 所示。

Step02 返回到绘图区，①根据命令行提示“DIMLINEAR 指定第一个尺寸界线原点”，②在直线的起点处单击鼠标左键，如图 4-12 所示。

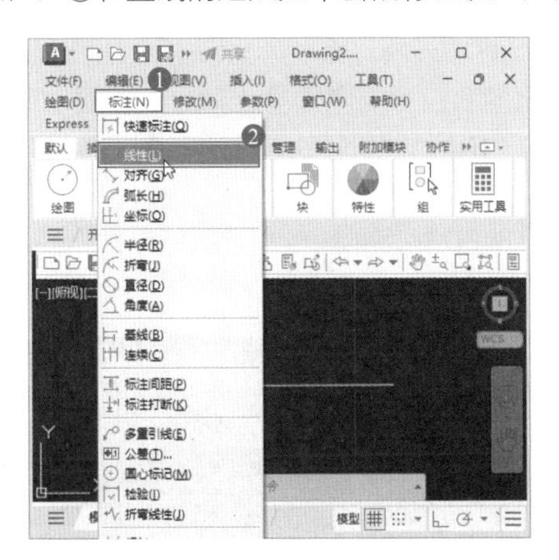

图 4-11

图 4-12

Step03 移动鼠标指针，①根据命令行提示“DIMLINEAR 指定第二条尺寸界线原点”，②鼠标单击直线的终点，如图 4-13 所示。

Step04 移动鼠标指针，至指定的尺寸线位置处单击，即可完成使用线性标注的操作，如图 4-14 所示。

☆ 经验技巧

在 AutoCAD 2024 中，用户可以在功能区中选择“默认”选项卡，在“注释”选项组中单击“线性”下拉按钮 线性，在弹出的下拉列表中选择“线性”选项，或者在命令行中输入 DIMALINEAR 或 DLI，按 Enter 键来调用线性标注命令。

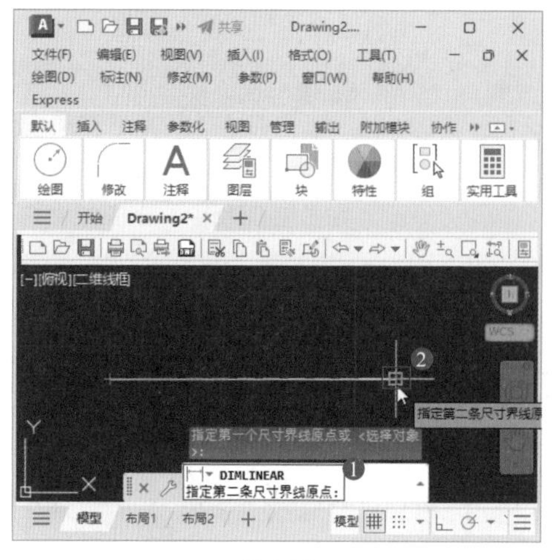

图 4-13

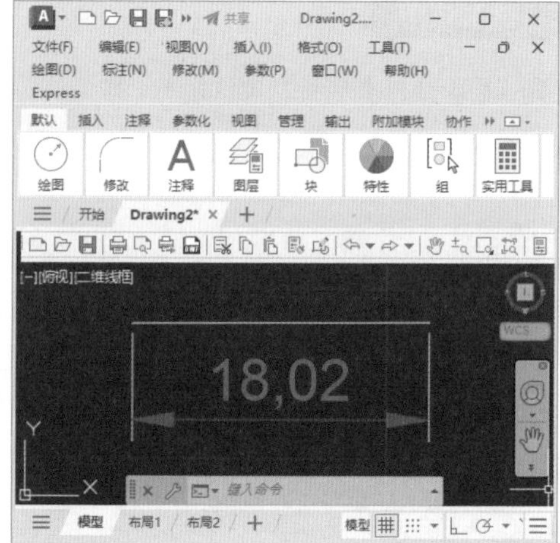

图 4-14

2. 对齐标注

在 AutoCAD 中，对齐标注是指创建与图形指定位置或对象平行的标注，使用对齐标注可以用来标斜线段。下面介绍使用对齐标注的操作方法。

新建一个 CAD 空白文档并绘制图形，在功能区中选择“默认”选项卡，在“注释”选项组中单击“线性”下拉按钮线性，在弹出的下拉列表中选择“对齐”选项，调用对齐标注命令。返回到绘图区，根据命令行提示“DIMALIGNED 指定第一个尺寸界线原点”，在直线的起点处单击鼠标左键，如图 4-15 所示。

移动鼠标指针，根据命令行提示“DIMALIGNED 指定第二条尺寸界线原点”，鼠标单击直线终点，如图 4-16 所示。

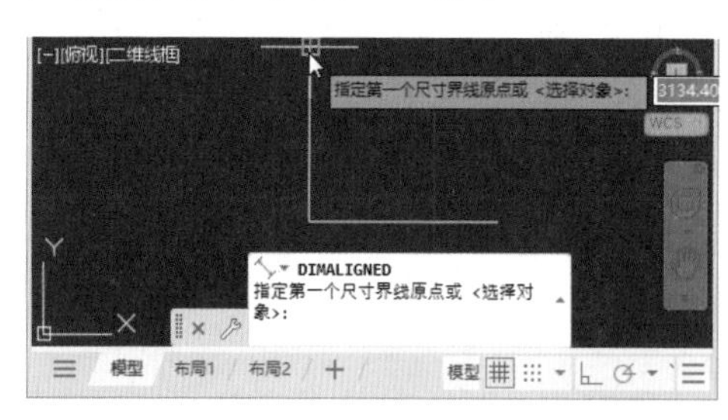

图 4-15

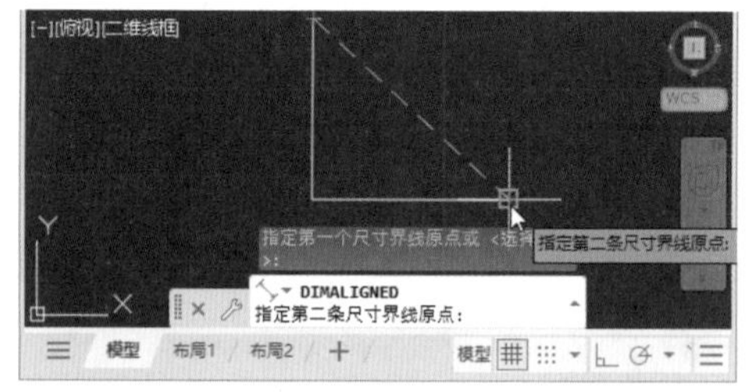

图 4-16

移动鼠标指针至指定的尺寸线位置处单击，即可完成使用对齐标注的操作，如图 4-17 所示。

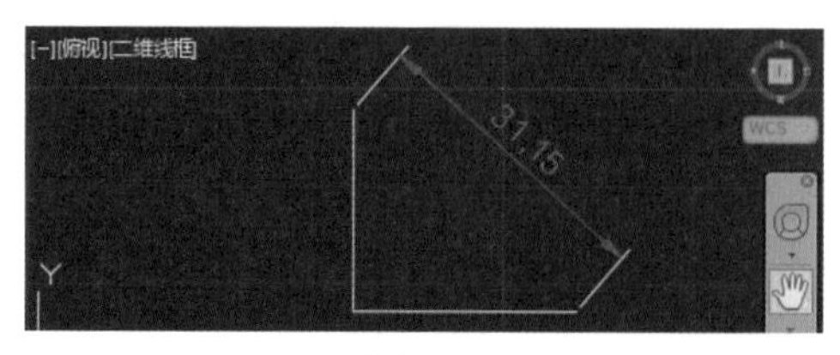

图 4-17

☆ 经验技巧

在 AutoCAD 2024 中，可以在菜单栏中选择“标注”→“线性”命令，或者在命令行中输入 DIMALIGNED 或 DAL，按 Enter 键来调用对齐标注命令。

3. 半径标注

在 AutoCAD 中，使用半径标注可以测量圆或圆弧的半径，并显示前面带有半径符号的标注文字。下面介绍使用半径标注的操作方法。

新建一个 CAD 空白文档并绘制圆形，在菜单栏中选择“标注”→“半径”命令，调用半径标注命令。返回到绘图区，根据命令行提示“DIMRADIUS 选择圆弧或圆”，将鼠标指针移至圆上，单击鼠标左键，如图 4-18 所示。

移动鼠标指针，根据命令行提示“DIMRADIUS 指定尺寸线位置”，在指定位置单击鼠标左键，如图 4-19 所示。

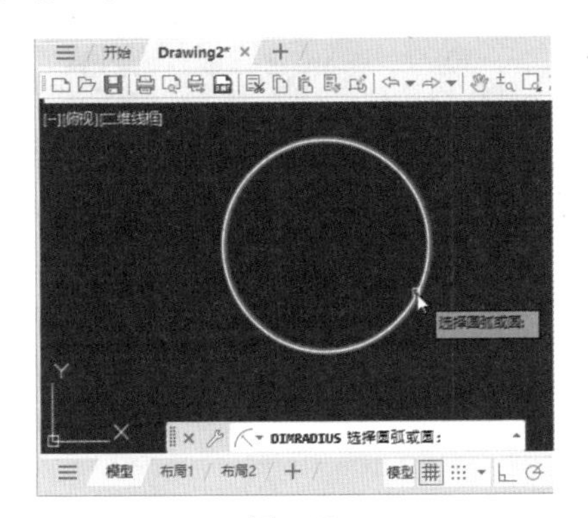

图 4-18

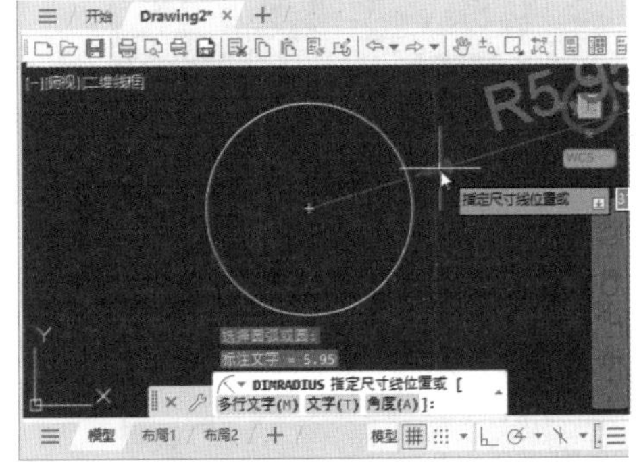

图 4-19

通过以上步骤即可完成使用半径标注的操作，如图 4-20 所示。

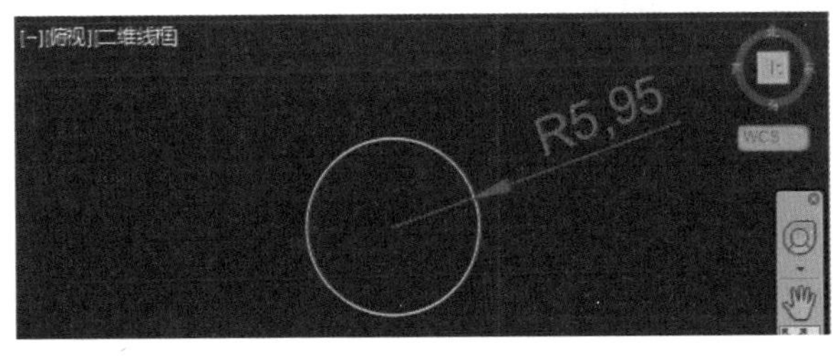

图 4-20

☆ 经验技巧

在 AutoCAD 2024 中，可以在功能区中选择“默认”选项卡，在“注释”选项组中单击“线性”下拉按钮，在弹出的下拉列表中选择“半径”选项，或者在命令行中输入 DIMRADIUS 或 DRA，按 Enter 键来调用半径标注命令。

4. 直径标注

在 AutoCAD 2024 中，使用直径标注可以测量圆或圆弧的直径，并显示前面带有直径符号的标注文字。操作方法如下。

新建一个 CAD 空白文档并绘制圆形，在命令行中输入 DIMDIAMETER，按 Enter 键，调用直径标注命令。返回到绘图区，根据命令行提示“DIMDIAMETER 选择圆弧或圆”，将鼠标指针移至圆上，单击鼠标左键，如图 4-21 所示。

移动鼠标指针，根据命令行提示“DIMDIAMETER 指定尺寸线位置”，在指定位置单击，如图 4-22 所示。

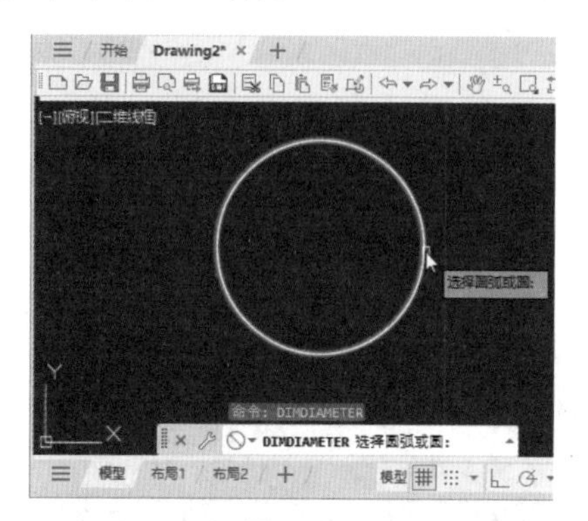

图 4-21

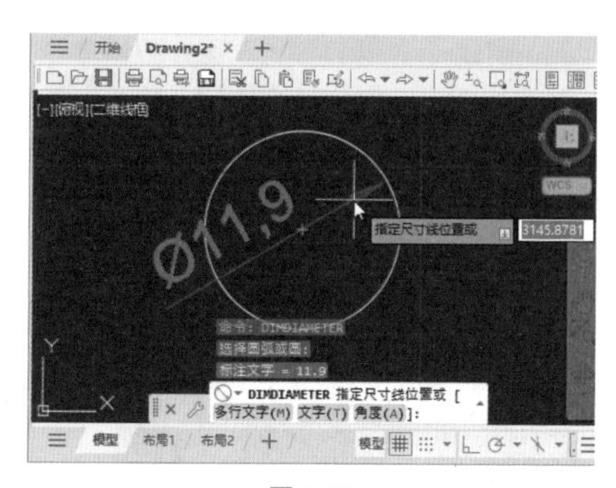

图 4-22

图 4-23

通过以上步骤即可完成使用直径标注的操作，如图 4-23 所示。

☆ 经验技巧

在 AutoCAD 2024 中，可以在功能区中选择“默认”选项卡，在“注释”选项组中单击“线性”下拉按钮 线性，在弹出的下拉列表中选择“直径”选项，或者在菜单栏中选择“标注”→“直径”命令，来调用直径标注命令。

5. 角度标注

在 AutoCAD 中，角度标注是测量两条直线之间或三个点之间的角度，测量的对象可以是圆弧、圆和直线等。下面介绍使用角度标注的操作方法。

新建一个 CAD 空白文档并绘制图形，在命令行中输入 DIMANGULAR，按 Enter 键，调用角度标注命令。返回到绘图区，根据命令行提示“DIMANGULAR 选择圆弧、圆、直线”，将鼠标指针移至直线上单击，如图 4-24 所示。

移动鼠标指针，根据命令行提示“DIMANGULAR 选择第二条直线”，将鼠标指针移至直线上单击，如图 4-25 所示。

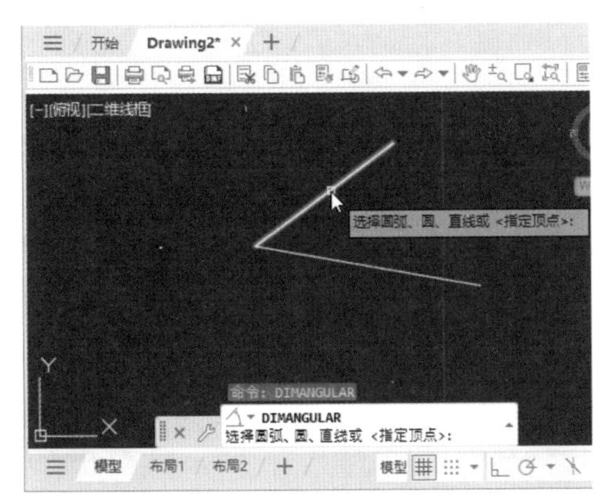

图 4-24

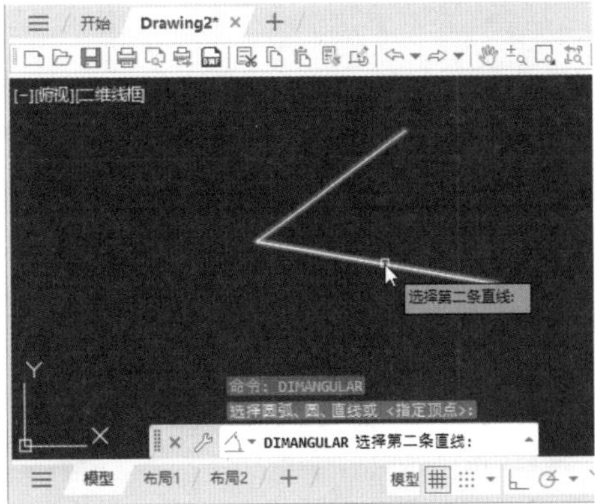

图 4-25

移动鼠标指针，根据命令行提示“DIMANGULAR 指定标注弧线位置”，在指定位置单击，如图 4-26 所示。

通过以上步骤即可完成使用角度标注的操作，如图 4-27 所示。

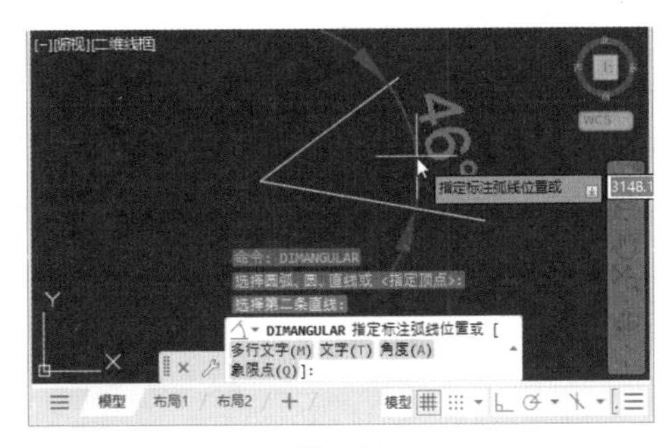

图 4-26

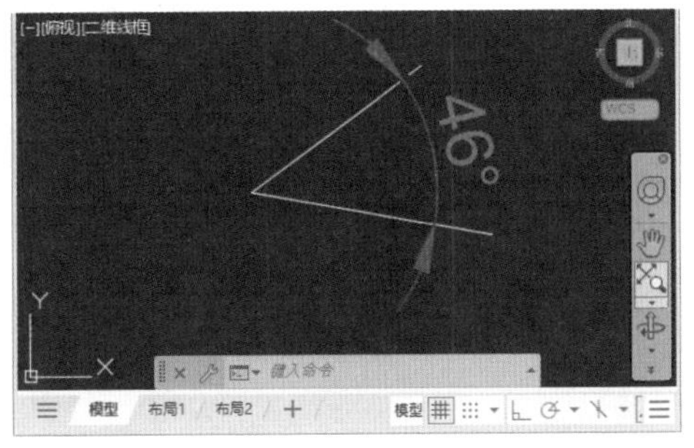

图 4-27

☆ 经验技巧

在 AutoCAD 2024 中，使用角度标注还可以标注圆弧的圆心角度。用户还可以在功能区中选择“默认”选项卡，在“注释”选项组中单击“线性”下拉按钮 线性，在弹出的下拉列表中选择“角度”选项，或者在菜单栏中选择“标注”→“角度”命令，来调用角度标注命令。

6. 弧长标注

在 AutoCAD 中，弧长标注用于测量圆弧或多段线圆弧上的距离，标注的尺寸界线在标注文字的上方或前面将显示圆弧符号。下面详细介绍使用弧长标注的操作方法。

新建一个 CAD 空白文档并绘制圆弧，在菜单栏中选择“标注”→“弧长”命令，调用弧长标注命令。返回到绘图区，根据命令行提示“DIMARC 选择弧线段或多段线圆弧段”，将鼠标指针移至圆弧上单击，如图 4-28 所示。

移动鼠标指针，根据命令行提示“DIMARC 指定弧长标注位置”，在指定位置单击，如图 4-29 所示。

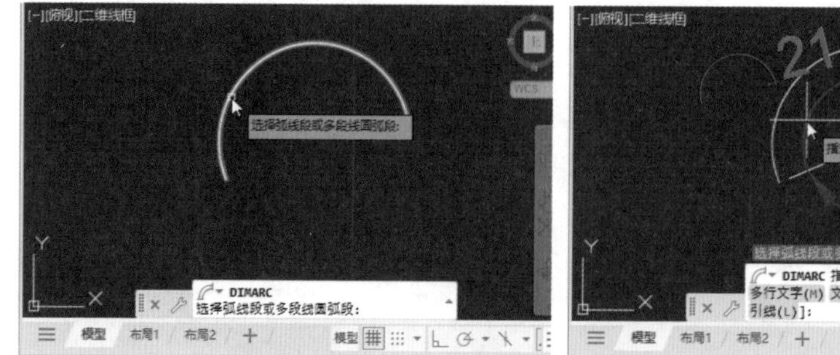

图 4-28

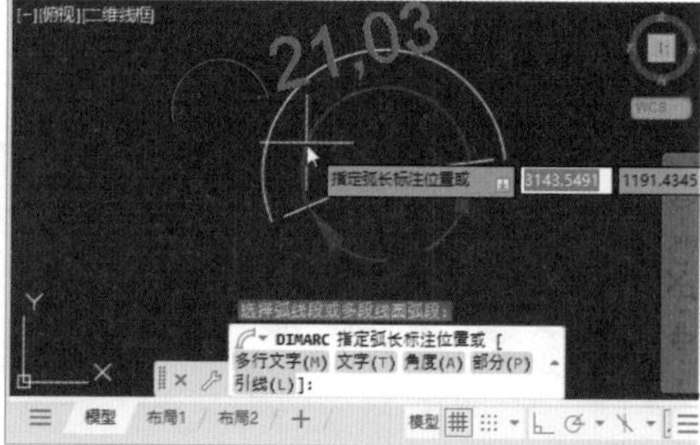

图 4-29

通过以上步骤即可完成使用弧长标注的操作，如图 4-30 所示。

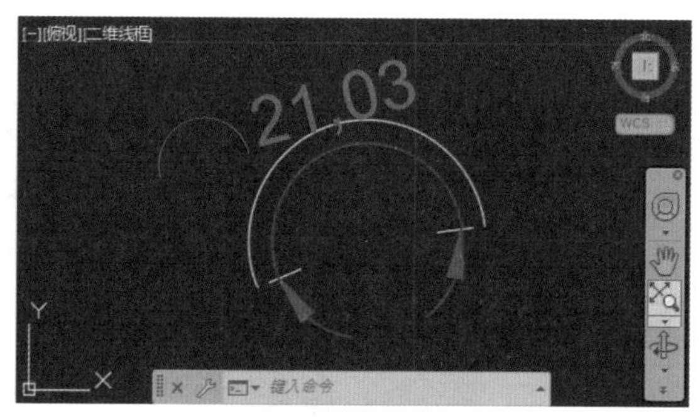

图 4-30

☆ 经验技巧

在 AutoCAD 2024 中，用户可以在功能区中选择“默认”选项卡，在“注释”选项组中单击“线性”下拉按钮 线性，在弹出的下拉列表中选择“弧长”选项，或者在命令行中输入 DIMARC，按 Enter 键来调用弧长标注命令。

7. 坐标标注

在 AutoCAD 2024 中，坐标标注用于测量原点到图形中的特征区域的垂直距离。坐标标注保持特征点与基准点的精确偏移量，可以避免增大误差。操作方法如下。

新建一个 CAD 空白文档并绘制图形，在菜单栏中选择“标注”→“坐标”命令，调用坐标标注命令。返回到绘图区，根据命令行提示“DIMORDINATE 指定点坐标”，将鼠标指针移至要标注的图形上单击，如图 4-31 所示。

移动鼠标指针，根据命令行提示“DIMORDINATE 指定引线端点”，在指定位置单击，如图 4-32 所示。

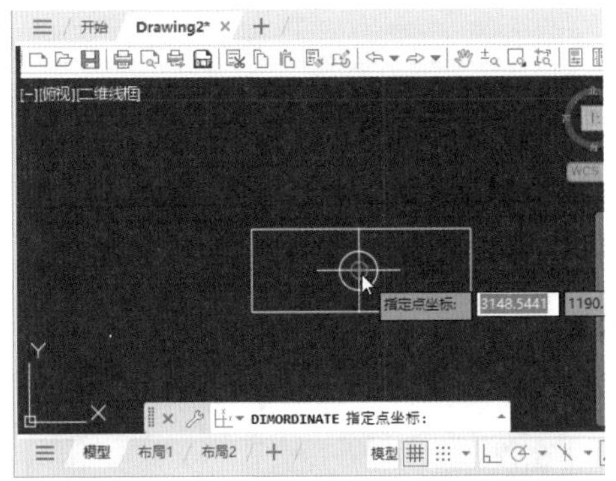

图 4-31

图 4-32

可以看到坐标标注已经完成。这样即可完成使用坐标标注的操作，如图 4-33 所示。

☆ 经验技巧

在 AutoCAD 2024 中，用户可以在功能区中选择“默认”选项卡，在“注释”选项组中单击“线性”下拉按钮 线性，在弹出的下拉列表中选择“坐标”选项，或者在命令行中输入 DIMORDINATE，按 Enter 键来调用坐标标注命令。

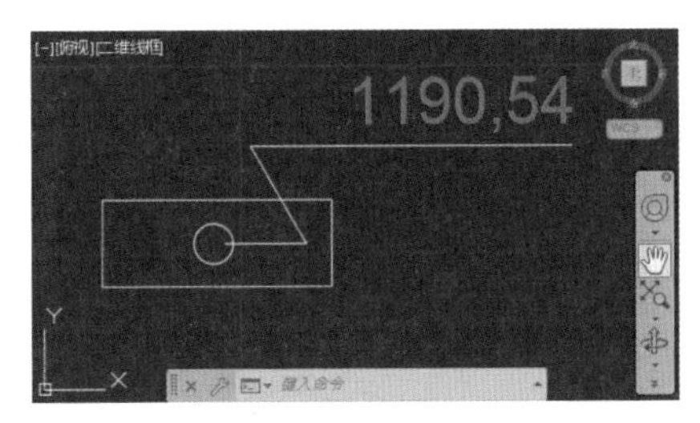

图 4-33

8. 圆心标记

在 AutoCAD 中，圆心标记用于给指定的圆或圆弧画出圆心符号，标记圆心，其标记可以为短十线，也可以是中心线。下面介绍使用圆心标记的操作方法。

新建一个 CAD 空白文档并绘制圆形，在菜单栏中选择“标注”→“圆心标记”命令，调用圆心标记命令。返回到绘图区，根据命令行提示“DIMCENTER 选择圆弧或圆”，将鼠标指针移至圆上单击，如图 4-34 所示。

此时在圆的中心位置显示圆心符号，通过以上步骤即可完成使用圆心标记的操作，如图 4-35 所示。

☆ 经验技巧

在 AutoCAD 2024 中，使用角度标注还可以标注圆弧的圆心角度。圆心标记的线型包括短十线和中心线两种，可以在“修改标注样式”对话框中选择“符号和箭头”选项卡，在“圆心标记”区域中，设置圆心标记的线型以及圆心标记的大小。

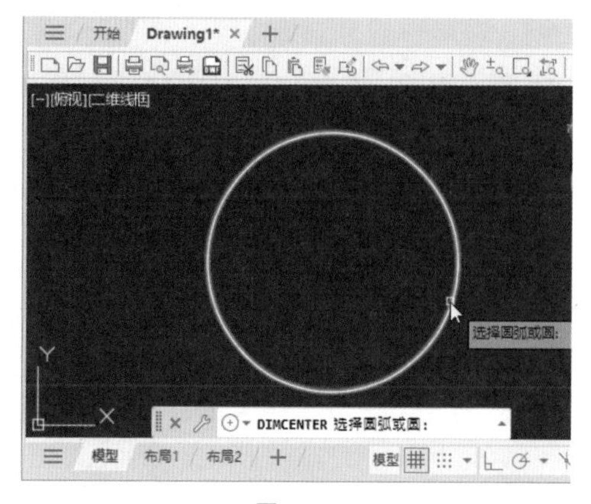

图 4-34

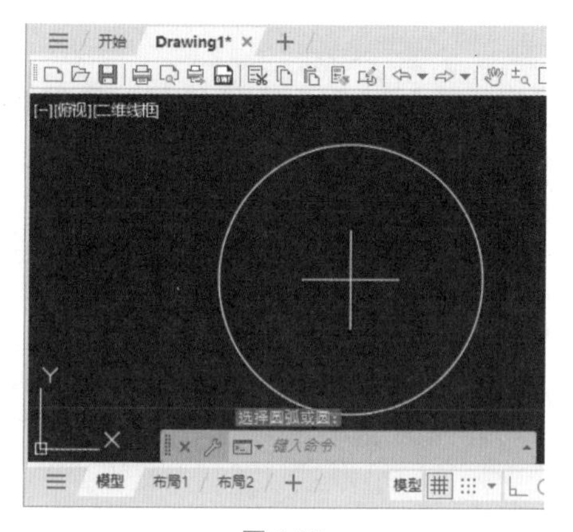

图 4-35

9. 折弯标注

折弯标注也可称为缩放的半径标注。在某些图纸当中，大圆弧的圆心有时在图纸之外，这时就要用到折弯标注。下面介绍在 AutoCAD 2024 中，使用折弯标注的操作方法。

新建一个 CAD 空白文档并绘制图形，在命令行中输入 DIMJOGGED，按 Enter 键，调用折弯标注命令。返回到绘图区，根据命令行提示“DIMJOGGED 选择圆弧或圆”，将鼠标指针移至要标注的圆上单击，如图 4-36 所示。

移动鼠标指针，根据命令行提示“DIMJOGGED 指定图示中心位置”，在指定位置单击，如图 4-37 所示。

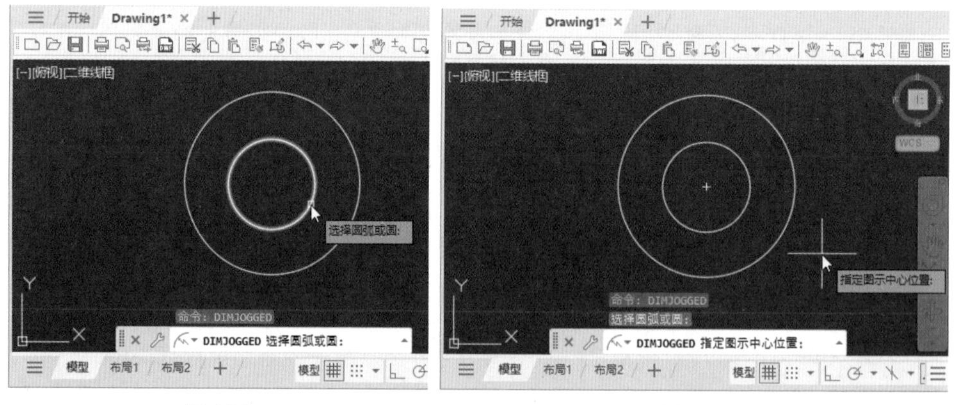

图 4-36　　图 4-37

移动鼠标指针，根据命令行提示“DIMJOGGED 指定尺寸线位置”，在指定位置单击，如图 4-38 所示。

移动鼠标指针，根据命令行提示“DIMJOGGED 指定折弯位置”，在指定位置单击，如图 4-39 所示。

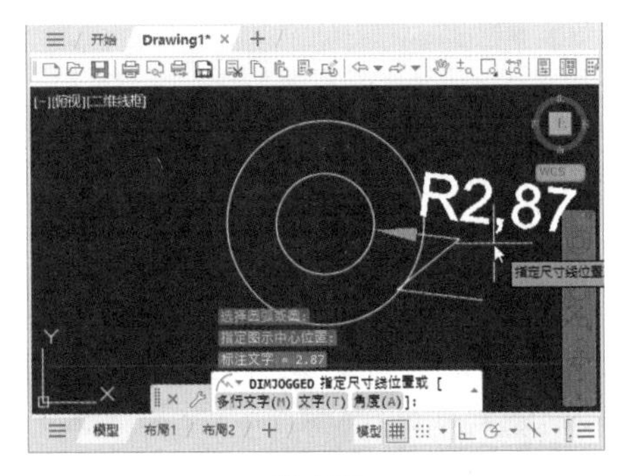

图 4-38

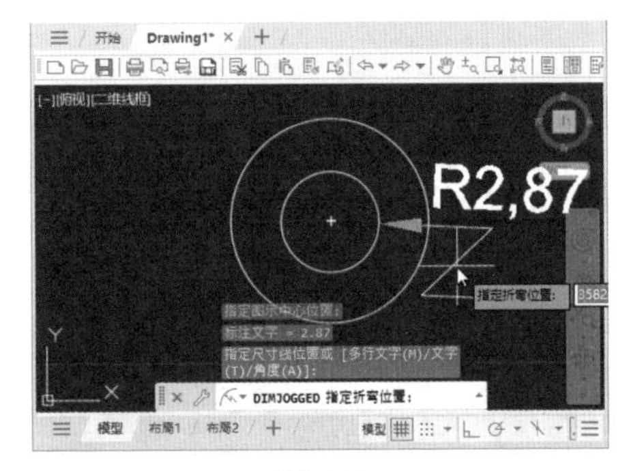

图 4-39

此时可以看到内部圆的标注。通过以上步骤即可完成使用折弯标注的操作，如图 4-40 所示。

☆ 经验技巧

在 AutoCAD 2024 中，可以在功能区中选择“默认”选项卡，在“注释”选项组中单击“线性”下拉按钮 线性，在弹出的下拉列表中选择“折弯”选项，或者在菜单栏中选择“标注”→“折弯”命令，来调用折弯标注命令。

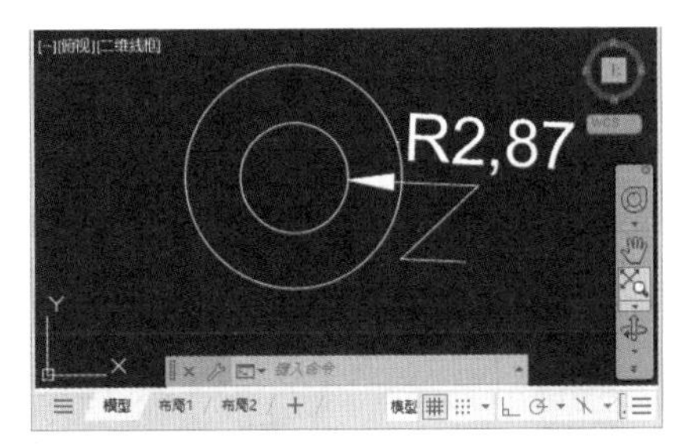

图 4-40

4.2 编辑尺寸标注

对于已创建的标注对象的文字、位置以及样式等内容，可以根据国家绘图标准进行设定和重新编辑，而不必删除所标注的尺寸对象再重新进行标注。下面详细介绍编辑尺寸标注方面的知识与操作技巧。

4.2.1 编辑标注文字与位置

在 AutoCAD 2024 中，用户可以对已经创建的标注文字内容与位置进行编辑。操作方法如下。

微视频

Step01 新建一个 CAD 空白文档，绘制图形并创建标注，鼠标双击创建的标注文字，如图 4-41 所示。

Step02 返回到绘图区，在出现的文字输入框中编辑文字内容，即可完成编辑标注文字的操作，如图 4-42 所示。

Step03 在菜单栏中选择“标注”→“对齐文字”→“左”命令，如图 4-43 所示。

Step04 返回到绘图区，①根据命令行提示“DIMTEDIT 选择标注”，②单击鼠标选择标注文字，如图 4-44 所示。

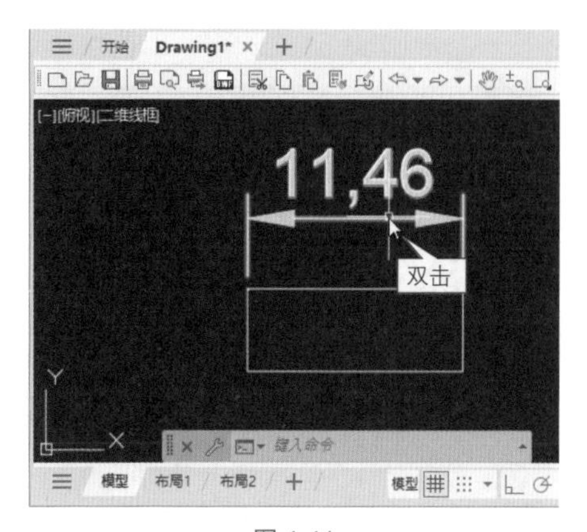

图 4-41

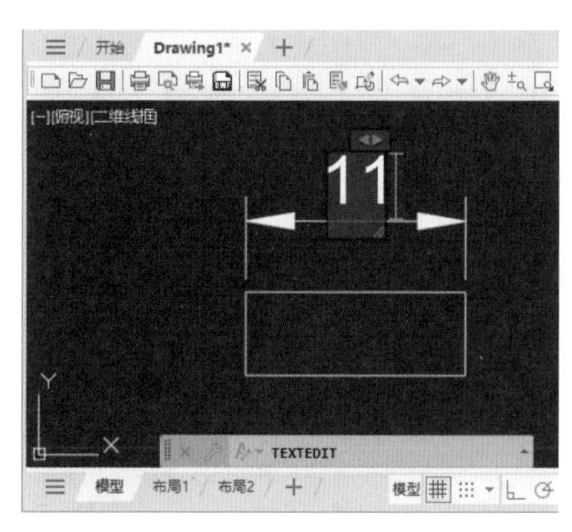

图 4-42

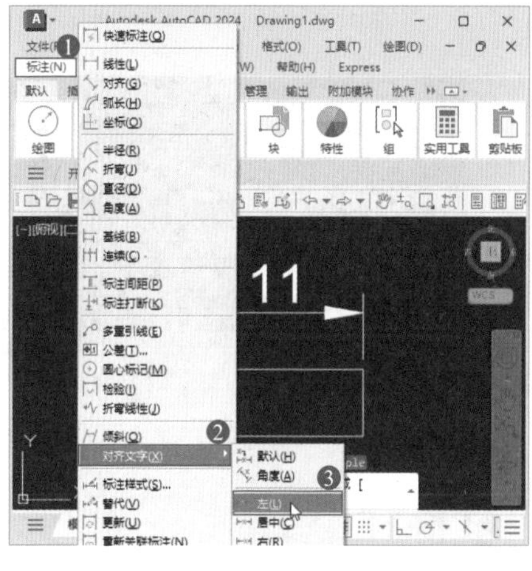

图 4-43

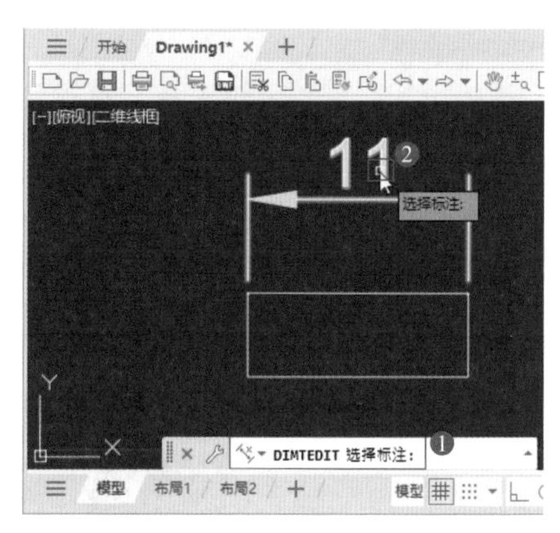

图 4-44

Step 05 此时可以看到标注文字的位置发生改变。通过以上步骤即可完成编辑标注文字与位置的操作，如图 4-45 所示。

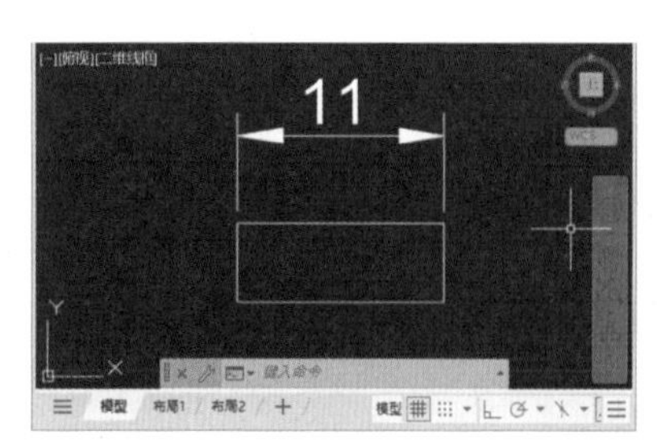

图 4-45

☆ 经验技巧

在 AutoCAD 2024 中，在功能区中选择“注释”选项卡，在“注释”选项组中可以选择要使用的对齐方式，或者在命令行中输入 DIMTEDIT，按 Enter 键来调用编辑标注文字命令。在菜单栏中选择“标注”→“对齐文字”→“角度”命令，可以设置标注文字的显示角度。

▶ 4.2.2 使用“特性”选项板编辑标注

在 AutoCAD 2024 中，使用“特性”选项板可以对尺寸标注的文字、尺寸界线和尺寸箭头等进行编辑。下面以更改标注文字颜色例，介绍使用特性选项板编辑标注的操作方法。

Step 01 新建一个 CAD 空白文档，绘制图形并创建标注，单击鼠标左键选择已创建的标注文字，如图 4-46 所示。

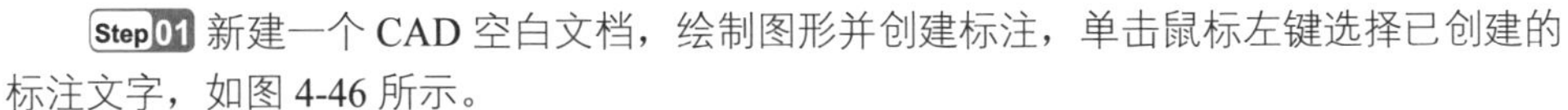

Step 02 在菜单栏中选择“工具”→“选项板”→“特性”命令，如图 4-47 所示。

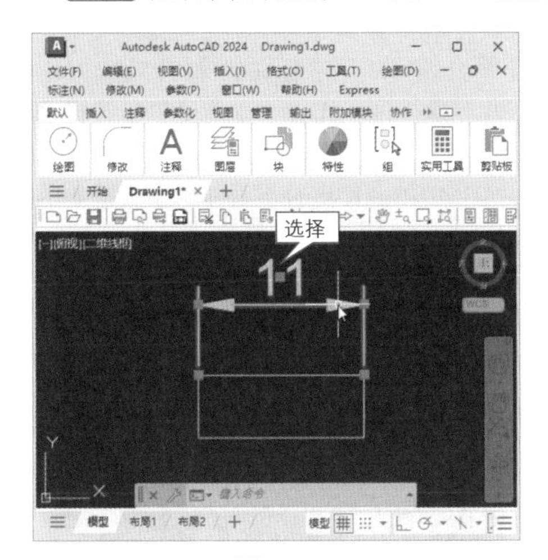

图 4-46

图 4-47

Step 03 弹出“特性”选项板，①单击“文字”下拉按钮 ▾，②在“文字颜色”下拉列表框中选择绿色，③单击“关闭”按钮 ✕，如图 4-48 所示。

Step 04 此时，标注文字的颜色发生改变，通过以上步骤即可完成使用选项板编辑标注文字的操作，如图 4-49 所示。

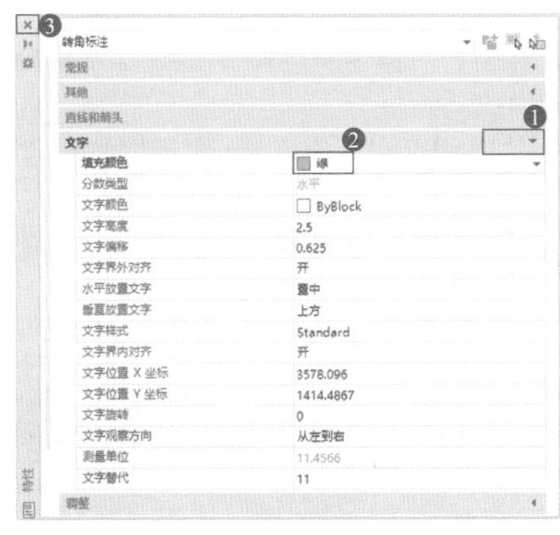

图 4-48

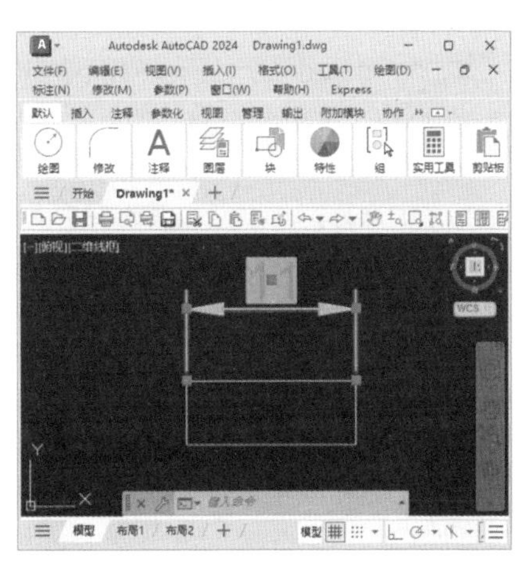

图 4-49

☆ 经验技巧

选中标注，在命令行中输入 PROPERTIES 或 PR，按 Enter 键，或者鼠标右击标注，在弹出的快捷菜单中选择“特性”命令，都可以打开“特性”选项板。

4.2.3 打断尺寸标注

微视频

在 AutoCAD 2024 中，有时因绘图工作的要求，不需要显示尺寸标注或尺寸界线等，这时可以使用打断尺寸标注功能来实现。下面介绍打断尺寸标注的操作方法。

Step01 新建一个 CAD 空白文档，绘制图形并创建标注，①在“功能区”中选择“注释”选项卡，②在“标注”选项组中单击“打断”按钮，如图 4-50 所示。

Step02 返回到绘图区，①根据命令行提示“DIMBREAK 选择要添加 / 删除折断的标注”，②移动光标至标注的位置单击鼠标左键，如图 4-51 所示。

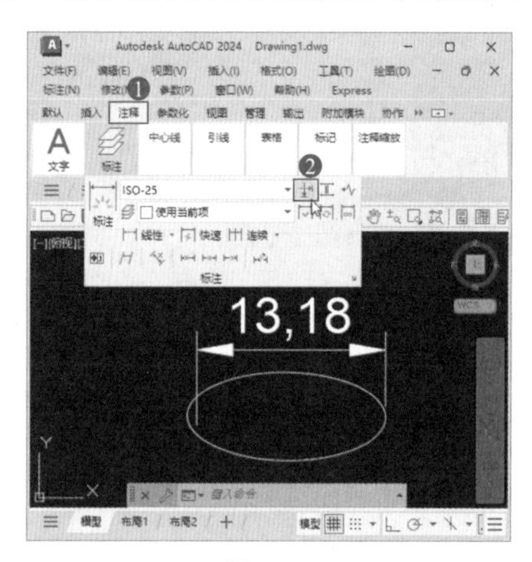

图 4-50

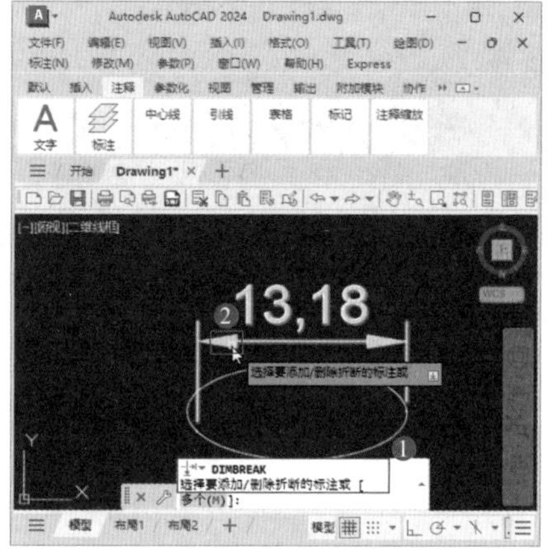

图 4-51

Step03 根据命令行提示“DIMBREAK 选择要折断标注的对象”，在命令行中输入“手动（M）”选项命令 M，按 Enter 键，如图 4-52 所示。

Step04 返回到绘图区，①根据命令行提示“DIMBREAK 指定第一个打断点”，②单击鼠标左键选择打断点，如图 4-53 所示。

Step05 移动鼠标指针，①根据命令行提示“DIMBREAK 指定第二个打断点”，②单击鼠标左键选择打断点，如图 4-54 所示。

Step06 此时可以看到选中标注的一条尺寸界线被打断。通过以上步骤即可完成打断尺寸标注的操作，如图 4-55 所示。

☆ 经验技巧

在 AutoCAD 2024 中，在菜单栏中选择“标注”→“标注打断”命令，或者在命令行中输入 DIMBREAK，按 Enter 键，都可以调用打断标注命令。

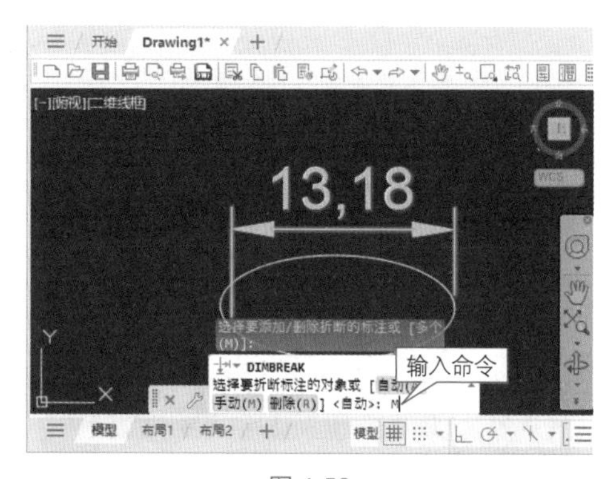

图 4-52

图 4-53

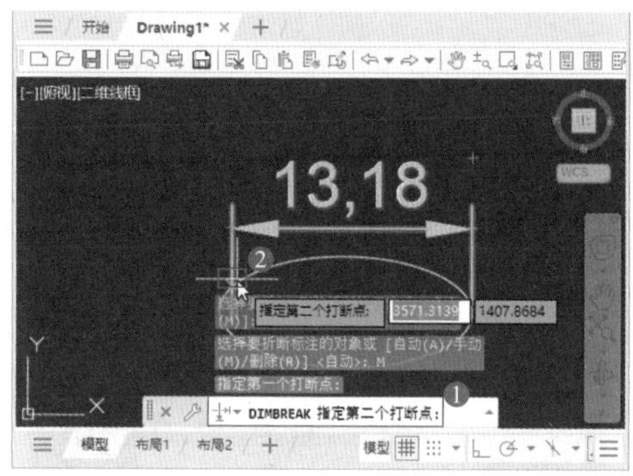

图 4-54

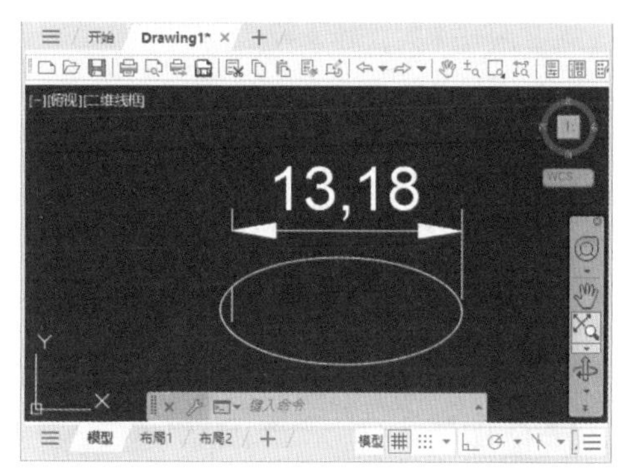

图 4-55

4.2.4　标注间距

在 AutoCAD 2024 中，标注间距又称为调整间距，可以调整线性标注或角度标注之间的间距。下面介绍使用标注间距的操作方法。

微视频

实例文件保存路径：配套素材 \ 第 4 章 \ 标注 .dwg

实例效果文件名称：标注间距 .dwg

Step 01 打开素材文件“标注 .dwg”，在菜单栏中选择“标注”→“标注间距”命令，如图 4-56 所示。

Step 02 返回到绘图区，①根据命令行提示“DIMSPACE 选择基准标注”，②单击鼠标左键选择作为基准标注的对象，如图 4-57 所示。

Step 03 移动鼠标指针，①根据命令行提示“DIMSPACE 选择要产生间距的标注”，②单击鼠标左键选择标注，如图 4-58 所示。

Step 04 按 Enter 键结束选择标注操作，根据命令行提示“DIMSPACE 输入值”，在命令行中输入标注的间距值 5，按 Enter 键，如图 4-59 所示。

Step 05 可以看出选中的标注间距发生变化。通过以上步骤即可完成使用标注间距的操作，如图 4-60 所示。

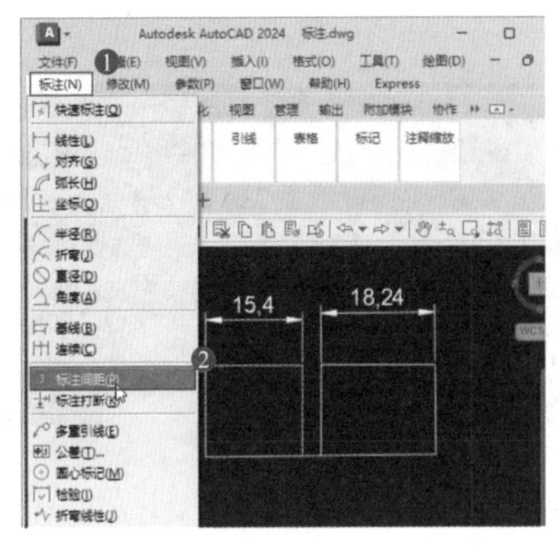

图 4-56

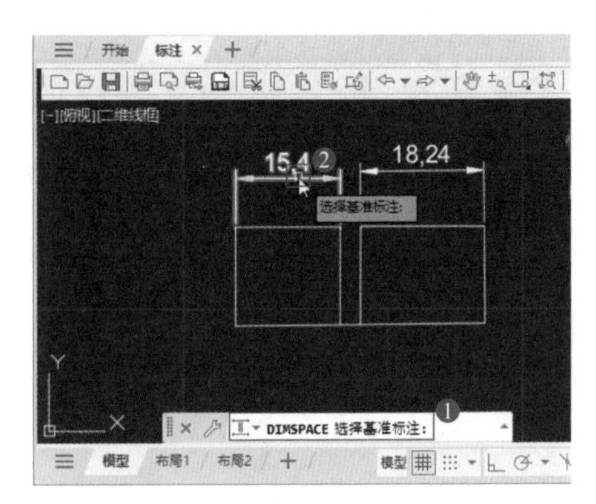

图 4-57

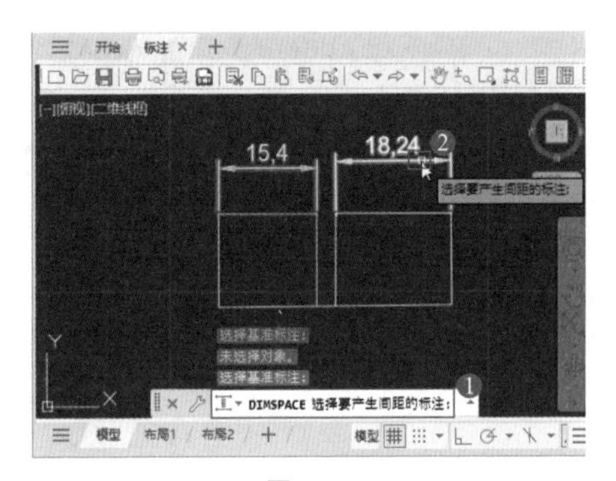

图 4-58

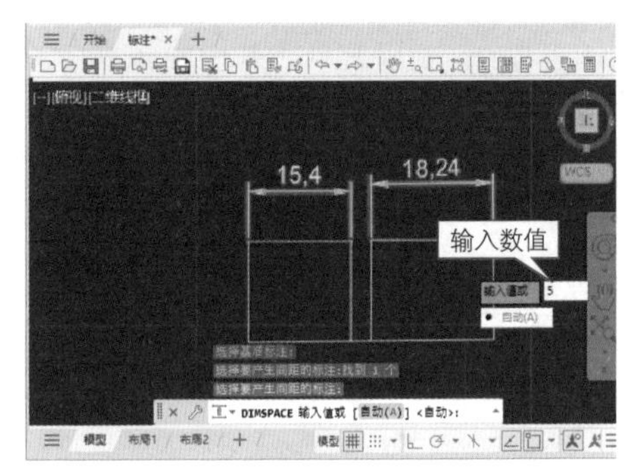

图 4-59

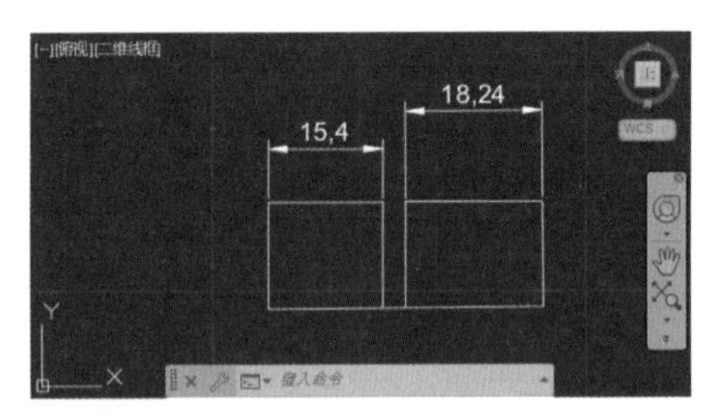

图 4-60

☆ 经验技巧

在功能区中选择“注释”选项卡，在“标注”选项组中单击“调整间距”按钮，也可以对标注进行间距调整。

4.2.5 更新标注

微视频

在 AutoCAD 2024 中，选择标注样式后，使用更新标注功能可以在两个标注样式之间进行切换。下面详细介绍更新标注的操作方法。

实例文件保存路径：配套素材\第 4 章\标注 .dwg

实例效果文件名称：更新标注 .dwg

Step01 打开素材文件“标注 .dwg”，①在功能区中选择“注释”选项卡，②在“标注”选项组的“标注样式”下拉列表框中选择“Standard”选项，如图 4-61 所示。

Step02 在“标注”选项组中单击“更新”按钮，如图 4-62 所示。

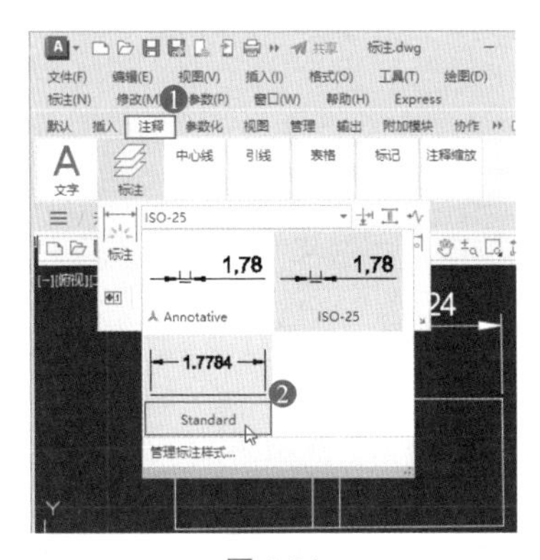

图 4-61

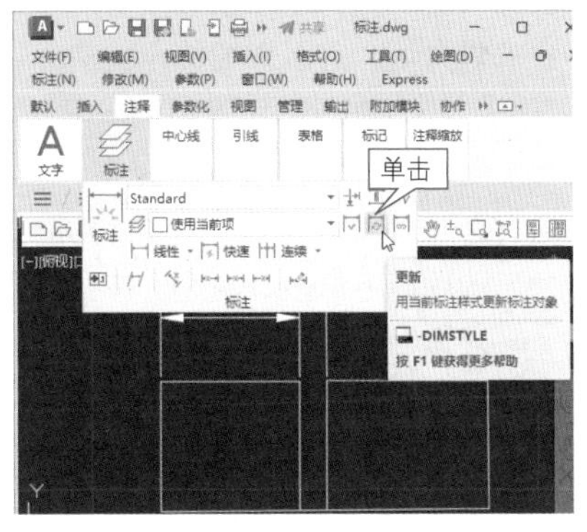

图 4-62

Step03 返回到绘图区，①根据命令行提示“-DIMSTYLE 选择对象”，②单击鼠标左键选择标注，如图 4-63 所示。

Step04 按 Enter 键结束选择标注操作，标注以新的样式显示。通过以上步骤即可完成更新标注的操作，如图 4-64 所示。

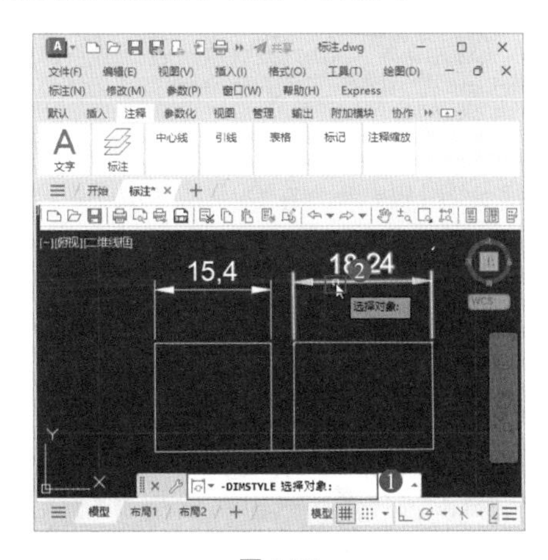

图 4-63

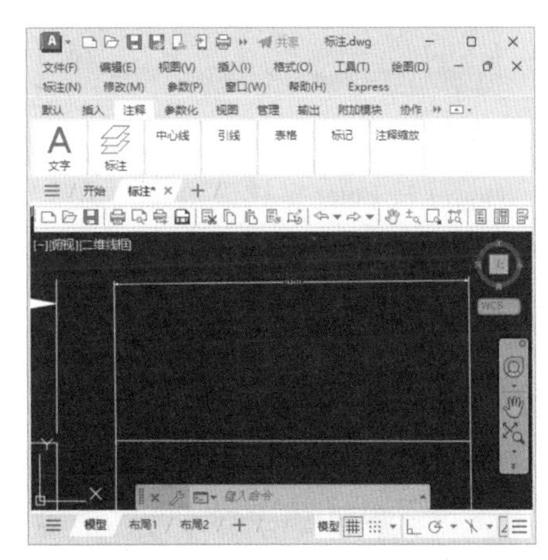

图 4-64

4.3 快速标注

在 AutoCAD 2024 中，系统提供了几种快速标注对象的方式，包括快速标注、基线标注和连续标注。本小节将重点介绍快速标注、基线标注和连续标注方面的知识与操作技巧。

4.3.1　快速标注

微视频

在 AutoCAD 2024 中，使用快速标注功能，系统可以自动查找所选几何体上的端点，并将它们作为尺寸界线的始末点进行标注。在为一系列圆或圆弧创建标注时，使用该方式非常方便。下面介绍使用快速标注的操作方法。

实例文件保存路径：配套素材\第 4 章\三圆 .dwg

实例效果文件名称：快速标注 .dwg

Step01 打开素材文件“三圆 .dwg”，①在“功能区”中选择“注释”选项卡，②在“标注”选项组中单击“快速”按钮快速，如图 4-65 所示。

Step02 返回到绘图区，①根据命令行提示“QDIM 选择要标注的几何图形”，②使用叉选方式选中图形对象，如图 4-66 所示。

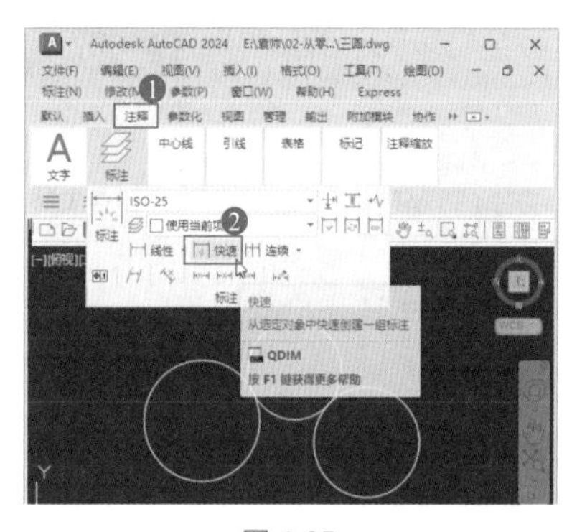

图 4-65

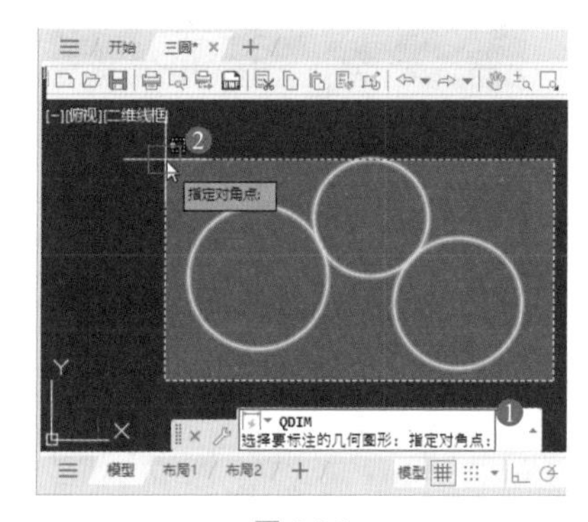

图 4-66

Step03 按 Enter 键结束选择对象操作，根据命令行提示，在命令行中输入“半径（R）”选项命令 R，按 Enter 键，如图 4-67 所示。

Step04 移动鼠标指针，①根据命令行提示“QDIM 指定尺寸线位置”，②在指定位置单击，如图 4-68 所示。

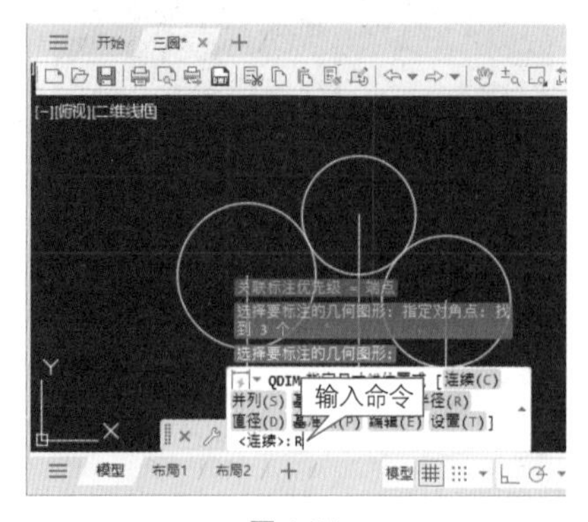

图 4-67

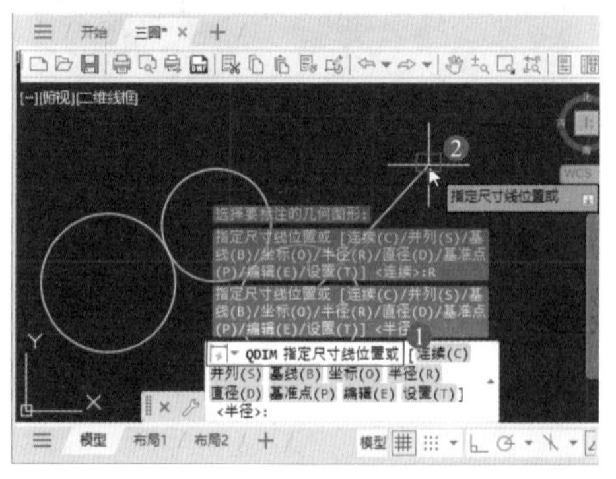

图 4-68

Step05 此时，绘图区的三个圆形的半径同时被标注出来。通过以上步骤即可完成使用快速标注的操作，如图 4-69 所示。

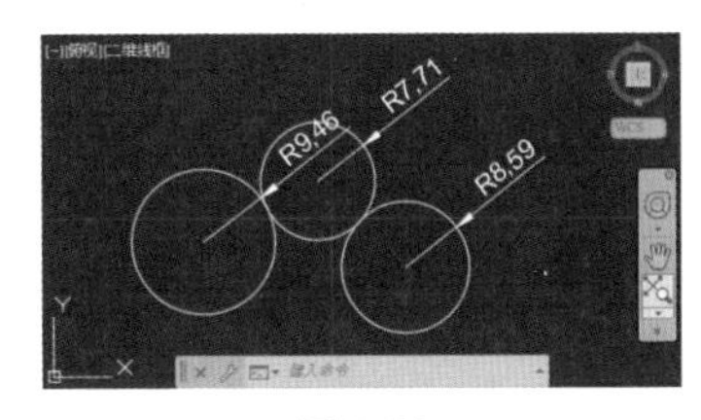

图 4-69

☆ 经验技巧

在 AutoCAD 2024 中，可以在菜单栏中选择“标注”→“快速标注”命令，或者在命令行中输入 QDIM，按 Enter 键来调用快速标注命令。

4.3.2　基线标注

在 AutoCAD 2024 中，基线标注是指从上一个标注或选定标注的基线处创建线性标注、角度标注或坐标标注等。下面介绍基线标注的操作方法。

实例文件保存路径：配套素材 \ 第 4 章 \ 基线标注 .dwg

实例效果文件名称：基线标注效果 .dwg

微视频

Step01 打开素材文件“基线标注 .dwg”，在菜单栏中选择“标注”→“基线”命令，如图 4-70 所示。

Step02 移动鼠标指针，①根据命令行提示“DIMBASELINE 指定第二个尺寸界线原点”，②在第二个尺寸界线原点处单击鼠标左键，如图 4-71 所示。

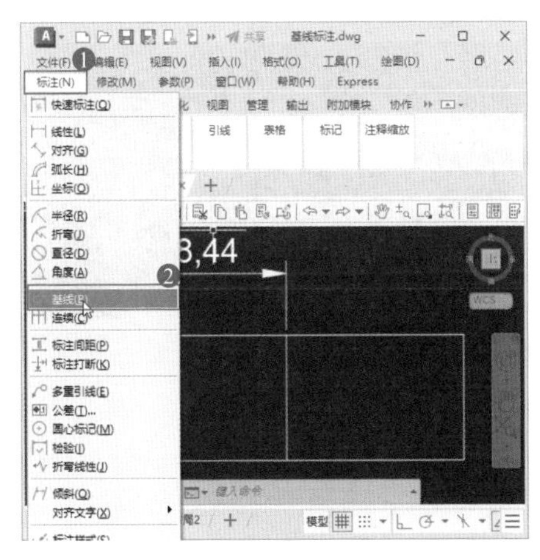

图 4-70

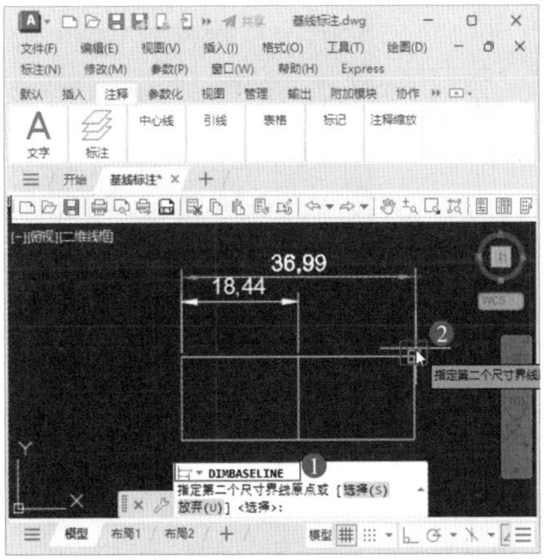

图 4-71

Step03 按 Esc 键退出基线标注命令，基线标注完成，如图 4-72 所示。

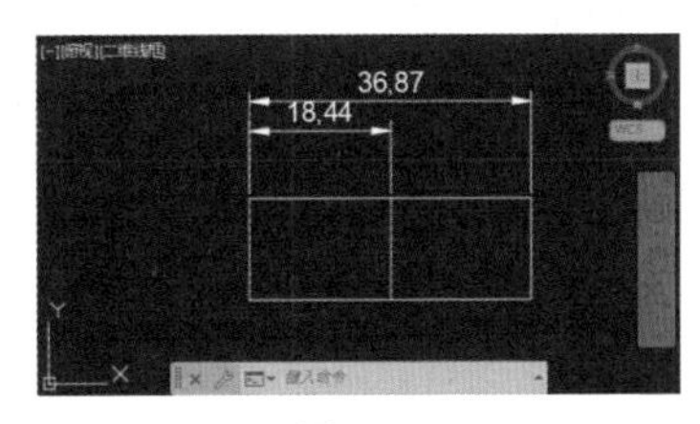

图 4-72

☆ 经验技巧

在 AutoCAD 2024 中，在功能区中选择“注释”选项卡，在“标注”选项组中单击“连续”下拉按钮 ，在弹出的下拉列表中选择“基线”选项，或者在命令行中输入 DIMBASELINE 或 DBA，按 Enter 键来调用基线标注命令。

▶ 4.3.3 连续标注

微视频

连续标注又叫尺寸链标注，用于产生一系列连续的尺寸标注，后一个尺寸标注均把前一个标注的第二条尺寸界线作为它的第一条尺寸界线。下面介绍连续标注的操作方法。

实例文件保存路径：配套素材 \ 第 4 章 \ 连续标注 .dwg

实例效果文件名称：连续标注效果 .dwg

Step01 打开素材文件“连续标注 .dwg”，在菜单栏中选择“标注”→“连续”命令，如图 4-73 所示。

Step02 返回到绘图区，①根据命令行提示“DIMCONTINUE 选择连续标注”，②单击鼠标左键选中一个标注，如图 4-74 所示。

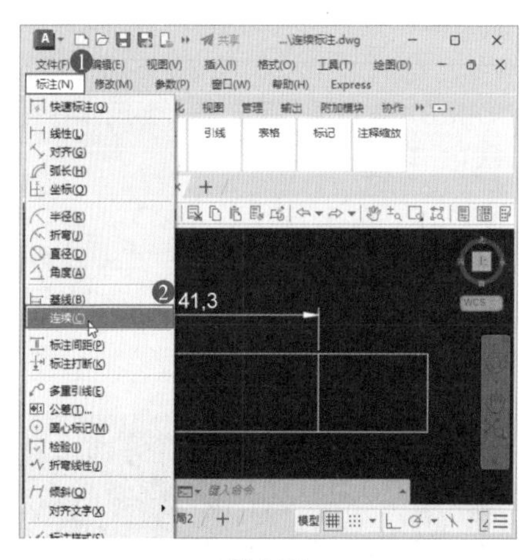

图 4-73

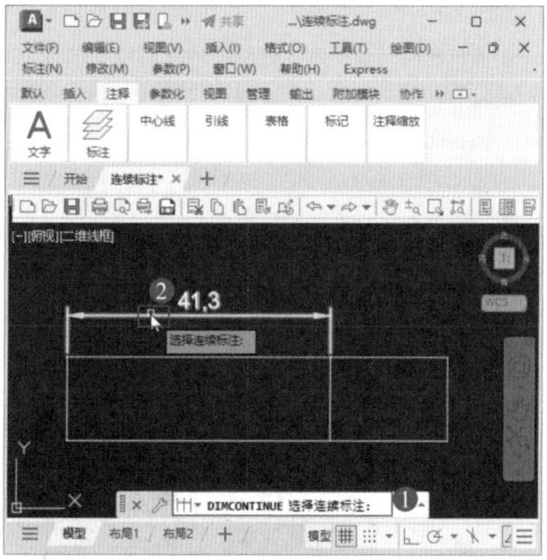

图 4-74

Step03 返回到绘图区，①根据命令行提示“DIMCONTINUE 指定第二个尺寸界线原点”，②在第二个尺寸界线原点处单击鼠标左键，如图 4-75 所示。

Step04 按 Esc 键退出连续标注命令，连续标注完成，如图 4-76 所示。

☆ 经验技巧

在 AutoCAD 2024 中，在功能区中选择“注释”选项卡，在“注释”选项组中单击“连续”下拉按钮 ，在弹出的下拉列表中选择“连续”选项，或者在命令行中输入 DIMCONTINUE 或 DCO，按 Enter 键来调用连续标注命令。

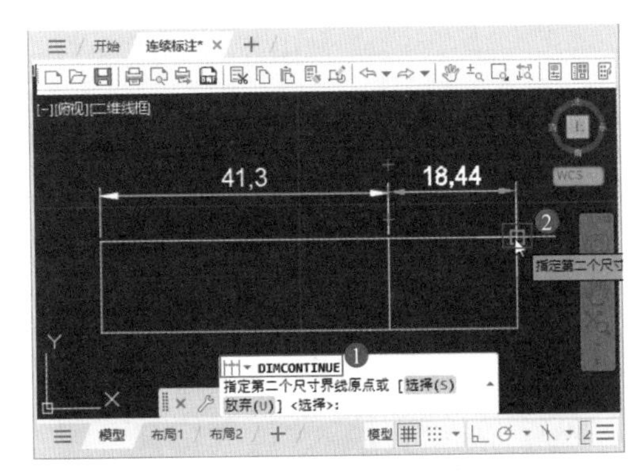

图 4-75

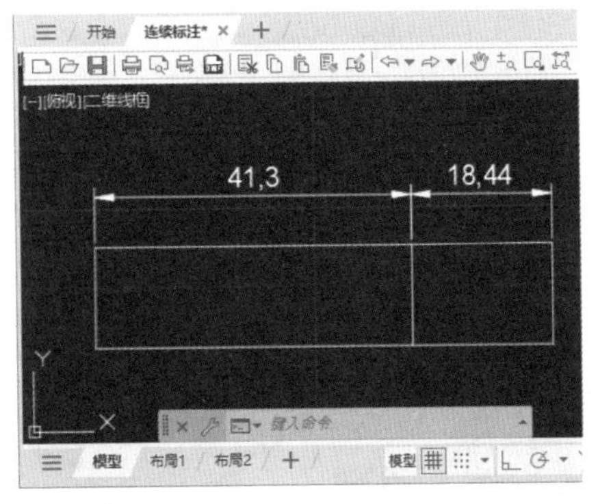

图 4-76

4.4 课堂实训——室内设计常见的尺寸标注

在本节的学习过程中，将侧重介绍和讲解本章知识点有关的实例操作，主要内容包括线性尺寸标注冰箱图形、对齐尺寸标注健身器图形、弧长尺寸标注坐便器图形、连续尺寸标注沙发图形、使用基线尺寸标注电梯立面图等。

4.4.1 线性尺寸标注冰箱图形

线性尺寸标注用于对水平尺寸、垂直尺寸及旋转尺寸等长度类型尺寸进行标注，这些尺寸标注的方法也都基本类似。本例详细介绍通过线性尺寸标注冰箱图形的操作方法。

微视频

实例文件保存路径：配套素材\第 4 章\电冰箱 .dwg

实例效果文件名称：标注冰箱图形 .dwg

Step01 打开“电冰箱 .dwg”素材文件，①在“功能区”中选择“默认”选项卡，②在“注释”选项组中单击“线性”下拉按钮 线性，③在弹出的下拉列表中选择“线性”选项，如图 4-77 所示。

Step02 根据命令行提示进行操作，依次捕捉图形最下方的两个端点，如图 4-78 所示。

Step03 在菜单栏中选择“格式”→“标注样式”命令，弹出“标注样式管理器”对话框，单击“修改”按钮 修改(M)...，弹出“修改标注样式”对话框，①设置“文字颜色”为红色，②设置“文字高度”为 100，③单击“确定”按钮 确定，如图 4-79 所示。

Step04 向下引导光标，至合适位置后单击，即可完成线性尺寸标注冰箱图形，标注的最终效果如图 4-80 所示。

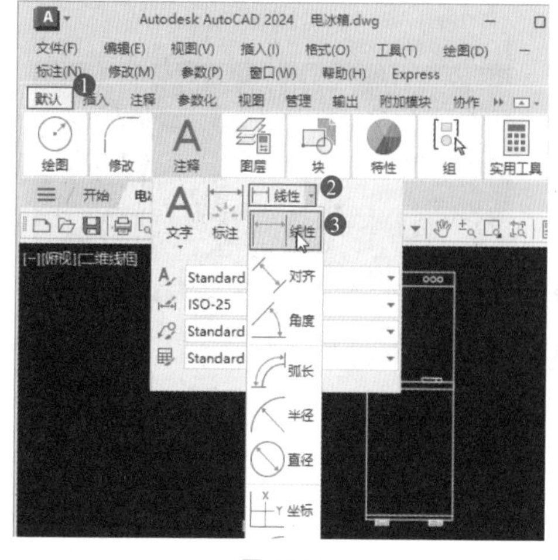

图 4-77

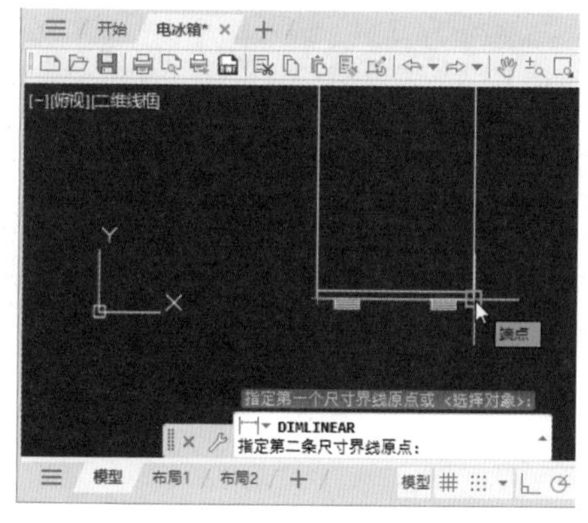

图 4-78

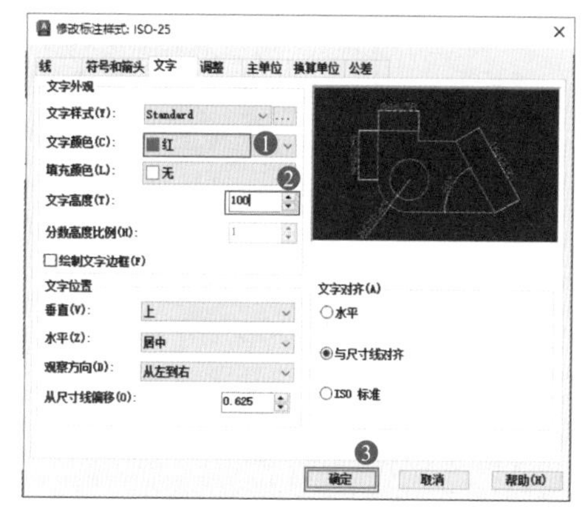

图 4-79

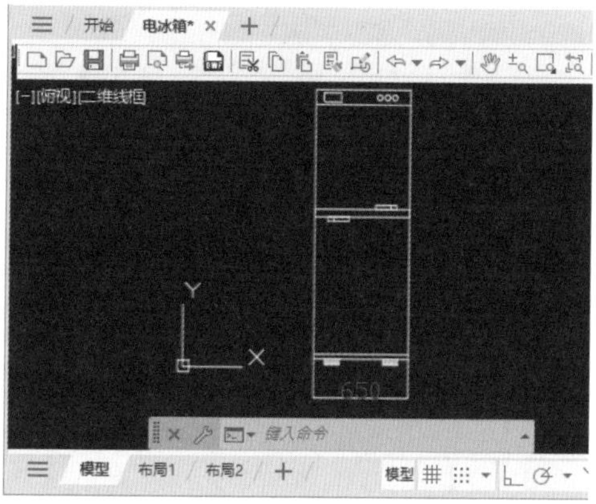

图 4-80

4.4.2 对齐尺寸标注健身器图形

微视频

当需要标注斜线、斜面尺寸时，用户可以使用对齐尺寸标注，此时标注出来的尺寸线与斜线、斜面相互平行。本例详细介绍通过对齐尺寸标注健身器图形的操作方法。

实例文件保存路径：配套素材\第 4 章\健身器 .dwg

实例效果文件名称：标注健身器图形 .dwg

Step 01 打开“健身器 .dwg”素材文件，在命令行中输入 DIMALIGNED，按 Enter 键确认，在命令行的提示下，捕捉合适的端点，确定对齐尺寸标注的起点，如图 4-81 所示。

Step 02 向下引导光标，确定标注的第二点，如图 4-82 所示。

Step 03 移动鼠标指针，至指定的尺寸线位置处，单击鼠标左键，即可完成对齐标注第一条尺寸，如图 4-83 所示。

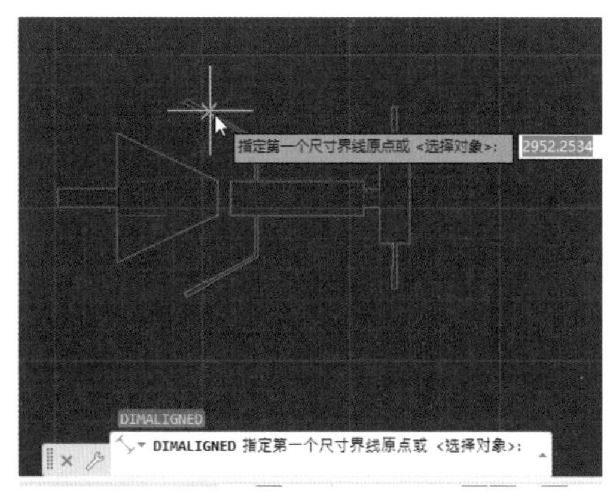

图 4-81

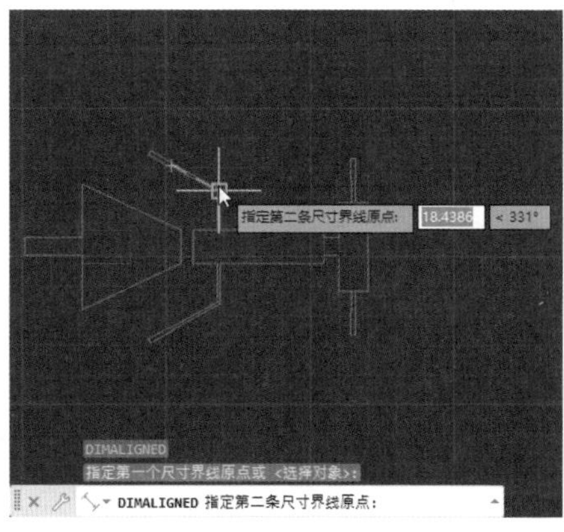

图 4-82

Step 04 使用相同的方法标注其他尺寸线，即可完成对齐尺寸标注健身器图形的操作，如图 4-84 所示。

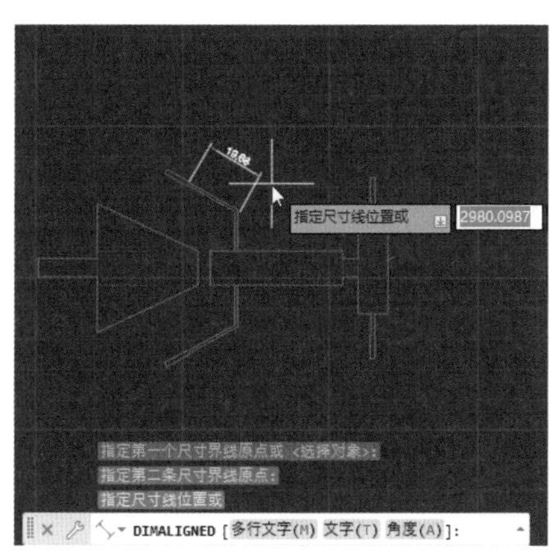

图 4-83

图 4-84

4.4.3 弧长尺寸标注坐便器图形

弧长尺寸标注主要用于测量和显示圆弧的长度。为区别它们是线性标注还是角度标注，在默认情况下，弧长标注将显示一个圆弧号。本例详细介绍弧长尺寸标注坐标器图形的方法。

微视频

实例文件保存路径：配套素材\第 4 章\坐便器 .dwg

实例效果文件名称：标注坐便器图形 .dwg

Step 01 打开“坐便器 .dwg”素材文件，在功能区中，①选择“默认”选项卡，②在“注释”选项组中单击“线性”下拉按钮 线性，③在弹出的下拉列表中选择“弧长”选项，如图 4-85 所示。

Step 02 根据命令提示进行操作，选择需要标注尺寸的圆弧，如图 4-86 所示。

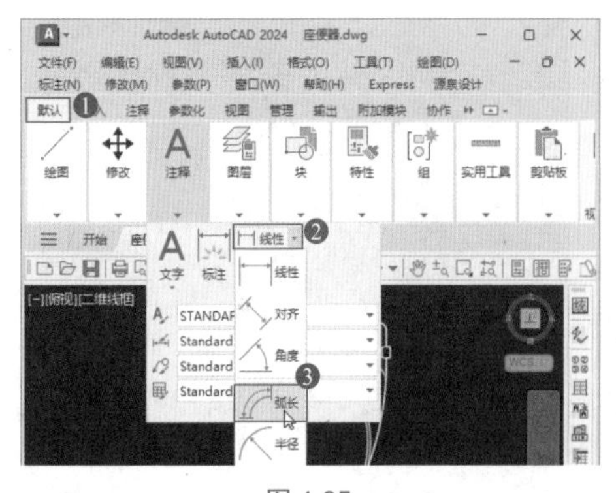

图 4-85

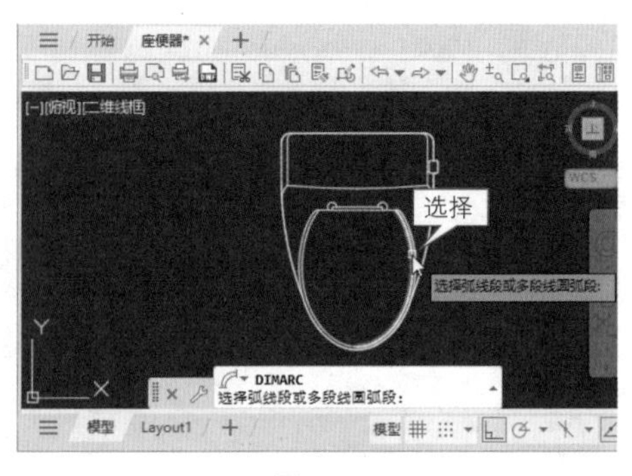

图 4-86

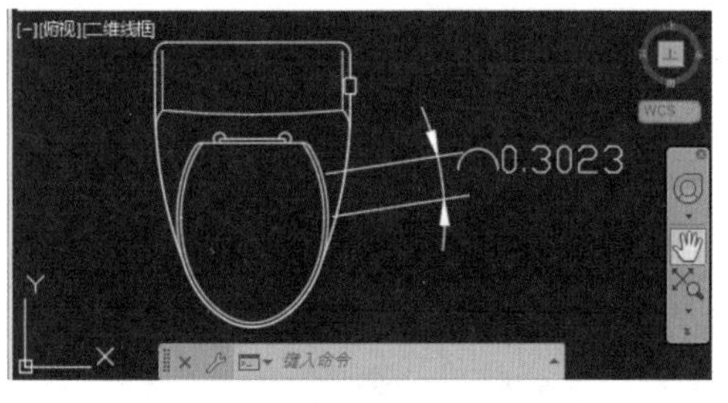

图 4-87

Step03 向右拖动鼠标，至合适的位置后单击，即可创建弧长尺寸标注，如图 4-87 所示。

4.4.4 连续尺寸标注沙发图形

微视频

连续标注是首尾相连的多个标注，在创建连续标注之前，必须已有线性、对齐或角度标注。本例详细介绍使用连续尺寸标注沙发图形的操作方法。

实例文件保存路径：配套素材 \ 第 4 章 \ 沙发 .dwg

实例效果文件名称：标注沙发图形 .dwg.

Step01 打开“沙发 .dwg”素材文件，在功能区中，①选择“注释”选项卡，②在“标注”选项组中单击“连续”按钮，如图 4-88 所示。

Step02 根据命令行提示进行操作，选择已有的尺寸标注，如图 4-89 所示。

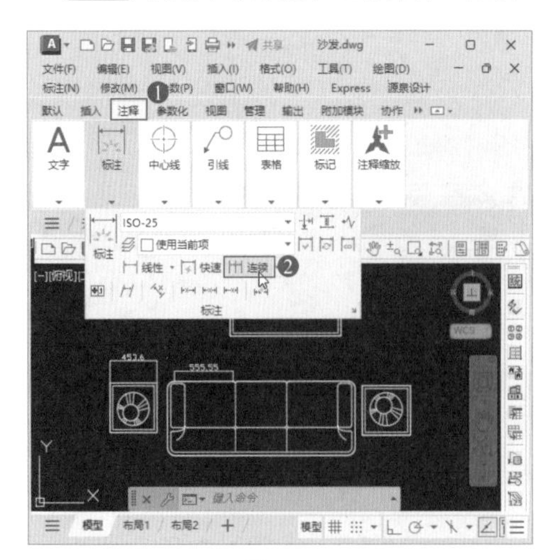

图 4-88

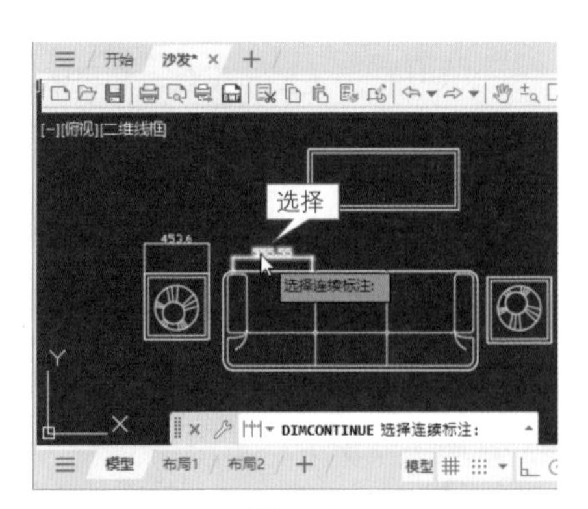

图 4-89

Step03 在选择已有尺寸标注的右侧，在相应的端点上依次单击，连续按两次 Enter 键确认，即可完成连续尺寸标注沙发图形的操作，如图 4-90 所示。

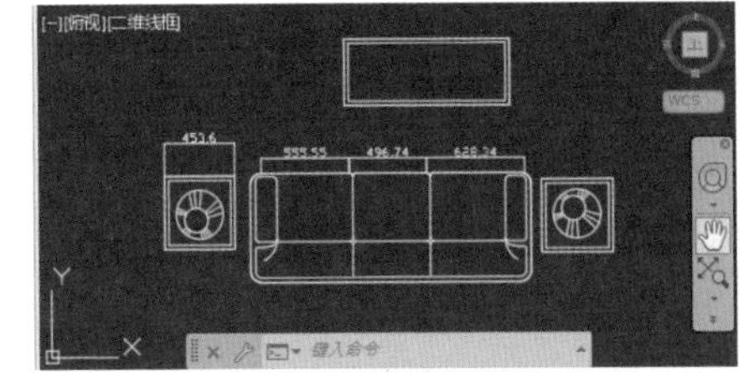

图 4-90

4.4.5 使用基线尺寸标注电梯立面图

使用基线标注命令可以轻松地创建自相同基线测量的一系列相关标注。使用基线增量值偏移每一条新的尺寸线并避免覆盖上一条尺寸线。本例详细介绍使用基线尺寸标注电梯立面图的操作方法。

实例文件保存路径：配套素材 \ 第 4 章 \ 电梯立面图 .dwg

实例效果文件名称：标注电梯立面图 .dwg

微视频

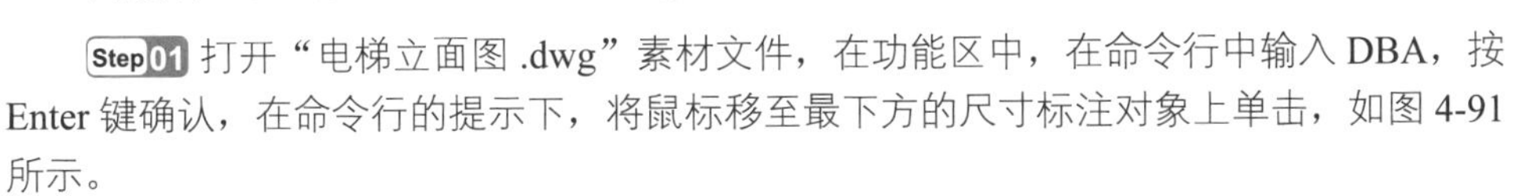

Step01 打开“电梯立面图 .dwg”素材文件，在功能区中，在命令行中输入 DBA，按 Enter 键确认，在命令行的提示下，将鼠标移至最下方的尺寸标注对象上单击，如图 4-91 所示。

Step02 在最下方的尺寸标注上单击，向右引导光标，移动至合适的端点，标注基线尺寸，如图 4-92 所示。

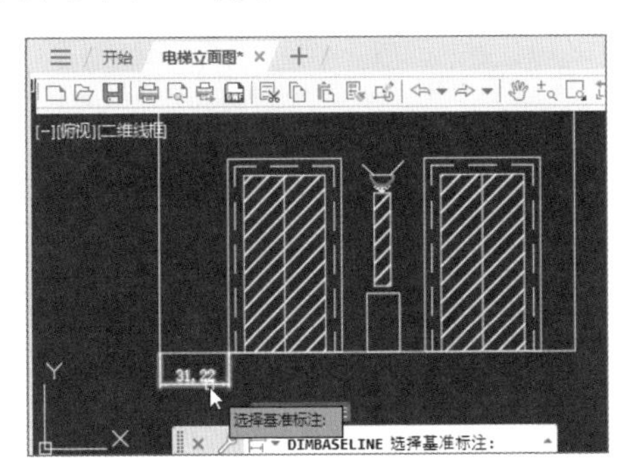

图 4-91

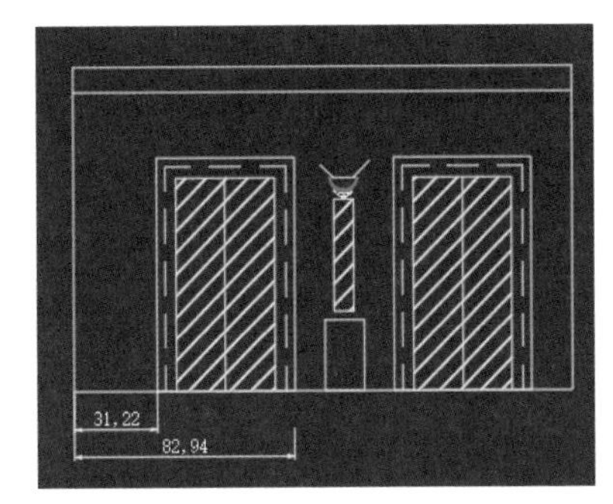

图 4-92

Step03 再次在下方合适的端点上依次单击，并按 Enter 键确认。这样即可完成使用基线尺寸标注电梯立面图的操作，效果如图 4-93 所示。

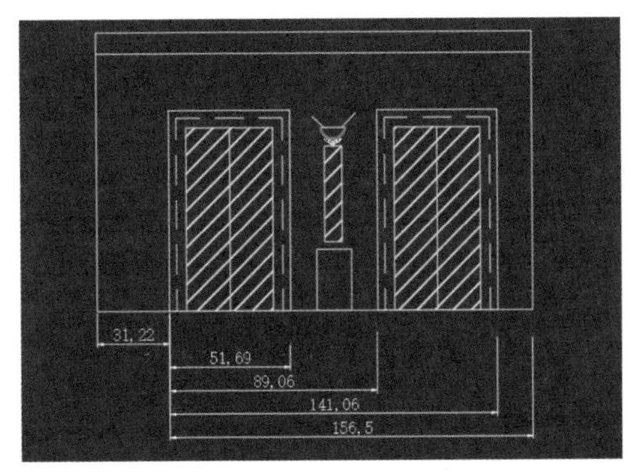

图 4-93

第5章

快速绘制室内图形实战案例

本章要点

认识 CAD 设计插件
绘制墙体
绘制门窗
绘制楼梯
绘制家具
绘制建筑符号

本章主要内容

本章主要介绍认识 CAD 设计插件、绘制墙体、绘制门窗、绘制楼梯方面的知识与技巧，同时还讲解了如何绘制家具的方法。在本章的最后针对实际的工作需求，讲解了绘制建筑符号的方法。通过本章的学习，读者可以掌握使用插件绘制室内图形方面的知识，大大提高绘图效果，为深入学习室内装潢知识奠定基础。

5.1 认识 CAD 设计插件

在使用 AutoCAD 2024 制图过程中，为了提升绘图效果，可以使用一些 CAD 绘图插件，这样可以大大提高设计师的绘图效率，让新手设计师秒变高手，本节将详细介绍 CAD 设计插件的相关知识。

5.1.1 认识设计插件

源泉设计插件的功能非常强大，制图效率非常快，完全不影响原有 AutoCAD 的绘图习惯，本章接下来将使用该插件详细介绍室内图形的绘制，用户可以进入源泉设计的官网自行下载安装该插件。源泉设计虽然只是一个插件，但它会以菜单命令的方式呈现在 AutoCAD 2024 的主界面中，用户可以在其中看到许多实用功能，例如墙体绘制、门窗绘制等。源泉设计的菜单界面如图 5-1、图 5-2 所示。

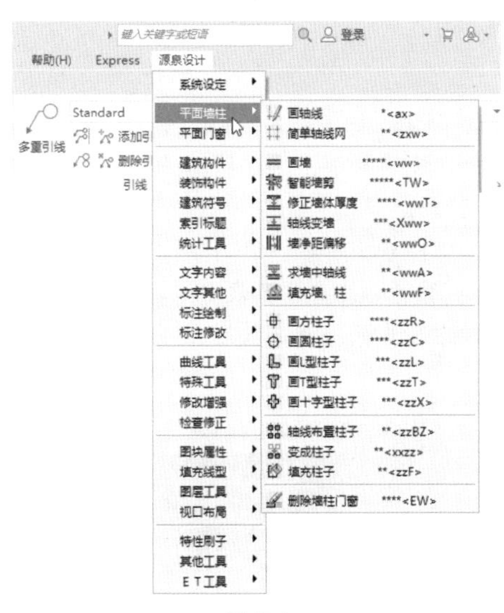

图 5-1

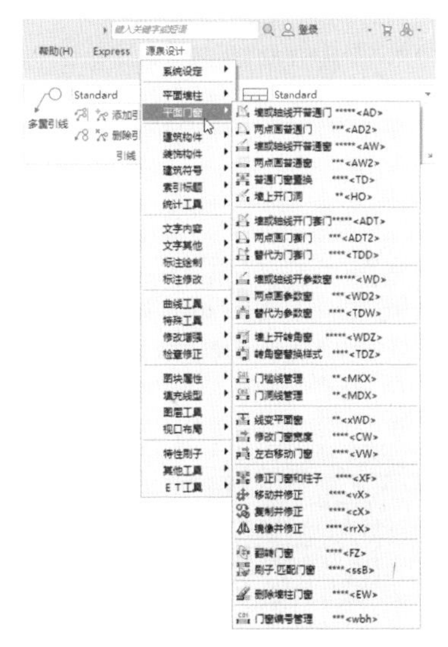

图 5-2

> ☆ **知识常识**
>
> 源泉设计插件不仅可以通过菜单命令实现许多实用的功能，通过执行相应的快捷键也可以快速执行相应的命令，这与 CAD 中的操作习惯类似。

在菜单中选择“源泉设计”→“系统设定”→“用户系统配置”命令，如图 5-3 所示。即可打开一个记事本窗口，如图 5-4 所示，在其中用户可以根据自己的操作习惯更改系统配置文件，如线型的颜色、图层的颜色等。更改完成后，在记事本窗口的菜单栏中选择“文件”→“保存”命令即可。

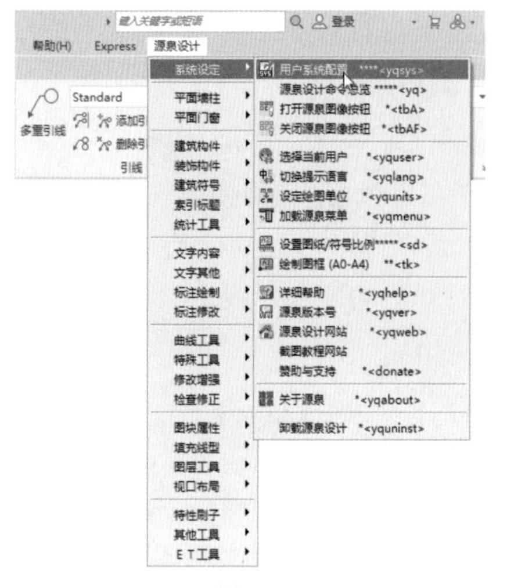

图 5-3

图 5-4

5.1.2 查看快捷键

在源泉设计中，各种命令也提供了相应的快捷键，与 CAD 中的操作是一样的，输入相应的命令也可以快速执行相关操作。每一个命令后面都带了快捷键命令，在菜单栏中选择“源泉设计”→“系统设定”→“源泉设计命令总览”命令，即可弹出“[源泉设计]-[命令总览]”对话框，可以预览整个命令，如图 5-5 所示。单击左侧的“‘平面门窗’命令列表”按钮，即可弹出“[源泉设计]-[门窗工具] 命令列表”对话框，如图 5-6 所示。在其中可以根据实际需要查看并更改相关命令的快捷键参数，完成修改后，单击“确定”按钮 确定 即可。

图 5-5

图 5-6

5.2 绘制墙体

用户通过源泉设计插件可以快速绘制出墙体效果。在菜单栏中选择“源泉设计”→“平面墙柱”命令，可以看到其中提供了多种墙体命令，如图 5-7 所示。本节将详细介绍使用源泉设计插件绘制墙体的相关知识。

图 5-7

5.2.1 绘制简易墙体

插件中提供的“画墙”命令是 WW，用户可以通过它根据命令提示快速绘制出墙体，如图 5-8 所示。该命令只适用于精度不高的墙体绘制，因为室内的墙体是根据内线进行偏移的，而“画墙”命令绘制出来的墙体在数据上有一定的误差，它不是从内线开始走的，而是从中间开始走的，所以画出来的墙体有一定的数据误差。

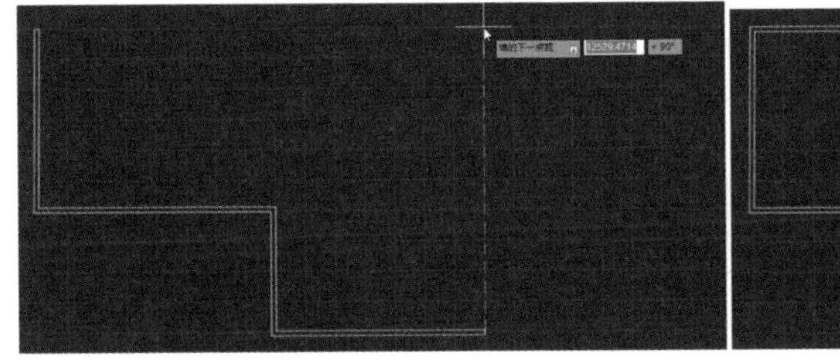
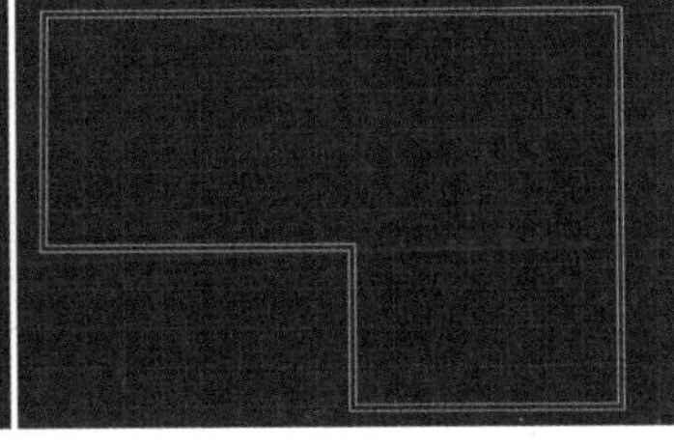

图 5-8

5.2.2 通过“墙净距偏移”命令绘制墙体

源泉设计插件中的“画墙”命令绘制出来的墙体在数据上会有误差，如果要绘制出精确数据的墙体，可以使用“墙净距偏移”命令进行操作。下面详细介绍通过“墙净距偏移”命令绘制墙体的操作方法。

微视频

Step 01 新建一个 CAD 空白文档，在命令行中输入 WW，按 Enter 键确认，输入 T 并确认，如图 5-9 所示。

Step 02 弹出“[源泉设计]- 输入墙厚”对话框，因为室内设计中常用的墙体厚度是 240，这里选择 240 的墙体，单击“确定”按钮 确定 ，如图 5-10 所示。

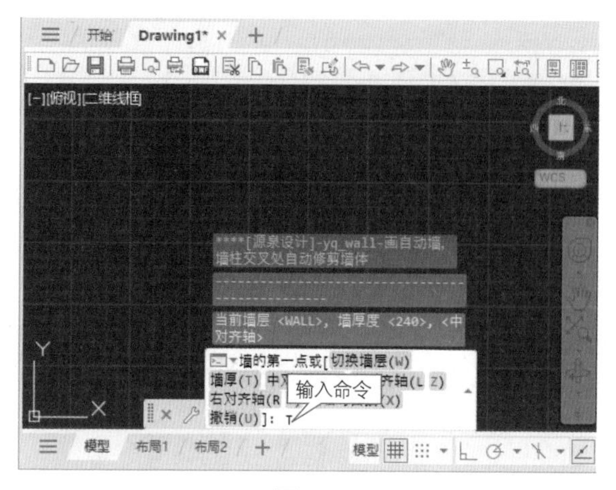

图 5-9

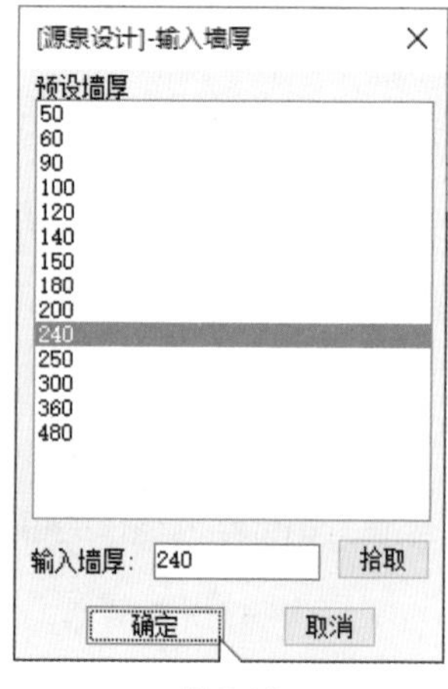

图 5-10

Step 03 在绘图区，指定第一点，向下引导光标输入 4000 并确认，如图 5-11 所示。

Step 04 绘制出一个 4m 的墙体，效果如图 5-12 所示。

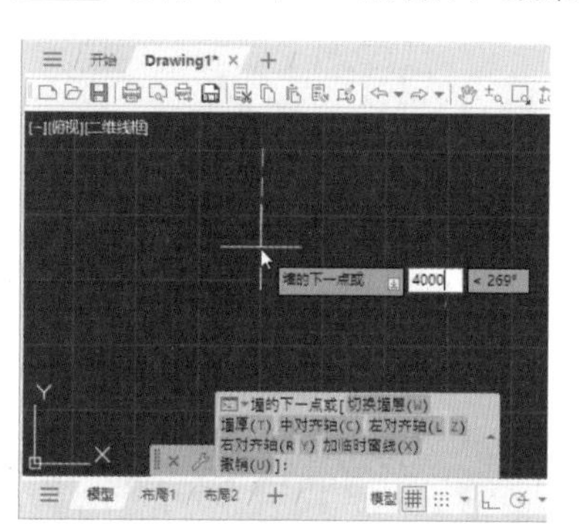

图 5-11

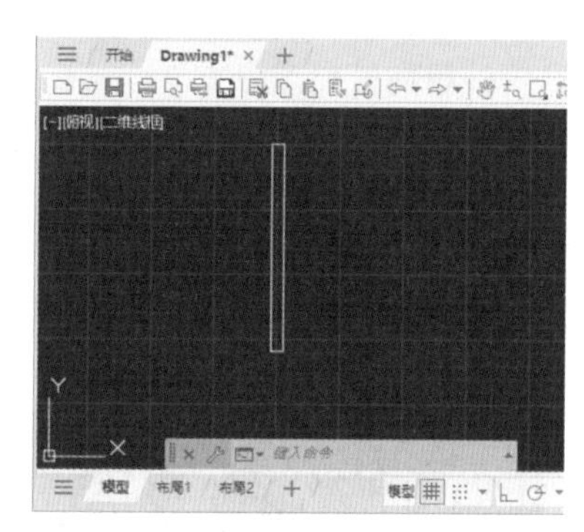

图 5-12

Step 05 在命令行中输入 WWO 并按 Enter 键确认，输入 5000 并确认，如图 5-13 所示。

Step 06 选择之前绘制的墙体，向右进行偏移操作，效果如图 5-14 所示。

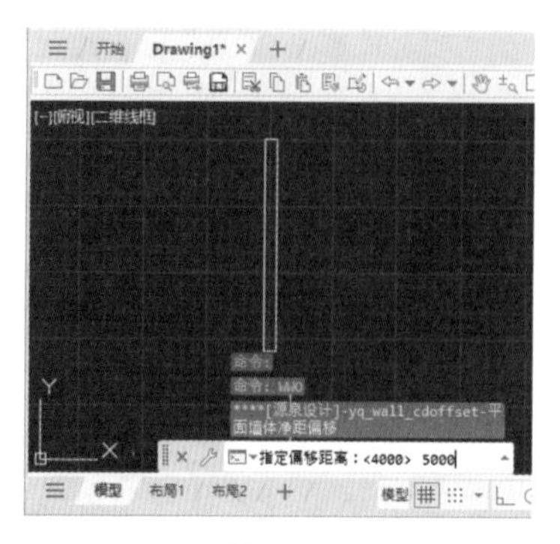

图 5-13

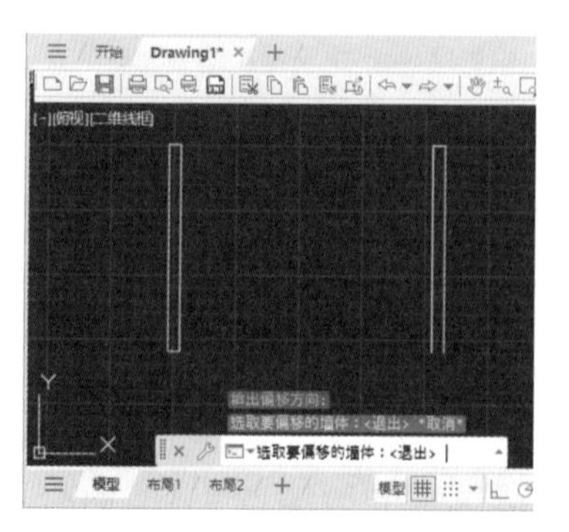

图 5-14

Step 07 再次在命令行中输入 WW，按 Enter 键确认，连接墙体左右两端的上端点，如图 5-15 所示。

Step 08 再次在命令行中输入 WWO 并按 Enter 键确认，输入 4000 并确认，如图 5-16 所示。

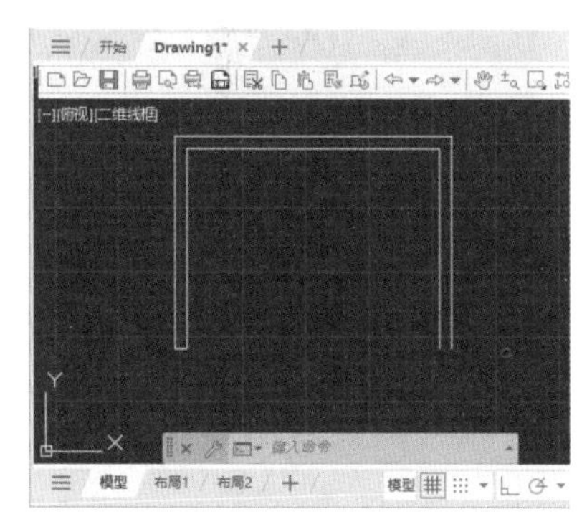

图 5-15

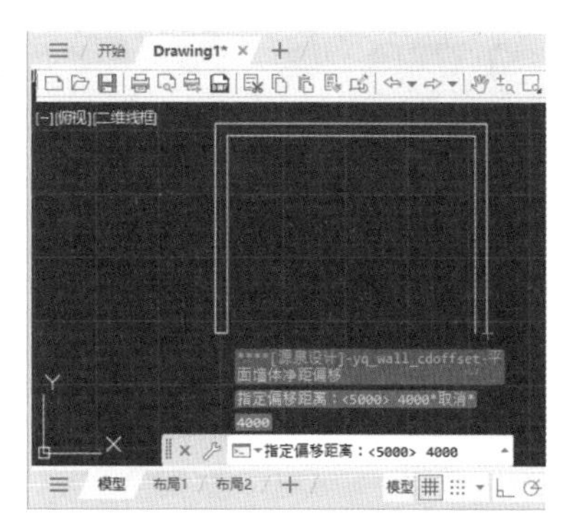

图 5-16

Step 09 将上方的墙体向下偏移 4m，即可完成通过“墙净距偏移”绘制墙体，效果如图 5-17 所示。

Step 10 用户可以通过使用线性尺寸命令来标注一下刚刚绘制的墙体尺寸，可以看到数据十分准确，如图 5-18 所示。

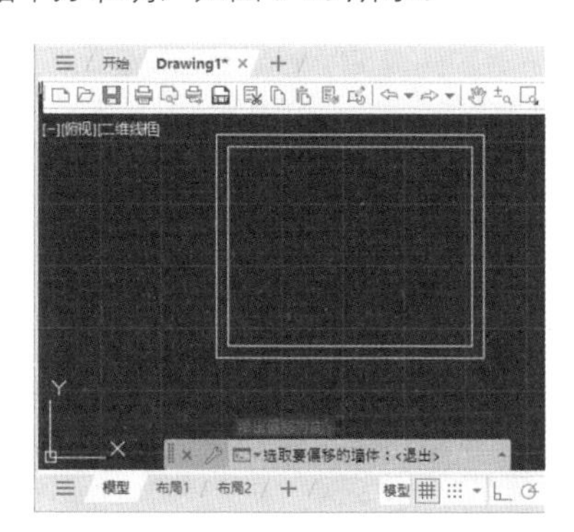

图 5-17

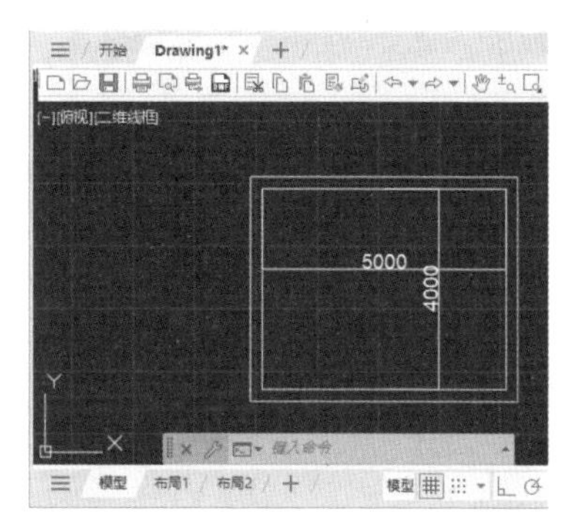

图 5-18

5.2.3 通过“智能墙剪”命令绘制墙体

源泉设计插件中的“智能墙剪”命令主要用于快速修复墙体，使具有缺陷的墙体快速合并。下面详细介绍通过“智能墙剪”绘制墙体的操作方法。

实例文件保存路径：配套素材 \ 第 5 章 \ 智能墙剪 .dwg

实例效果文件名称：智能墙剪效果 .dwg

微视频

Step 01 打开素材文件“智能墙剪 .dwg”，在菜单栏中选择“源泉设计”→“平面墙柱”→“智能墙剪”命令，如图 5-19 所示。

Step 02 在绘图区通过拖曳的方式框选需要修复的墙体，如图 5-20 所示。

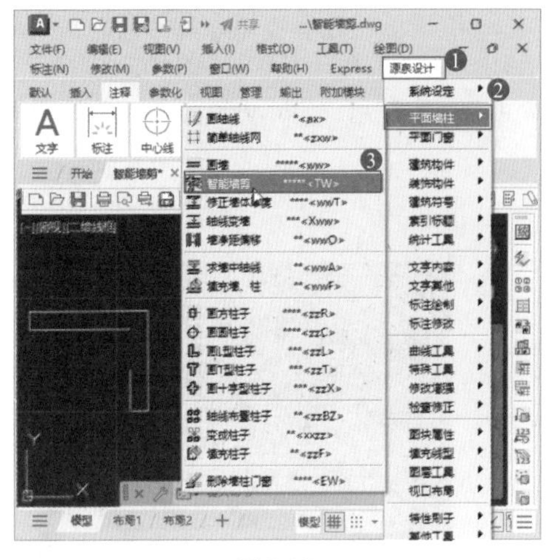

图 5-19

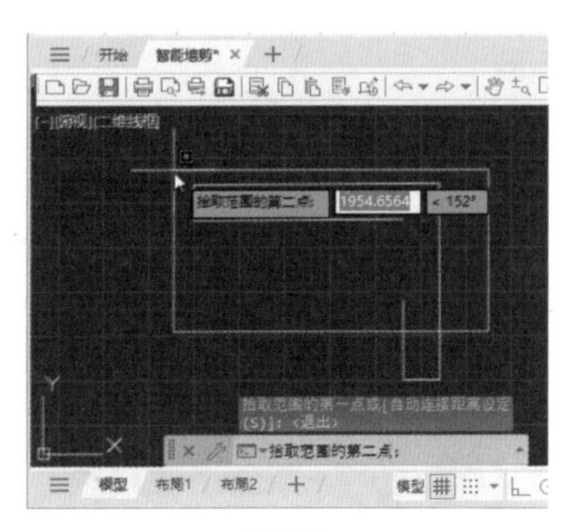

图 5-20

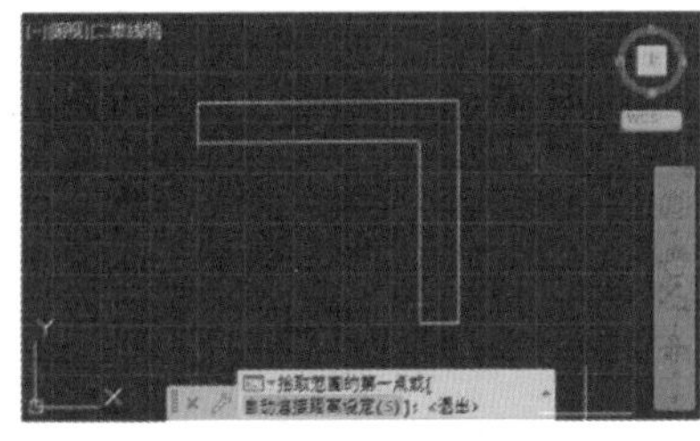

图 5-21

Step 03 释放鼠标左键，即可完成快速修复墙体的操作，效果如图 5-21 所示。

☆ 经验技巧

在 AutoCAD 2024 中，用户还可以在命令行中输入 TW，按 Enter 键，来调用“智能墙剪”命令。

5.3 绘制门窗

利用源泉设计插件中的门窗插件，可以快速绘制出各种门窗效果。源泉设计插件中的“平面门窗”菜单在室内设计中使用得非常多，用户需要重点掌握。本节将详解常用的门窗绘制功能。

5.3.1 在墙体上开门

微视频

源泉设计插件中的“墙或轴线开普通门”命令，可以快速在墙体上绘制出各种普通门，非常便捷，本例详细介绍其具体的操作方法。

Step 01 新建一个 CAD 空白文档，在命令行中输入 WW，按 Enter 键确认，绘制一段长度为 3000 的墙体，如图 5-22 所示。

Step 02 在菜单栏中选择“源泉设计”→“平面门窗”→“墙或轴线开普通门”命令，如图 5-23 所示。

Step 03 根据命令行提示进行操作，在命令行中输入 S，按 Enter 键确认，如图 5-24 所示。

Step 04 弹出“[源泉设计]- 选择缺省门类型”对话框，选择第 2 排第 1 个普通门样式，如图 5-25 所示。

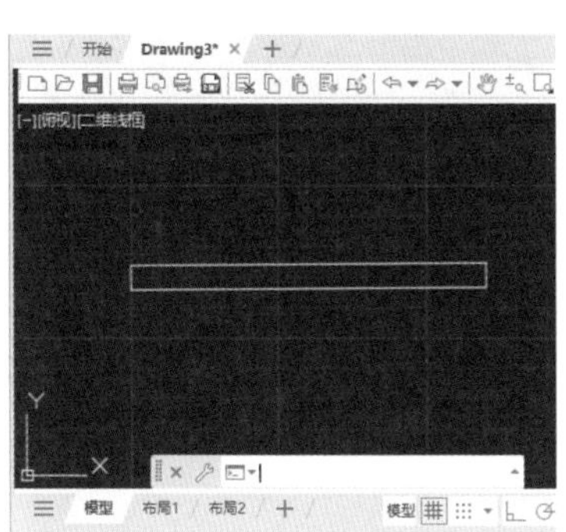

图 5-22

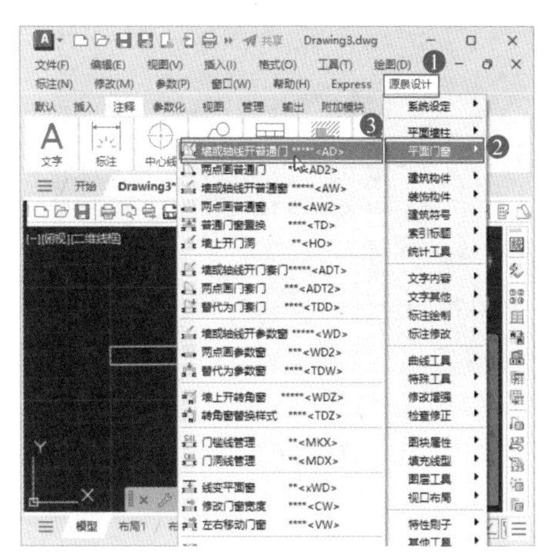

图 5-23

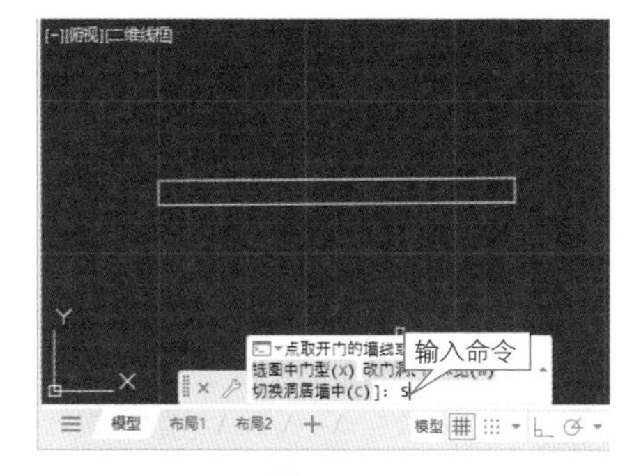

图 5-24

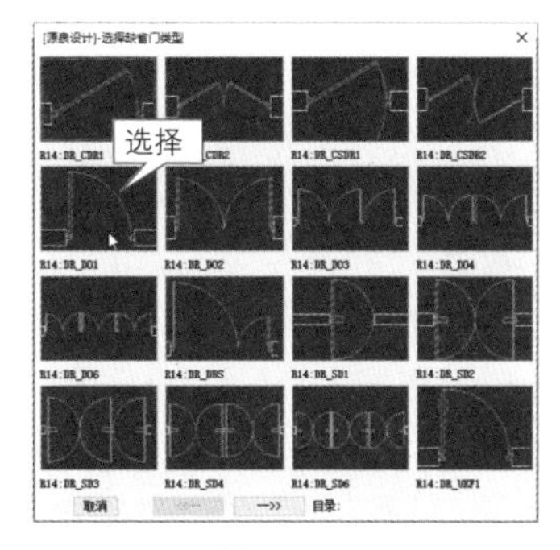

图 5-25

Step 05 根据命令行提示进行操作，在命令行中输入 W，按 Enter 键确认，如图 5-26 所示。

Step 06 弹出“[源泉设计]- 门洞 / 门垛宽”对话框，设置“预设墙洞宽度”为 900、“预设墙垛宽度”为 400，单击“确定”按钮，如图 5-27 所示。

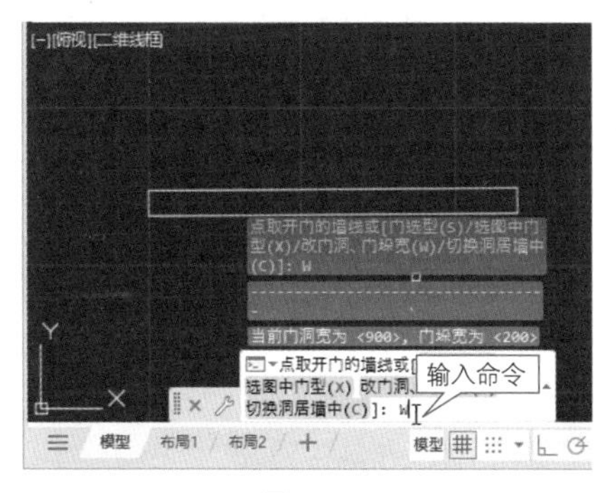

图 5-26

图 5-27

Step 07 将鼠标移至墙体下方左侧的线条上单击，如图 5-28 所示。

Step 08 根据鼠标的移动，指定开门的方向并确认，即可完成绘制普通单门。这样即可完成在墙体上开门的操作，如图 5-29 所示。

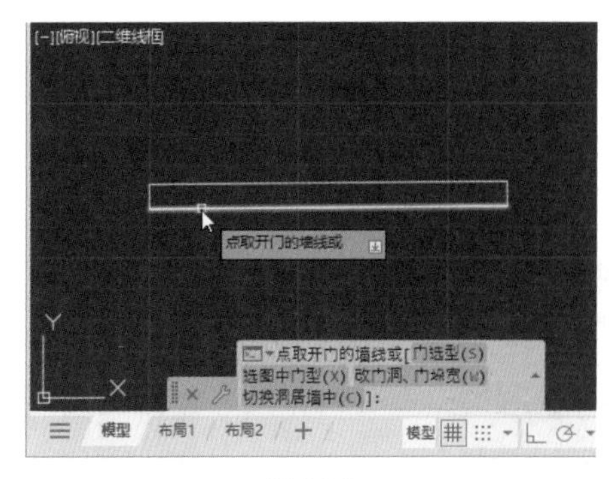

图 5-28

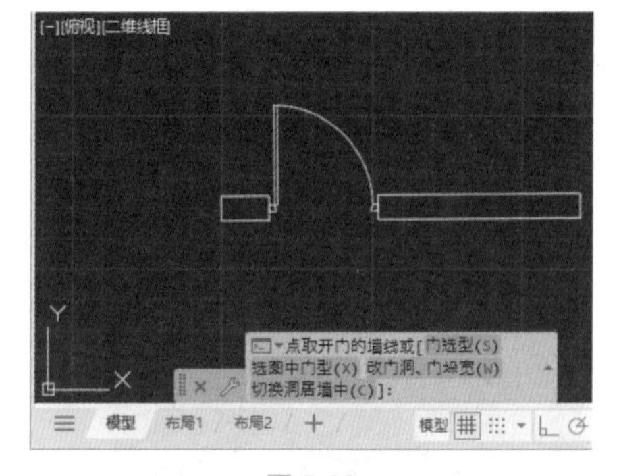

图 5-29

5.3.2 在墙上开门洞

微视频

在制作门厅的时候，有时候不需要在墙上制作门的效果，只需要在墙上开一个门洞即可。使用源泉设计插件在墙上开门洞十分方便，下面详细介绍在墙上开门洞的操作方法。

实例文件保存路径：配套素材 \ 第 5 章 \ 墙体 .dwg

实例效果文件名称：墙上开门洞 .dwg

Step01 打开素材文件“墙体 .dwg”，在菜单栏中选择“源泉设计”→“平面门窗”→“墙上开门洞”命令，如图 5-30 所示。

Step02 根据命令行提示进行操作，在命令行中输入 W，按Enter 键确认，如图 5-31 所示。

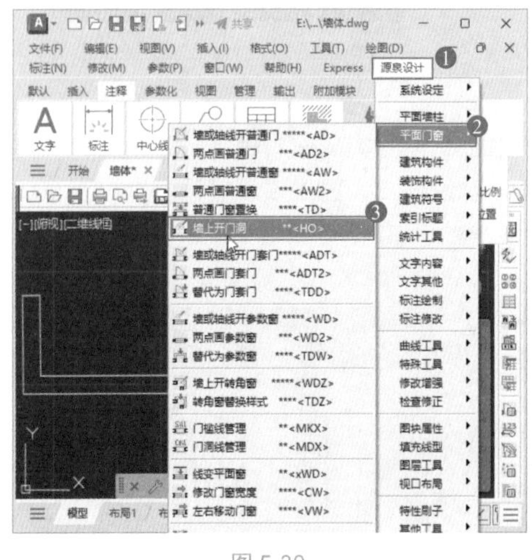

图 5-30

图 5-31

Step03 弹出“[源泉设计]- 门洞 / 门垛宽”对话框，在其中设 置“门洞 / 门垛宽”参数，单击“确定”按钮 确定 ，如图 5-32 所示。

Step04 在绘图区，在相应墙体的位置上单击，即可完成在墙上开门洞的操作，效果如图 5-33 所示。

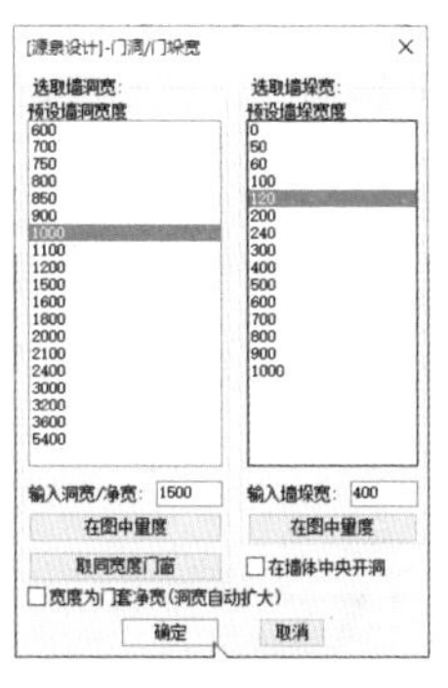

图 5-32

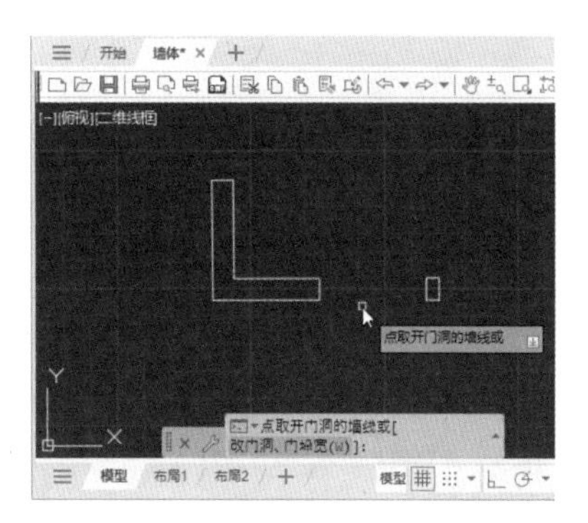

图 5-33

☆ 经验技巧

在 AutoCAD 2024 中，用户还可以在命令行中输入 HO，按 Enter 键来调用墙上开门洞命令。

5.3.3 在墙上开窗

在上面的小节中介绍了绘制门的方法，本例将详细介绍在墙上开窗的方法，开窗的快捷键是 WD，操作也十分简单。

微视频

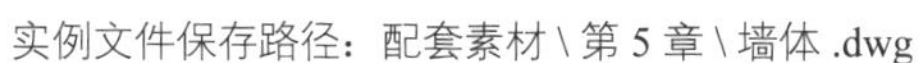

实例文件保存路径：配套素材\第 5 章\墙体 .dwg

实例效果文件名称：墙上开窗 .dwg

Step01 打开素材文件“墙体 .dwg”，在命令行中输入 WD，按 Enter 键确认，根据命令行提示进行操作，在命令行中输入 S，按 Enter 键确认，如图 5-34 所示。

Step02 弹出“[源泉设计]- 平面窗样式”对话框，选择一种窗户样式，单击“确定”按钮，如图 5-35 所示。

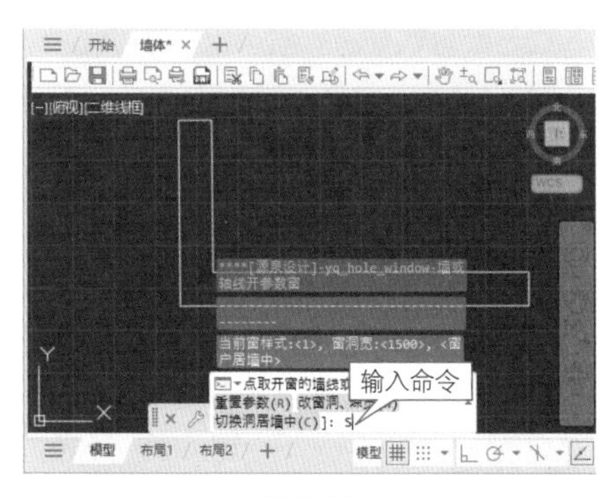

图 5-34

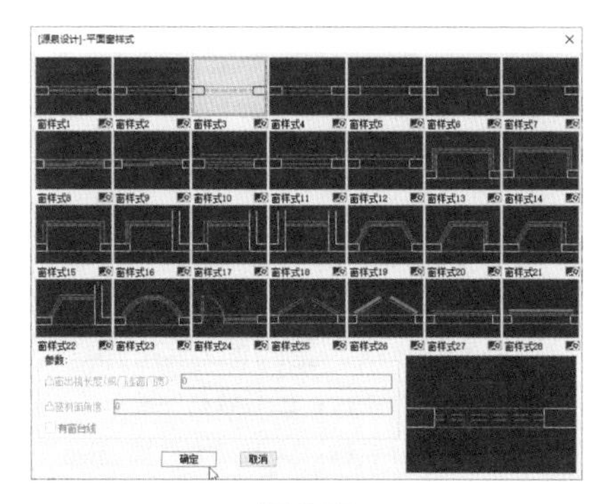

图 5-35

Step03 在命令行中输入 W，按 Enter 键确认，如图 5-36 所示。

Step04 弹出“[源泉设计]- 窗洞 / 窗剁宽”对话框，设置墙洞宽度以及墙垛宽度，单击“确定”按钮，如图 5-37 所示。

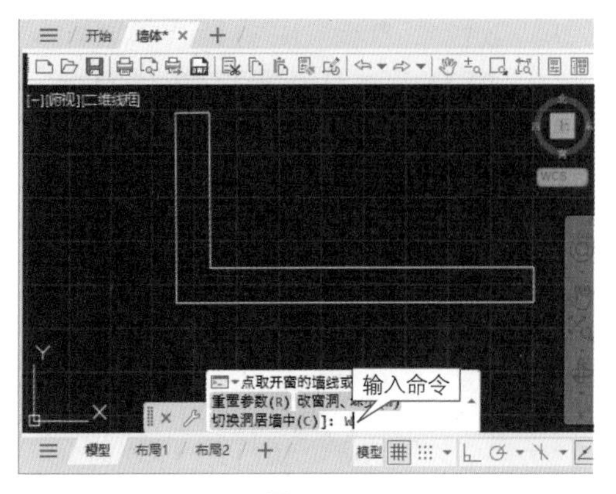

图 5-36

图 5-37

Step05 在墙体的合适位置处单击，即可快速绘制普通窗户，效果如图 5-38 所示。

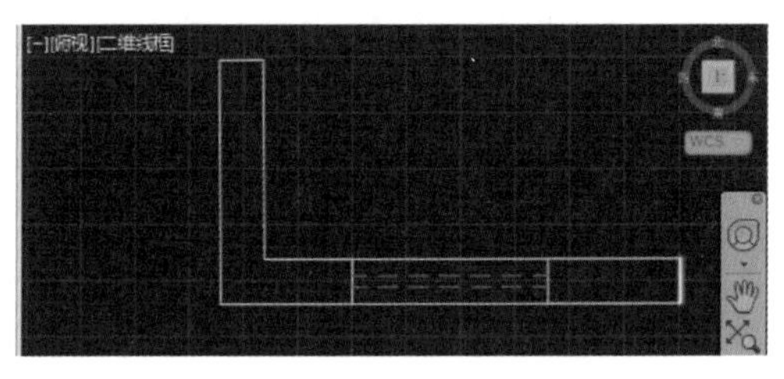

图 5-38

☆ 经验技巧

使用源泉设计插件还可以快速绘制飘窗，执行 WD 命令并确认后，在命令行中输入 S，按 Enter 键确认，弹出“[源泉设计]- 平面窗样式”对话框，选择“窗样式 13”，单击“确定”按钮，在需要开飘窗的墙体位置处单击，即可快速绘制飘窗。

5.3.4 调整门窗的方向

绘制好门窗之后，如果发现门窗的方向反了，此时可以通过源泉设计中的“翻转门窗”命令来更改门窗的方向，而不用删除门窗再重新绘制，这样就节省了大量绘图时间。下面详细介绍调整门窗方向的操作方法。

微视频

实例文件保存路径：配套素材 \ 第 5 章 \ 墙体门窗 .dwg

实例效果文件名称：调整门窗方向 .dwg

Step01 打开素材文件“墙体门窗 .dwg”，在菜单栏中选择“源泉设计”→“平面门窗”→“翻转门窗”命令，如图 5-39 所示。

Step02 选择下方需要翻转的门图形，按 Enter 键确认，如图 5-40 所示。

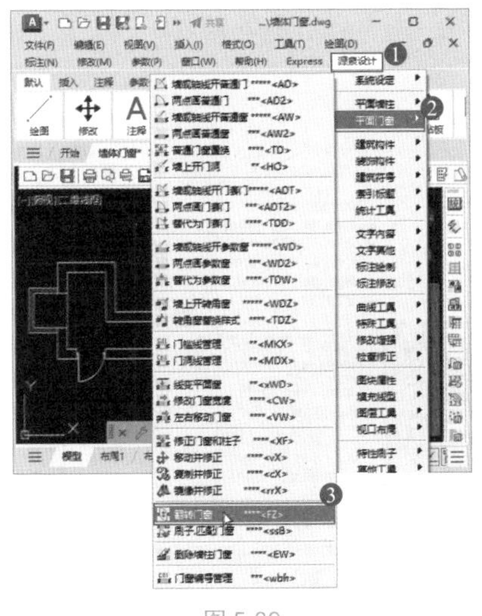

图 5-39

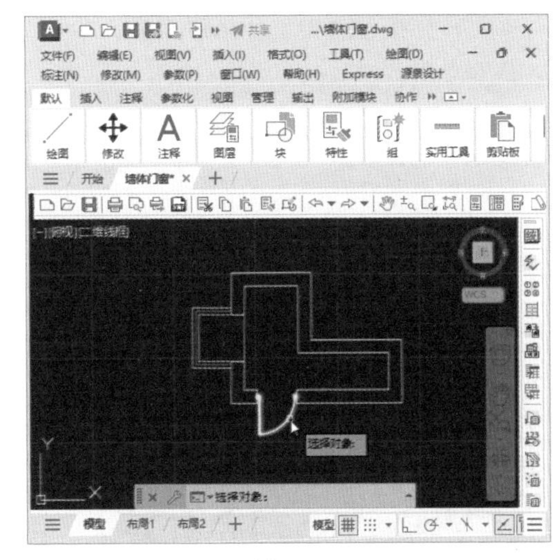

图 5-40

Step03 通过移动鼠标指针方向来更改开门的方向，效果如图 5-41 所示。

Step04 使用相同的方法更改飘窗的方向，最终效果如图 5-42 所示。

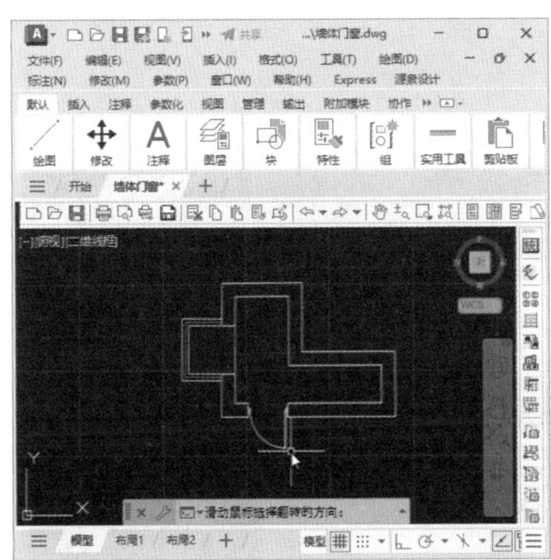

图 5-41

图 5-42

5.3.5 绘制门套门效果

门套是一种建筑装潢术语，是指门里外两个门框，也有直接称作门框的，其主要的作用是固定门扇和保护墙角、装饰等。现在的门一般都做门套，下面详细介绍绘制门套门效果的方法。

微视频

Step01 在命令行中输入 WW，按 Enter 键确认，绘制一段长度为 5000 的墙体，如图 5-43 所示。

Step02 在菜单栏中选择“源泉设计”→“平面门窗”→“墙或轴线开门套门”命令，如图 5-44 所示。

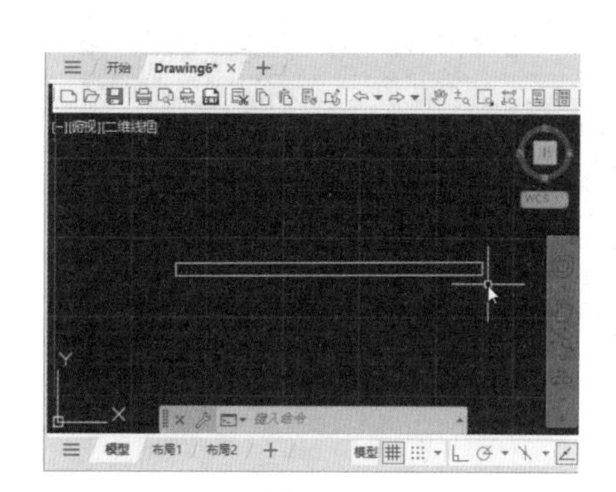

图 5-43

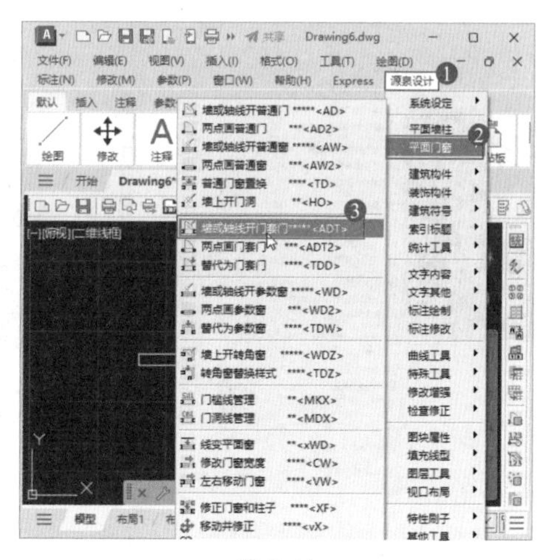

图 5-44

Step03 在命令行中输入 S，按 Enter 键确认，如图 5-45 所示。

Step04 弹出“[源泉设计]- 门套门样式”对话框，选择其中一个门套门样式，单击“确定”按钮，如图 5-46 所示。

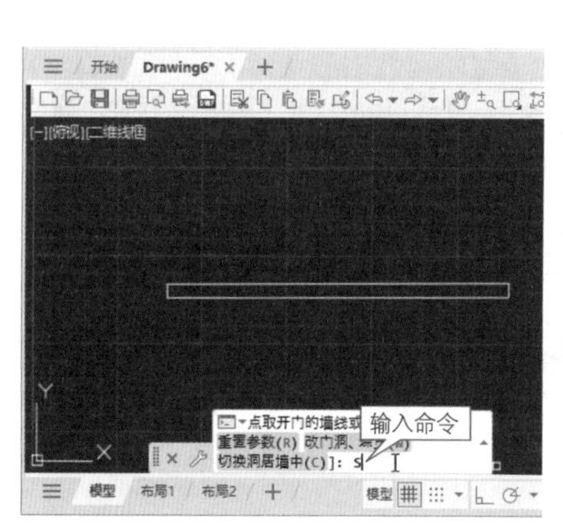

图 5-45

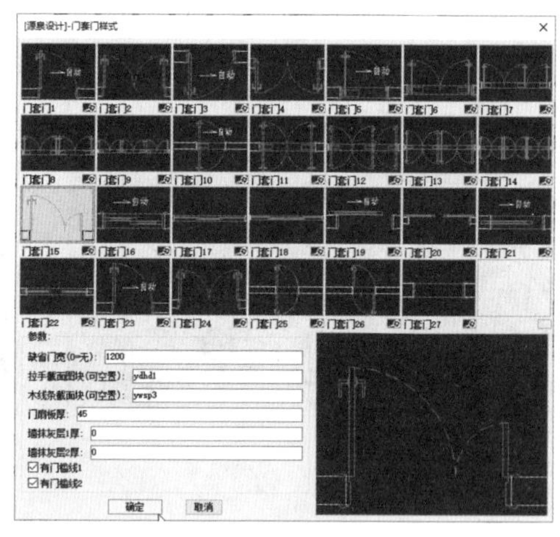

图 5-46

Step05 在命令行中输入 W，按 Enter 键确认，如图 5-47 所示。

Step06 弹出“[源泉设计]- 门洞 / 门垛宽”对话框，设置门洞宽度以及墙垛宽，单击“确定”按钮，如图 5-48 所示。

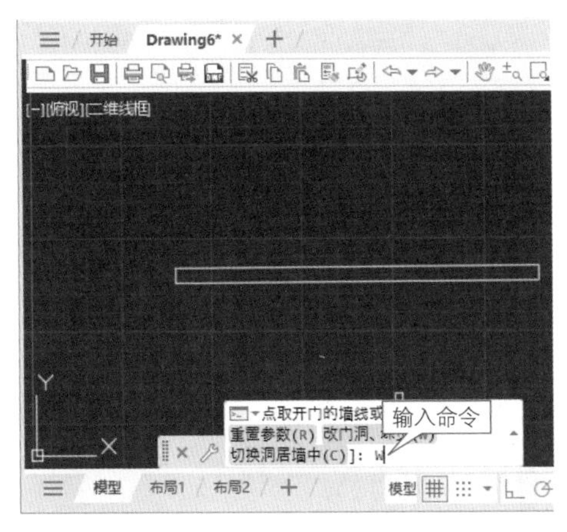

图 5-47

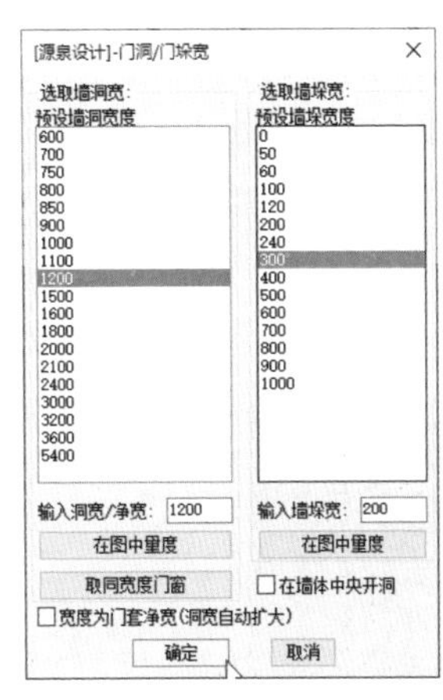

图 5-48

Step07 选择第一步中绘制的墙体，指定开门的方向，即可完成绘制门套门的操作，效果如图 5-49 所示。

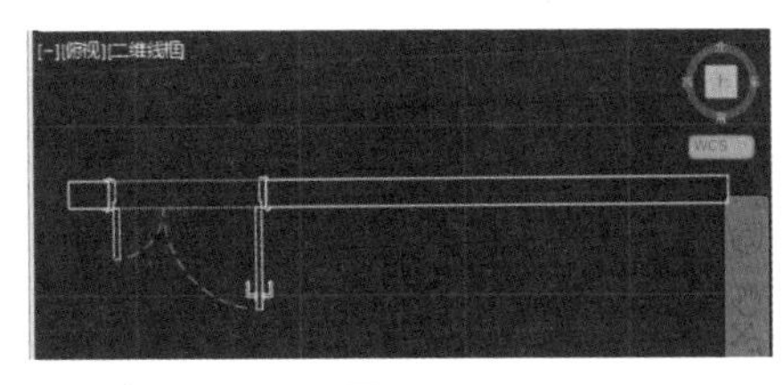

图 5-49

5.4 绘制楼梯

通过源泉设计插件，用户还可以快速绘制出楼梯对象。常用的楼梯类型有两种，一种是矩形楼梯，另一种是弧形楼梯。标准的高层住房或商务建筑中，一般使用的是矩形楼梯，而别墅区的设计中，一般使用的是弧形楼梯。本节将以这两种楼梯为例介绍绘制楼梯的相关知识。

5.4.1 绘制矩形楼梯

微视频

在源泉设计插件中，矩形楼梯是室内设计中使用频率最高的一种楼梯，适用于大部分场合，本例详细介绍绘制矩形楼梯平面图形的操作方法。

Step01 新建一个 CAD 空白文档，在菜单栏中选择“源泉设计”→“建筑构件”→“矩形楼梯间平面”命令，如图 5-50 所示。

Step02 弹出“[源泉设计]- 设置图纸比例”对话框，设置“全局比例”为 1:100，单击“确定”按钮，如图 5-51 所示。

Step03 弹出“[源泉设计]- 绘制矩形楼梯间平面”对话框，在其中可以设置楼梯总宽、休息平台宽、梯段宽、踏步宽以及层高等参数，设置完成后单击“确定”按钮，如图 5-52 所示。

Step04 在绘图区指定需要插入楼梯的位置，即可完成绘制矩形楼梯的操作，效果如

图 5-53 所示。

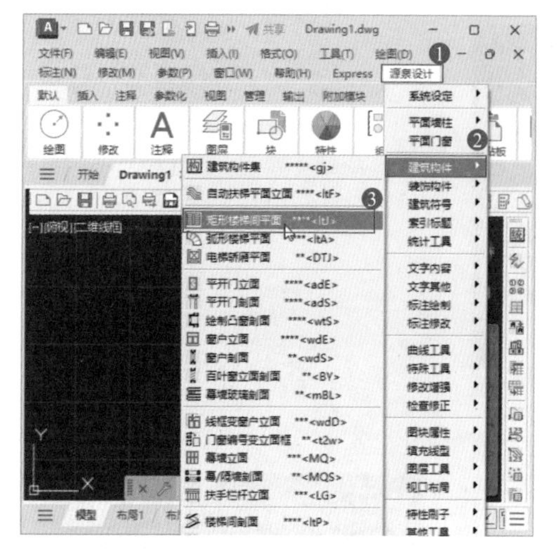

图 5-50

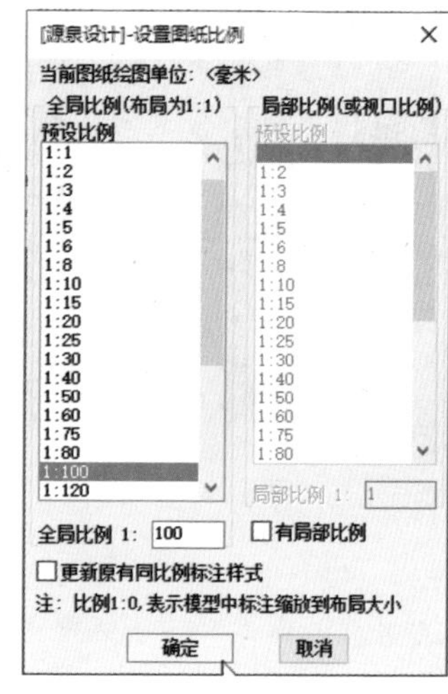

图 5-51

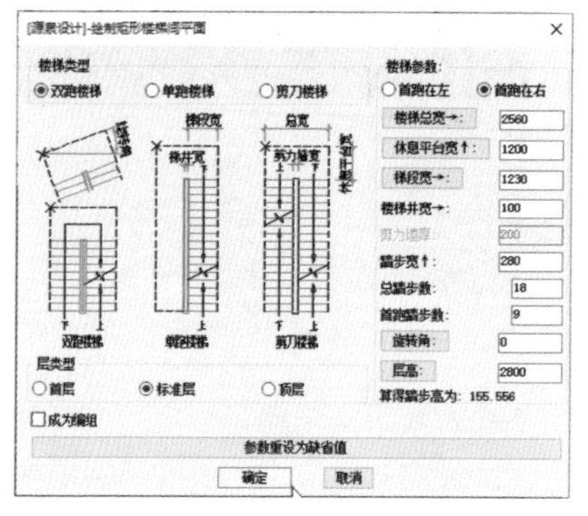

图 5-52

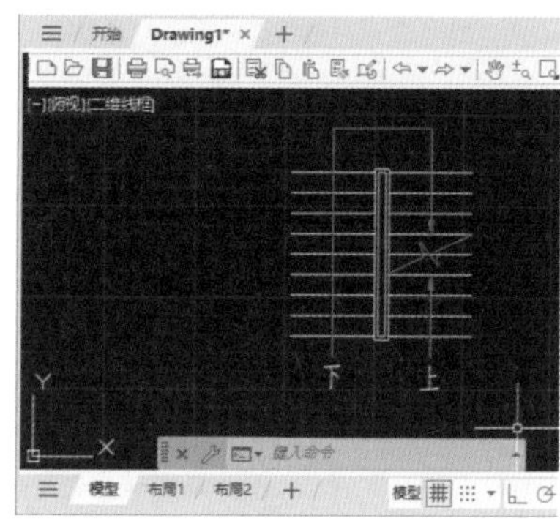

图 5-53

☆ 经验技巧

使用源泉设计插件，用户还可以在命令行中输入 LTJ，按 Enter 键来调用“矩形楼梯间平面”命令。

5.4.2 绘制弧形楼梯

微视频

弧形楼梯是一种带有弧线美感的楼梯，一般在别墅或复式楼的设计中比较常见，弧形楼梯比矩形楼梯更具有质感。下面详细介绍绘制弧形楼梯平面图形的操作方法。

Step01 新建一个 CAD 空白文档，在菜单栏中选择“源泉设计”→“建筑构件”→“弧形楼梯平面”命令，如图 5-54 所示。

Step02 弹出“[源泉设计]- 设置图纸比例”对话框，设置“全局比例”为 1:100，单击“确定”按钮，如图 5-55 所示。

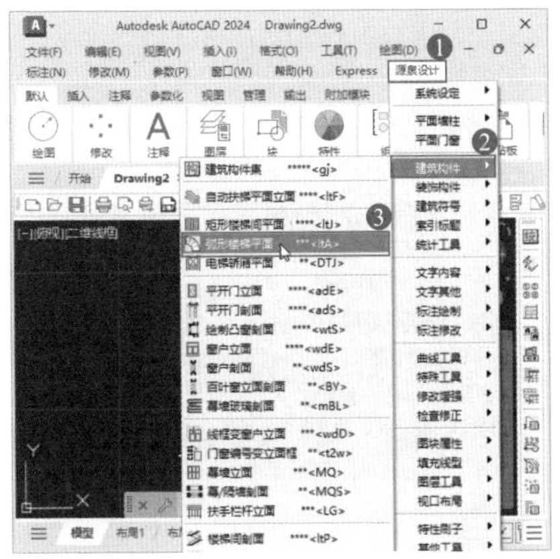

图 5-54

图 5-55

弹出“[源泉设计]- 绘制弧形楼梯平面”对话框，设置各弧形梯参数，单击“确定”按钮，如图 5-56 所示。

Step04 在绘图区指定弧形楼梯的位置，即可完成绘制弧形楼梯的操作，效果如图 5-57 所示。

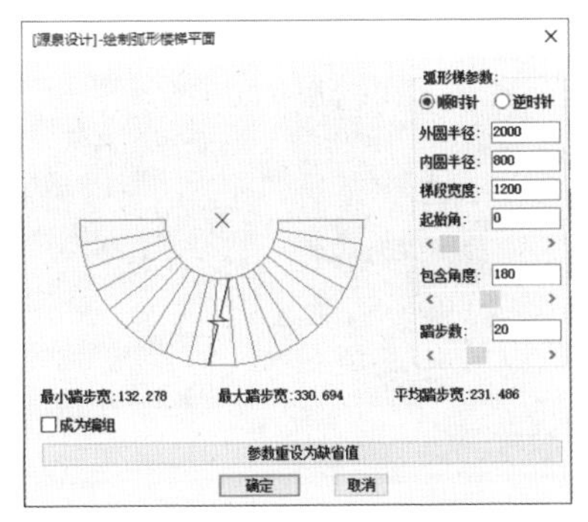

图 5-56

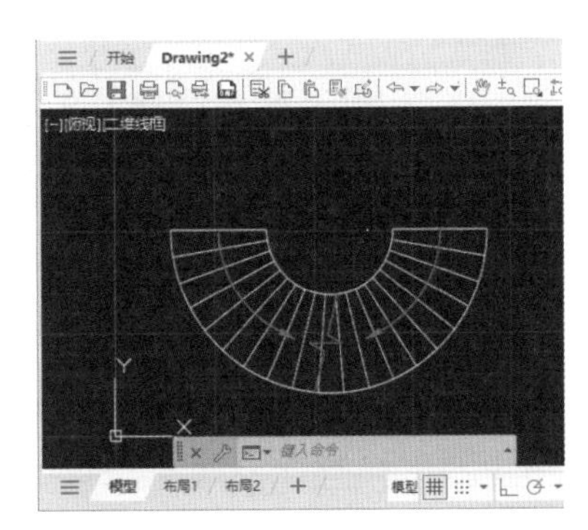

图 5-57

5.5 绘制家具

在绘制室内设计图纸时，通过源泉设计插件，可以直接快速绘制出各种需要的家具模型，而不需要通过图库导入或者复制粘贴的方式应用到图纸中，大大提高了工作效率。

微视频

5.5.1 绘制客厅家具图形

源泉设计插件提供了整套的客厅家具图形，应用起来十分便捷，只需在绘图区绘制一个矩形图框，指定图形的位置和方向即可。下面详细介绍绘制客厅家具图形的操作方法。

Step01 新建一个 CAD 空白文档，在绘图区的命令行中输入 ZS，按 Enter 键确认，如图 5-58 所示。

Step02 弹出“[源泉设计]- 幻灯片菜单”对话框，选择“家具洁具布置”图框，单击“确定”按钮 确定 ，如图 5-59 所示。

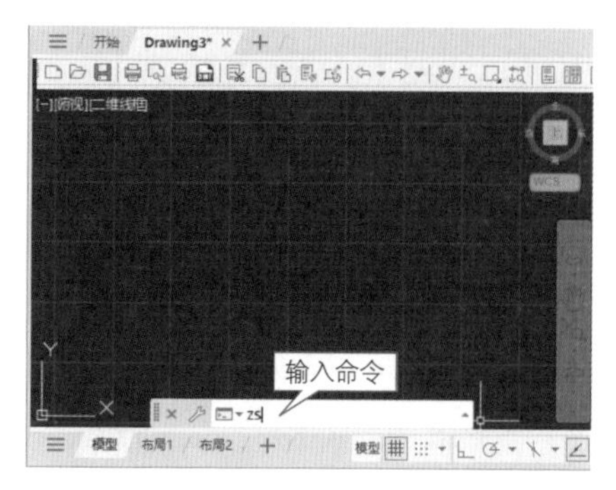

图 5-58

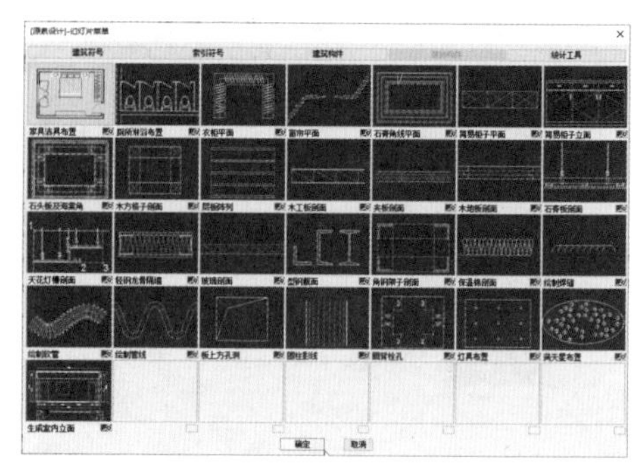

图 5-59

Step03 弹出“[源泉设计]- 家具洁具布置”对话框，在其中选择“布置客厅”图框，单击“确定”按钮 确定 ，如图 5-60 所示。

Step04 在绘图区绘制一个矩形图框，如图 5-61 所示。

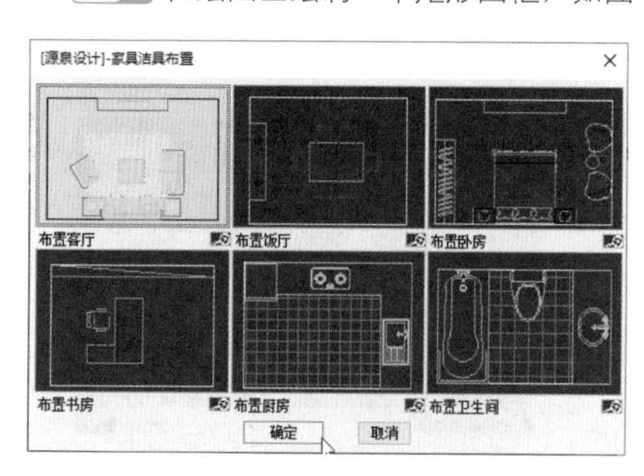

图 5-60

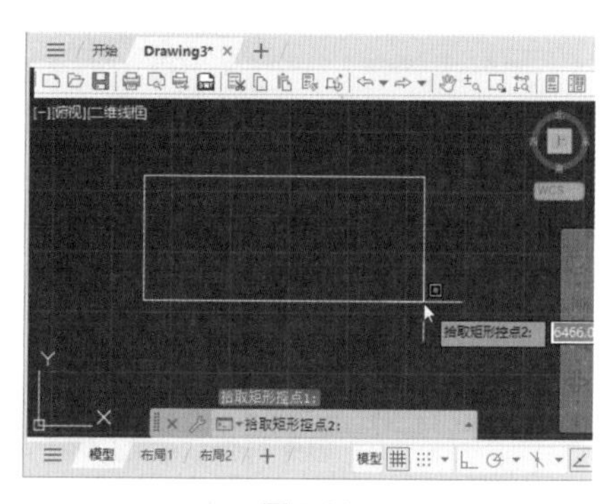

图 5-61

Step05 指定客厅沙发、电视的摆放位置和方向，如图 5-62 所示。

Step06 这样即可快速绘制出客厅的家具图形，效果如图 5-63 所示。

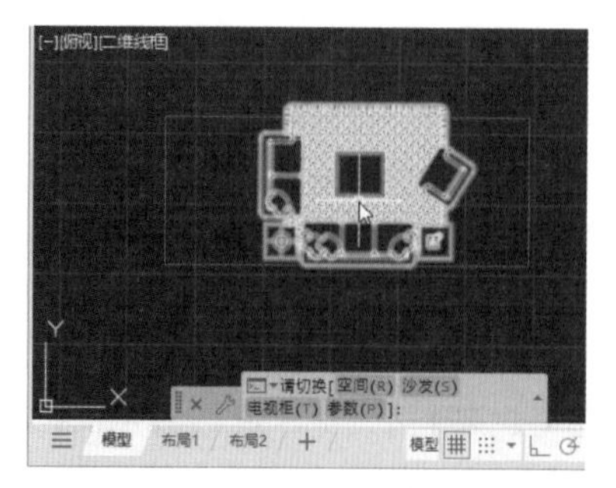

图 5-62

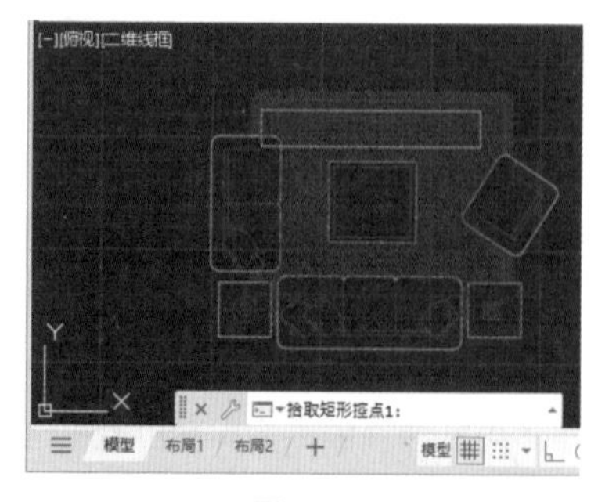

图 5-63

5.5.2 绘制卧室家具图形

绘制卧室家具图形的方法与绘制客厅家具图形的方法类似，只需要在“[源泉设计]-家具洁具布置”对话框中选择“布置卧房”图框，如图 5-64 所示。指定家具的摆放位置和方向，即可快速绘制出卧室的家具图形，效果如图 5-65 所示。

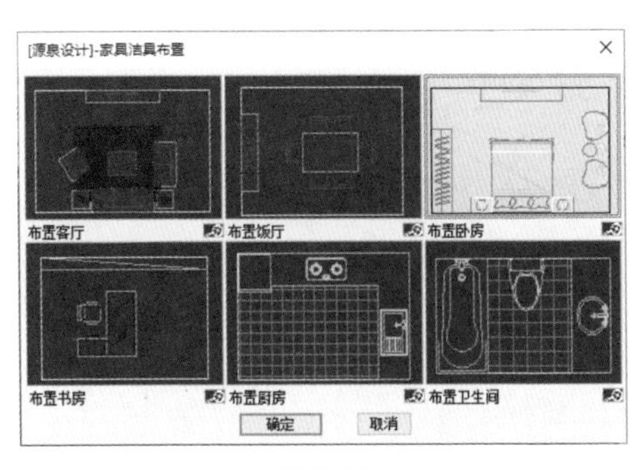

图 5-64

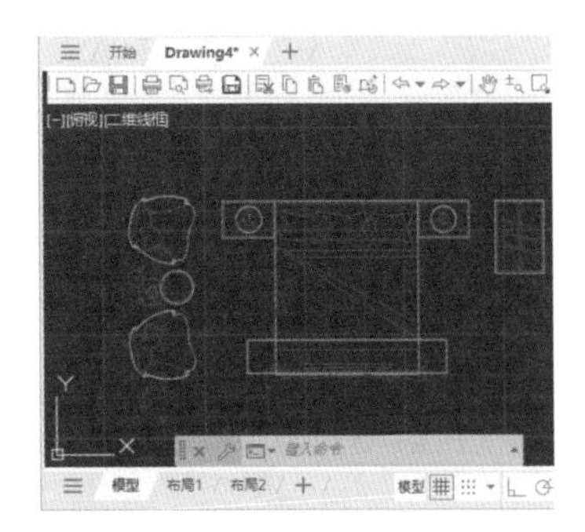

图 5-65

5.5.3 绘制其他家具图形

除了卧室与客厅的家具图形比较常用以外，还有一些其他家具也使用得比较多。使用源泉设计插件还可以轻松绘制出餐厅的桌椅板凳、书房的书桌配置、卫生间的洗浴图形等，这些图形都可以在“[源泉设计]- 家具洁具布置”对话框中选择相应的图框，然后在绘图区的适当位置指定两点进行绘制。图 5-66 所示为卫生间洁具的布置图形，图 5-67 所示为餐厅家具图形。

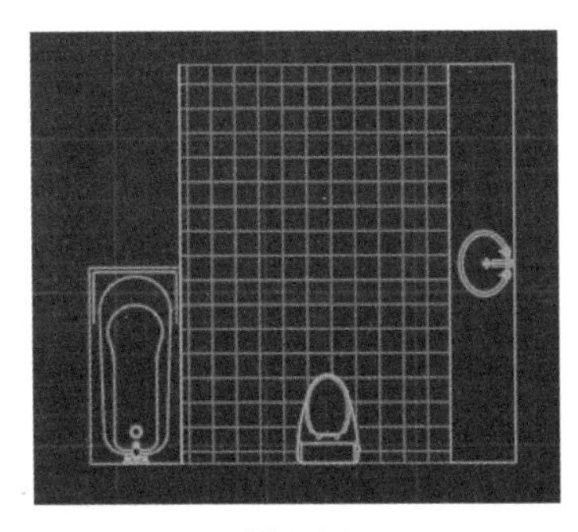

图 5-66

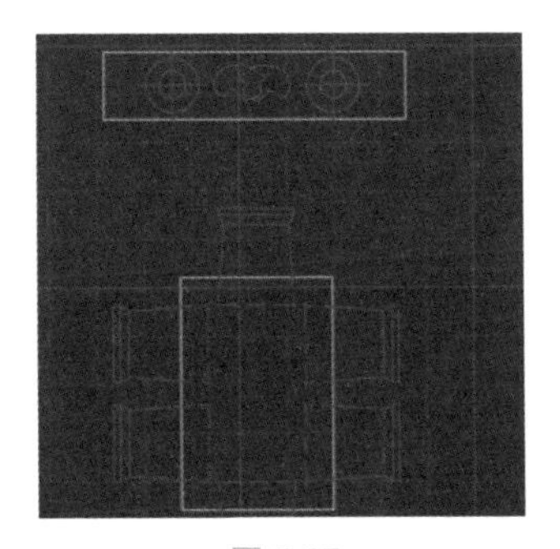

图 5-67

5.6 绘制建筑符号

在绘制室内设计图纸时，通过源泉设计插件，还可以轻松地绘制各类建筑符号。源泉设计插件提供了各种常用的建筑符号，如建筑标高、建筑坐标及索引符号等。本节将详细介绍绘制建筑符号的相关知识及操作方法。

5.6.1　绘制建筑标高符号

微视频

标高在室内设计中的使用是非常频繁的，本例以一个里面的幕墙为例，详细介绍通过源泉设计插件在幕墙上进行标高的操作方法。

实例文件保存路径：配套素材 \ 第 5 章 \ 幕墙 .dwg

实例效果文件名称：标高符号 .dwg

Step 01 打开素材文件“幕墙 .dwg”，在菜单栏中选择“源泉设计”→“建筑符号”→“建筑符号集”命令，如图 5-68 所示。

Step 02 弹出“[源泉设计]- 幻灯片菜单”对话框，选择“建筑标高”图框，单击“确定”按钮 确定 ，如图 5-69 所示。

图 5-68

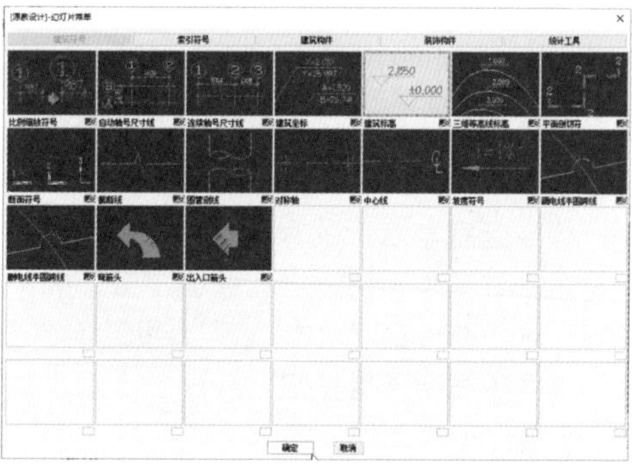
图 5-69

Step 03 弹出“[源泉设计]- 设置图纸比例”对话框，设置“全局比例”为 1:100，单击“确定”按钮 确定 ，如图 5-70 所示。

Step 04 此时鼠标位置显示一个建筑标高符号，如图 5-71 所示。

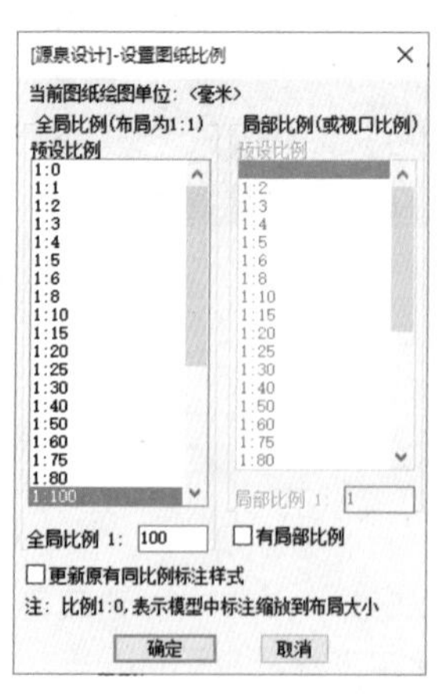

图 5-70

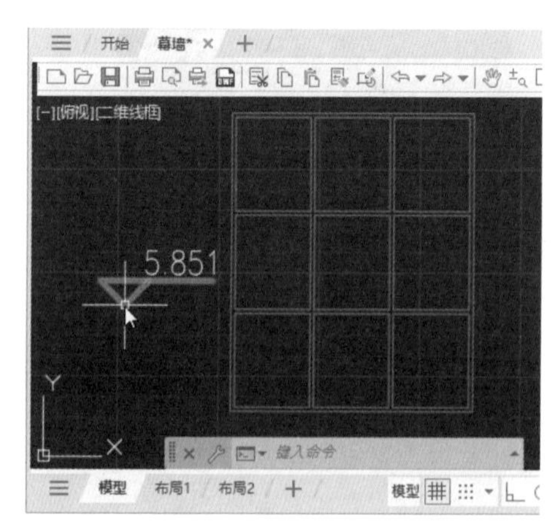

图 5-71

Step 05 按 A 键切换至相应的幕墙标高符号，如图 5-72 所示。

Step 06 按 O 键，指定标高的原点位置，如图 5-73 所示。

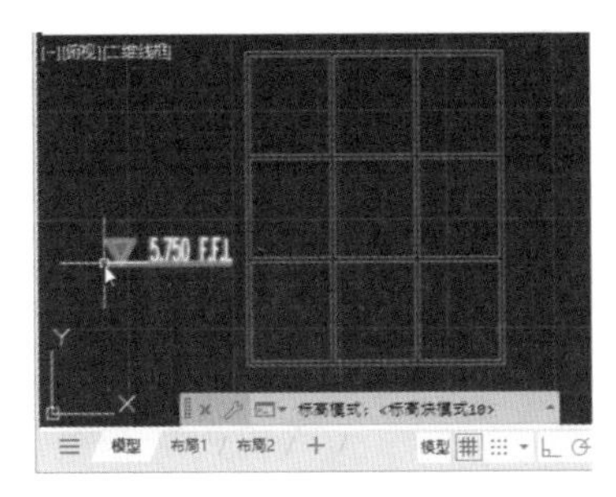

图 5-72

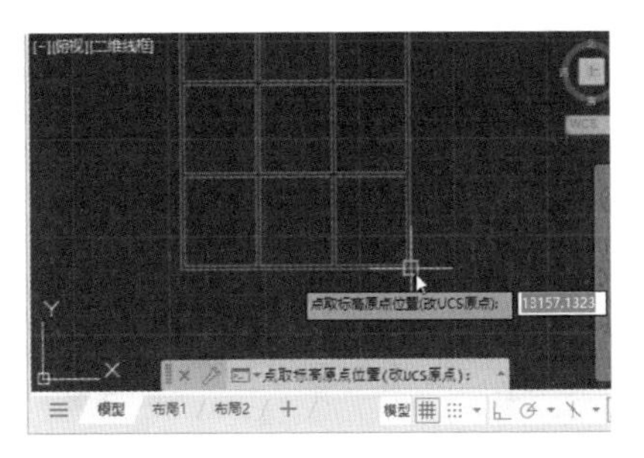

图 5-73

Step 07 按 T 键，指定拉线第一点，如图 5-74 所示。

Step 08 向上引导鼠标光标，拾取最上方直线的垂足点为拉线第二点，如图 5-75 所示。

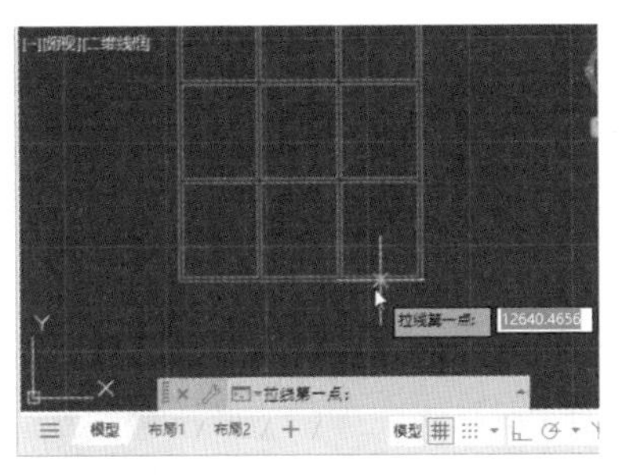

图 5-74

图 5-75

Step 09 执行操作后，即可批量绘制建筑标高符号，效果如图 5-76 所示。

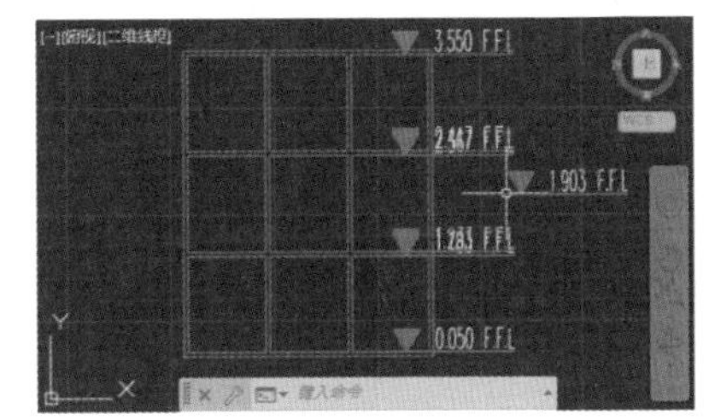

图 5-76

微视频

5.6.2 绘制建筑索引符号

在室内设计中，有时候需要对建筑的材料进行相关说明，这时就需要使用到索引符号。下面详细介绍通过源泉设计插件绘制建筑索引符号的操作方法。

实例文件保存路径：配套素材 \ 第 5 章 \ 客厅立面图 .dwg

实例效果文件名称：索引符号 .dwg

Step 01 打开素材文件“客厅立面图 .dwg”，在命令行中输入 FH 并按 Enter 键确认，如图 5-77 所示。

Step 02 弹出“[源泉设计]- 幻灯片菜单”对话框，①选择“索引符号”选项卡，②选择“自设索引符 6”选项，③单击“确定”按钮 确定 ，如图 5-78 所示。

Step 03 弹出“[源泉设计]- 设置图纸比例”对话框，①设置“全局比例”为 1:100，②单击“确定”按钮 确定 ，如图 5-79 所示。

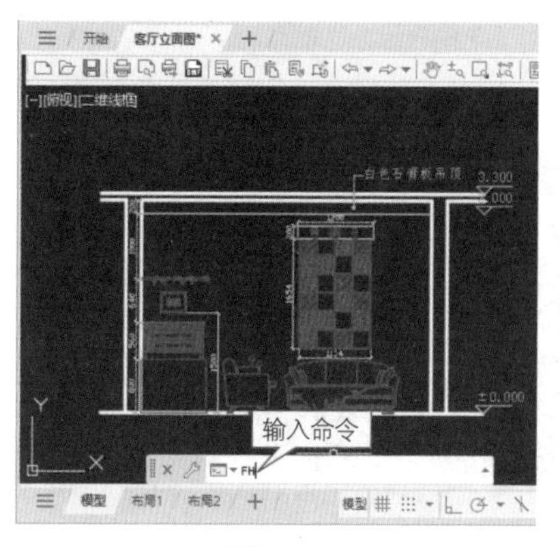

图 5-77

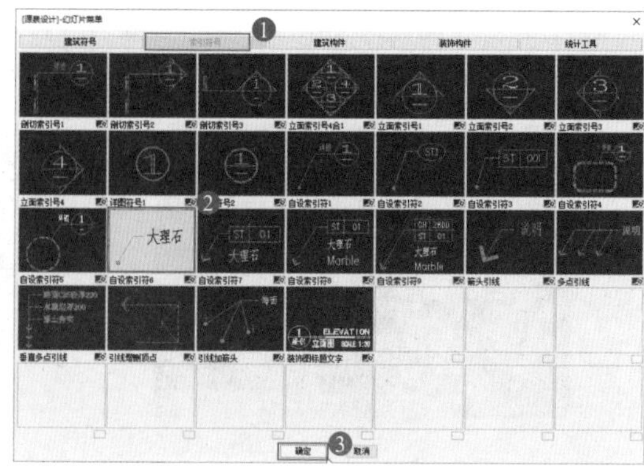

图 5-78

Step 04 在绘图区的适当位置绘制索引线条并确认，如图 5-80 所示。

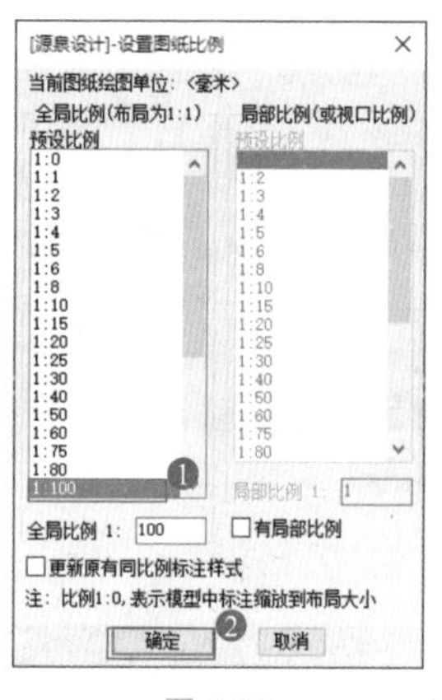

图 5-79

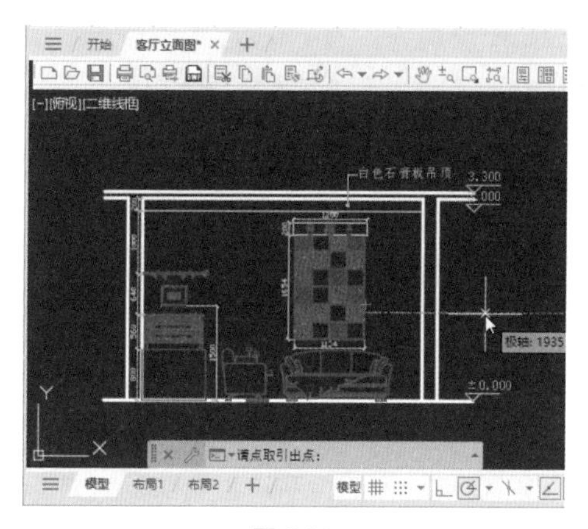

图 5-80

Step 05 弹出“[源泉设计]- 用户词库管理”对话框，①在其中设置“新文本”为“大理石”，②单击“确定”按钮 确定 ，如图 5-81 所示。

Step 06 即可完成索引说明文字的绘制，效果如图 5-82 所示。

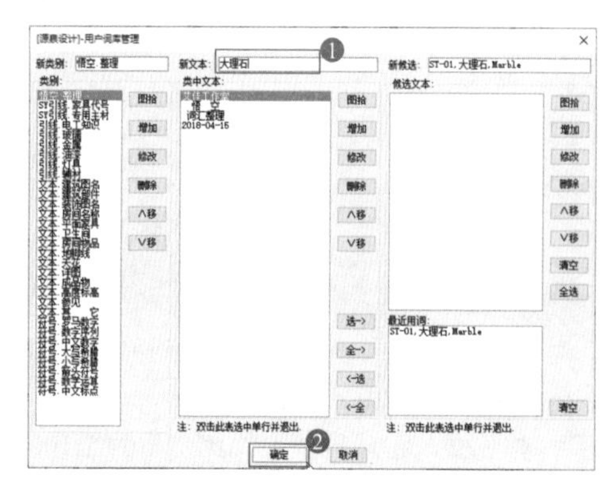

图 5-81

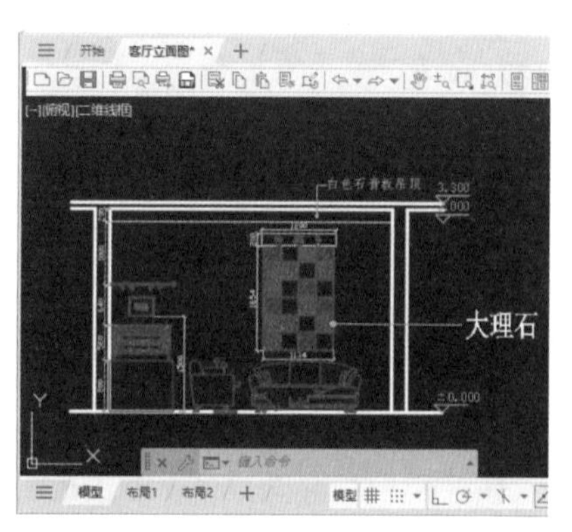

图 5-82